JN033728

ランダムウォークと確率解析

［増補版］

ギャンブルから数理ファイナンスへ

藤田岳彦　柳下翔太郎　吉田直広

日本評論社

はじめに

　ランダムウォークという最も基本的な確率過程を中心にいろいろな面白い性質，シンプルで美しい定理などを紹介していくが，時間も空間も連続な確率過程(後で述べるように確率過程とは時間をパラメータに持つ確率変数で，空間とはその確率変数のとる値が属する集合である)というのは数学的に厳密な取り扱いが難しいことが多く，ε-δ 論法，位相，ルベーグ積分，測度論的確率論をキチンと理解して運用できなければ初学者にとってはかなり難しいものである．しかし，離散確率過程であるランダムウォークならば，初等的な確率論さえ理解していれば完全に厳密に述べることができて，将来，さらに上級の確率論，確率解析を勉強する人たちにとっても有益であろう．

　本書ではとくに，1 次元対称ランダムウォーク(simple symmetric random walk) Z_t，1 次元非対称ランダムウォーク Z_t^p について詳しく研究し，勝ち負けに「引き分け」まで考えたランダムウォーク $Z_t^{p,q}$ やその他のランダムウォークについても少し触れる．それらの極限としてブラウン運動 W_t，ドリフト付ブラウン運動 $W_t + \mu t$，ポアソン過程 N_t などが得られるが，これらの解析についても紹介したい．

　対称ランダムウォーク Z_t は，1 回に 1 ドルずつ公平な賭け(例えば後に説明するルーレットの "red and black")に賭け続けるギャンブラーの損益と理解すれば直感的にわかりやすく，その一般化として賭け方 f_t を毎回それまでの情報をもとに変えていくというのが現代確率論でのたぶん最も重要な概念「マルチンゲール」であり，理解の手助けとなるはずである．

　さらに，鏡像原理や後で詳しく述べるレヴィ(Lévy)の定理，ファイナンスにおける無裁定などの説明に，「ギャンブラー A とその A の賭け方を見ながら自分の賭け方を変えていくギャンブラー B」という筆者の工夫によるスキームを用いれば非常にわかりやすくなる．

　ランダムウォークの解析，その数理ファイナンスへの応用として離散モデル

におけるデリバティブ価格理論(エキゾティック・オプションも含む)についても詳しく述べたつもりである(これについても筆者の工夫による離散伊藤公式に基づく離散確率解析を用いた([11]).離散確率解析自身も基本的なことと思われるが,極限をとれば通常のいわゆる伊藤の確率微分方程式の確率解析となるので,確率解析入門としての役目も充分果たせると考えている.そしてそれは物理,生物,化学,経済学の諸科学に応用されており,応用数学としてもマスターしておくべき事柄であろう).

　基本的な確率分布(ベルヌーイ分布,2項分布,幾何分布,負の2項分布,ポアソン分布,正規分布,指数分布,ガンマ分布,一様分布など)はすべて自然な形で登場してくるので,基本的な確率論の事項(期待値,分散,共分散,条件付き期待値,フィルトレーション,大数の法則,中心極限定理)と併せて確率論入門の解説も行ないつつ,いわゆるコルモゴロフ流の確率空間についても少し触れる.

　ランダムウォークに関連していわゆる entertaining mathematics からの話題もいろいろあるのでこれについてもいくつか紹介する.

　フェラーの名著『確率論とその応用』[9]にもランダムウォークのいろいろな性質が述べられているが,上で述べた話題と関連して筆者が整理した形での紹介を試みた.例えば「Ballot Problem」,「逆正弦法則」,「ギャンブラーの破産問題」などである.とくに「ギャンブラーの破産問題」についてはランダムウォークの枠から少しはみ出し,1回1回の賭け方の制限をはずすと,いわゆる最適戦略(optimal strategy)としての bold strategy による目標到達確率,ギャンブルの平均持続時間(これについては筆者の未発表の研究が少しあるのでこれも紹介した)なども面白い話題の1つである.またこれらはフラクタルや自己相似性とも関連がある.

　ランダムウォークやブラウン運動に関する研究は今まで蓄積されたものだけでも膨大な数があろう.例えば[4]には数百ページにわたり,数千個のブラウン運動に関する公式が収録されている.ランダムウォークにはそのようなハンドブックはないが,そこまで多くなくともそれに近い個数の公式はあるはずである(つまり,ランダムウォークで得られた公式のほとんどが対応するブラウン運動の公式となり,ブラウン運動の公式のうちラフに言って,シンプルな形

のものの大部分には対応するランダムウォークの公式が存在するからである．ブラウン運動に関する公式のうち特殊関数の2重級数などで与えられるような複雑な公式もたくさんあるが，さすがにそのようなものについては離散バージョンはないものと思われる．でもひょっとしたら，離散の特殊関数を定義して表されるものもなかにはあるかもしれない）．

　本書の構成は，第1章〜第9章までが基本的な確率論の復習と筆者が構築した離散確率解析の理論の紹介である．第10章〜第17章が，離散確率解析の応用とその発展的な話題となっている．

　伊藤清先生が作られた（また渡辺信三先生たちによって発展した）確率解析の理論は，日本が世界に誇れる日本人が最初に作った理論であり，数理ファイナンスをはじめ諸科学に応用のあるすばらしい理論である．（Googleで検索すると「Ito formula」は100万件以上出てくる．たぶん，世界で最もよく使われる数学公式であろう．ライバルはピタゴラスの定理くらいである．なお，伊藤清先生は周知の通り，確率解析，確率微分方程式の理論構築の業績により，2006年の国際数学者会議において応用数学に与えられるガウス賞の第1回受賞者となられた．）　本書を理解することは，より上級の確率解析理論に進む際，非常に有効と思われるので，ぜひチャレンジしてほしい．解答作りを手伝ってもらった川西泰裕君（現・一橋大学大学院国際企業戦略研究科助教），また本書は1年半にわたる雑誌『数学セミナー』への連載「ランダムウォーク」をもとにしたものだが，連載のときから編集，校正等に非常に尽力していただいた編集部の西川雅祐さんにこの場を借りてお礼を申し上げます．

藤田岳彦

2008年1月

増補版はじめに

　この本の第一版は，藤田岳彦のオリジナル論文とパリ大学 故 マーク・ヨール教授との共同研究・共同論文を元にして作った．ただ，第一版では取り入れられなかった未発表の部分も残っていたのであるが，今回，吉田直広氏，柳下翔太郎氏の協力を得て，その部分を中心に補充できた．

藤田岳彦

　2024 年 1 月

目 次

第1章
ランダムウォークの定義と"red and black"

1.1 ランダムウォークの定義と基本性質

定義 確率過程 Z_t が1次元対称ランダムウォークであるとは

$$Z_0 = 0, \qquad Z_t = \xi_1 + \xi_2 + \cdots + \xi_t$$

を満たすことである．ここで $\xi_1, \xi_2, \cdots, \xi_t$ は独立な確率変数で，

$$P(\xi_i = 1) = P(\xi_i = -1) = \frac{1}{2}$$

である．

　この定義の意味としては，正しい硬貨(歪んだり傷ついたりしていない)を投げたときの表・裏を当てるゲームをする．各回，当たれば財産が1増え，はずれだと1減ることを t 回繰り返したものが Z_t である．これでも良いのだが，公平なルーレットの "red(赤) and black(黒)" と呼ばれる実際のカジノにも存在するギャンブルで説明する方が分かりやすいと思われる(注：後でも注意するように，実際のカジノのルーレットには「0」と「00」が存在するので，勝つ確率 $= \frac{9}{19}$，負ける確率 $= \frac{10}{19}$ である)．

　ここではギャンブラーAは毎回 r(赤)に1ドルずつ賭けるとし[1]，確率変数 ξ_i を

$$\xi_i = \begin{cases} 1 & (i \text{ 回目が r (赤)}) \\ -1 & (i \text{ 回目が b (黒)}) \end{cases}$$

とする(つまりrに賭けるので，ルーレットの目がrだと当たりで財産が1増

---

　1) ギャンブルの必勝法を発見した人というのをテレビで見たことがあるが，それは「r」が5回続けば次は必ず「b」に賭けるというものであった．これがいかにばかげているかがおわかりであろう．

え，bだとはずれで財産が1減るということ）．

$Z_t = \xi_1 + \xi_2 + \cdots + \xi_t$ とすると，この Z_t はこの "red and black" を行なったギャンブラーの t 回の賭けの直後の損益（初期財産 0 でのギャンブラーの財産）と見ることができる（注：実際のカジノとは異なり，このカジノは財産が負の状態でも賭け続けることが許されると仮定している）．直観的にもわかるように偶数回目に b，奇数回目に r に賭けるギャンブラーの損益は

$$K_t = \xi_1 - \xi_2 + \xi_3 - \cdots + (-1)^{t-1}\xi_t$$

となるが，これも明らかに1次元対称ランダムウォークである．

基本性質1

$$P(Z_t = k) = \begin{cases} \dbinom{t}{\frac{t+k}{2}}\left(\frac{1}{2}\right)^t & (-t \leq k \leq t, \ \frac{t+k}{2} \in \mathbb{Z}) \\ 0 & (その他) \end{cases}$$

[証明] t 回の賭けのうち l 回勝ち，m 回負けたとすると $l+m=t$，$l-m=k$ よって $l = \frac{t+k}{2}$．したがって2項分布より

$$P(Z_t = k) = \binom{t}{l}\left(\frac{1}{2}\right)^t = \binom{t}{\frac{t+k}{2}}\left(\frac{1}{2}\right)^t$$

また，$\frac{t+k}{2} = l \in \mathbb{Z}$，全部勝ちでも最高 t，全部負けても最低 $-t$ である[2]．

基本性質2（ランダムウォークの独立増分性）

$$0 < t_1 < t_2 < \cdots < t_n \qquad (t_i \in \mathbb{Z})$$

に対して $Z_{t_1}, Z_{t_2}-Z_{t_1}, \cdots, Z_{t_n}-Z_{t_{n-1}}$ は独立である．

---

2) n 個の中から r 個選ぶ場合の数を $\binom{n}{r}$ という記号で表し，その値は次式で与えられる．
$$\binom{n}{r} = \frac{n(n-1)\cdots(n-r+1)}{r(r-1)\cdots2\cdot1}$$
高校ではこの記号を $_nC_r$ で表している．

［証明］　Z_{t_1} は 1 回から t_1 回の賭けのみに依存し，$Z_{t_2}-Z_{t_1}=\xi_{t_1+1}+\cdots+\xi_{t_2}$ は t_1+1 回から t_2 回目までの賭けにのみ依存するので明らかである．

なおこれより任意の有限次元分布

$$P(Z_{t_1}=k_1 \cap Z_{t_2}=k_2 \cap \cdots \cap Z_{t_n}=k_n)$$
$$= P(Z_{t_1}=k_1 \cap Z_{t_2}-Z_{t_1}=k_2-k_1 \cap \cdots \cap Z_{t_n}-Z_{t_{n-1}}=k_n-k_{n-1})$$
$$= P(Z_{t_1}=k_1)\,P(Z_{t_2}-Z_{t_1}=k_2-k_1) \cdots P(Z_{t_n}-Z_{t_{n-1}}=k_n-k_{n-1})$$
$$= P(Z_{t_1}=k_1)\,P(Z_{t_2-t_1}=k_2-k_1) \cdots P(Z_{t_n-t_{n-1}}=k_n-k_{n-1})$$

がわかる．また，この任意の n 個の時点の有限次元分布がわかるということが Z_t が確率過程ということの定義であり，単に t を 1 つ止めたときの Z_t の分布がわかることよりははるかに多くの意味を持っていることに注意する．

1.2 ランダムウォークのパスとそれが決める確率変数

ルーレットの目が r, r, b, b, r, r, r, b, r, r と出たなら，それに応じて Z_t は

$$Z_0 = 0,$$
$$Z_1 = 1, \quad Z_2 = 2, \quad Z_3 = 1, \quad Z_4 = 0, \quad Z_5 = 1,$$
$$Z_6 = 2, \quad Z_7 = 3, \quad Z_8 = 2, \quad Z_9 = 3, \quad Z_{10} = 4$$

と変化する．これを時間 t を x 軸，財産 Z_t を y 軸にとり，点をつないで

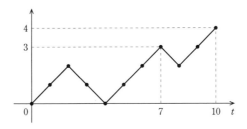

のように描く．これをランダムウォークの**パス**(path)という．

また，これから調べるランダムウォーク Z_t のパスによって決まる確率変数たちをここで定義しておく．

ランダムウォークの最大値；$M_t = \displaystyle\max_{0 \le i \le t} Z_i$

ランダムウォークの最小値；$m_t = \min\limits_{0 \le i \le t} Z_i$

a への初到達時間（a に到達する最初の時間）；$\tau_a = \inf\{t \mid Z_t = a\}$

ランダムウォークの 0 における局所時間；

$$L_t = \#\{i \mid i = 0, 1, 2, \cdots, t-1,$$
$$(Z_i = 0 \cap Z_{i+1} = 1) \cup (Z_i = 1 \cap Z_{i+1} = 0)\}$$

（つまりランダムウォークが 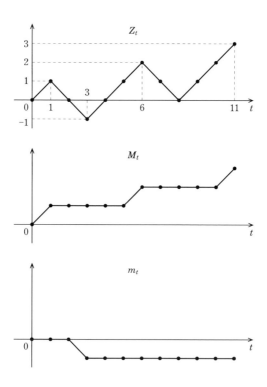 のよう

に，$y = 0$ と $y = 1$ の帯の間にいる時間の個数とする．）

ここで M_t, m_t, L_t は確率過程である．τ_a の a は時間変数ではないので，a を固定するごとに確率変数を与えることに注意しておく．

例えば，ルーレットの目が r, b, b, r, r, r, b, b, r, r, r と出たなら，$\tau_1 = 1$，$\tau_2 = 6$，$\tau_3 = 11$ で，

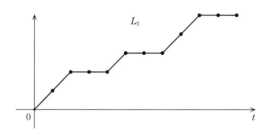

となる.

　練習問題 1.1 ●ルーレットの目が r, r, b, b, b, r, r, r, r, b, b, b のとき τ_1, τ_2, τ_3, τ_{-1} の値を求め，Z_t, M_t, m_t, L_t, K_t のパスを図示せよ.

　ここでギャンブラー A の賭け方を見ながら，自分の賭け方を変えていくギャンブラー B を考える．この本を通じて，いろいろな場面でこの考え方を使うのであるが，まず一番簡単な，後に "鏡像原理" を導くことになるものを考えてみよう.

　ギャンブラー B は，ギャンブラー A の財産 Z_t が a を越えるまでは A と同じ「r」に 1 ドルずつ賭け，Z_t が a 以上になった後は A と反対の「b」に 1 ドルずつ賭ける．正確にいうと，A の時刻 t における財産 Z_t を観察して，その次の回となる時刻 $t+1$ で「b」に賭けるか「r」に賭けるかを決めるのである．ルーレットだと相手と同じ目に賭けたり，違う目に賭けたりできるので，この点，単なる硬貨投げゲームとしてランダムウォークを説明するより都合が良いのである.

　例えば，$a = 2$ でルーレットの目が r, b, b, r, r, r, b, b, r, r, r であったとすると $\tau_2 = 6$ なので，その次の時刻 7 以降は B は A と反対の「b」に賭けるので勝ち負けが反対となる．つまり B の財産を $\hat{Z}_t$ とすると，$\hat{Z}_t$ のパスは次のようになる.

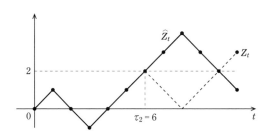

また，$\widehat{Z}_t$ に関する初到達時間，最大値をそれぞれ $\widehat{\tau}_a$，$\widehat{M}_t = \max_{0 \le i \le t} \widehat{Z}_i$ と書くことすると，この目の出方の場合，

$$\widehat{\tau}_1 = \tau_1 = 1, \quad \widehat{\tau}_2 = \tau_2 = 6, \quad \widehat{\tau}_3 = 7 \ (\tau_3 = 11)$$

で，$\widehat{M}_t$ は次のようになる．

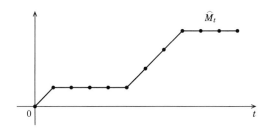

　直観的にわかるようにギャンブラー B の観察に意味はなく，そんなことをしても無駄な努力なので，やはり各回の賭けは独立で，勝つ確率 = 負ける確率 $= \dfrac{1}{2}$ となるので $\widehat{Z}_t$ も 1 次元対称ランダムウォークとなる．このことを

$$Z_\cdot \sim \widehat{Z}_\cdot \quad (\text{確率過程 } Z_\cdot \text{と確率過程 } \widehat{Z}_\cdot \text{が同じ分布})$$

と書く（「同じ分布」，「同分布」については 2.1 節参照）．（注：正確にいうと，任意の $0 < t_1 < t_2 < \cdots < t_n$ と任意の $k_1, k_2, \cdots, k_n \ (\in \mathbb{Z})$ に対して

$$P(Z_{t_1} = k_1 \cap Z_{t_2} = k_2 \cap \cdots \cap Z_{t_n} = k_n)$$
$$= P(\widehat{Z}_{t_1} = k_1 \cap \widehat{Z}_{t_2} = k_2 \cap \cdots \cap \widehat{Z}_{t_n} = k_n)$$

　　　[どちらも $P(Z_{t_1} = k_1) P(Z_{t_2} - Z_{t_1} = k_2 - k_1) \cdots P(Z_{t_n} - Z_{t_{n-1}} = k_n - k_{n-1})$ に等しい]

ということである．）

　任意の t に対して $Z_t \sim \widehat{Z}_t$ と書くと，任意の 1 つ固定された t に対して確率変数 Z_t と確率変数 $\widehat{Z}_t$ の分布が等しいこと，つまり

$$\forall t (\ge 0) \ \forall k \in \mathbb{Z} \ P(Z_t = k) = P(\widehat{Z}_t = k)$$

を言っており，弱い主張であることを注意しておく．

本書では，上で挙げたような確率変数の確率分布やその同時分布(2 つ以上の確率分布を同時に考えたとき，その分布を同時分布という)，また確率過程としての性質を調べることも主要な話題の 1 つである．例えば，ランダムウォークのレヴィの定理(の簡単な場合)，
$$L_. \sim M_. \quad とくに \quad L_t \sim M_t$$
がわかる．このようにランダムウォークの最大値分布と原点の近くに滞在する時間分布が等しいという不思議な結果を後に一般的に証明するが，ここではまず具体的に調べてみよう．

例えば，$t = 4$ として M_t の分布と L_t の分布を具体的に求めてみると

$$P(M_4 = 4) = P(\{rrrr\}) = \frac{1}{16},$$

$$P(M_4 = 3) = P(\{rrrb\}) = \frac{1}{16},$$

$$P(M_4 = 2) = P(\{rrbr, rrbb, rbrr, brrr\}) = \frac{1}{4},$$

同様に

$$P(M_4 = 1) = \frac{1}{4}, \quad P(M_4 = 0) = \frac{3}{8}$$

がわかる．(実は後に調べるように $k \geqq 0$ に対して
$$P(M_t = k) = P(Z_t = k) + P(Z_t = k+1)$$
がわかる．) また，

$$P(L_4 = 4) = P(\{rbrb\}) = \frac{1}{16},$$

$$P(L_4 = 3) = P(\{rbrr\}) = \frac{1}{16},$$

$$P(L_4 = 2) = P(\{rbbr, rbbb, brrb, rrbb\}) = \frac{1}{4},$$

同様に

$$P(L_4 = 1) = \frac{1}{4}, \quad P(L_4 = 0) = \frac{3}{8}$$

がわかり，つまり $\forall k \geqq 0\ \ P(M_4 = k) = P(L_4 = k)$ となり，$M_4 \sim L_4$ がわかるのである．

練習問題 1.2 ● ほかの t についても $M_t \sim L_t$ を確かめてみよ．

第2章

コルモゴロフの確率空間と鏡像原理

2.1 コルモゴロフの確率空間

　高校までの確率変数 X の定義は $P(X = k)$ が k によって定まるものであるが，実はこれは X の確率分布の定義にすぎない．確率変数と確率分布の違いを認識しておくことは大事なことなので，ここで述べておく．そのためにはどうしてもコルモゴロフ流の公理論的確率論の準備が必要となる．

　$(\Omega, \mathscr{F}, P)$ を確率空間とする．ここで Ω は標本空間と呼ばれる任意の集合で，意味としては不確実性を記述する要素("red and black" だと r, b の列)の集まり，$\mathscr{F}$ は事象全体を表し，Ω の部分集合を要素とする集合族(集合を要素とする集合)で

- $\Omega \in \mathscr{F}$
- $A \in \mathscr{F} \longrightarrow A^c \in \mathscr{F}$
- $A_i\,(i \in \mathbf{N}) \in \mathscr{F} \longrightarrow \bigcup_{i=1}^{\infty} A^i \in \mathscr{F}$

の条件を満たすもの(σ アルジェブラ，σ 代数という)．これから，例えば $A \in \mathscr{F}$, $B \in \mathscr{F}$ なら

$$A \cup B = \begin{pmatrix} 事象\,A\,と事象\,B\,の一方または \\ 両方が起こるという事象 \end{pmatrix} \in \mathscr{F}$$

$$A \cap B^c = \begin{pmatrix} A\,は起こるが\,B\,は \\ 起こらないという事象 \end{pmatrix} \in \mathscr{F}$$

となり，$A_i\,(i \in \mathbf{N}) \in \mathscr{F}$ のとき，

$$\bigcap_{i=1}^{\infty} A_i = (すべての\,A_i\,が起こるという事象) \in \mathscr{F}$$

となる．事象から「かつ」「または」などで新しく作ったものもまた事象なので

ある.

　事象とはそれに対してその確率が与えられるべきもので，事象 A が起こる確率を $P(A)$ で表す．P を確率測度と呼ぶが，

- $P : A \in \mathscr{F} \longrightarrow P(A) \in [0, 1]$
  （つまり P は $\mathscr{F}$ を定義域とし，$[0, 1]$ を値域とする写像である）
- $P(\varOmega) = 1$
- $A_i \in \mathscr{F},\ A_i \cap A_j = \phi\ (i \neq j)$ 　　（排反事象）
  $$\longrightarrow P\left(\bigcup_{i=1}^{\infty} A_i \right) = \sum_{i=1}^{\infty} P(A_i) \quad （可算加法性）$$

と，これら 3 つが要請される．とくに $A_3 = A_4 = \cdots = \phi$ として

$$A \in \mathscr{F},\ B \in \mathscr{F},\ A \cap B = \phi$$
$$\longrightarrow P(A \cup B) = P(A) + P(B) \quad （有限加法性）$$

や，排反でなくても

$$P(A \cup B) = P(A) + P(B) - P(A \cap B)$$

などが成立する.

　$P(A)$ が事象 A が起きる確率を表すならば，直観的に考えても上の性質を満たさなければならないことは明らかであろう.

　X が確率空間 $(\varOmega, \mathscr{F}, P)$ 上の確率変数であるとは，

$$X : \varOmega \longrightarrow \mathbb{R}$$
$$\omega \longmapsto X(\omega)$$

で

$$\forall a \in \mathbb{R},\ \{\omega \mid X(\omega) \leqq a\} = X^{-1}((-\infty, a]) \in \mathscr{F}$$

となること（つまり $\forall a \in \mathbb{R}$ で $\{\omega \mid X(\omega) \leqq a\}$ が事象であり $P(\{\omega \mid X(\omega) \leqq a\})$ が考えられること）である.

　具体的にいうと，不確実性のシナリオ全体 $\varOmega$ の中でとくに ω が起こったとき，$X(\omega)$ だけお金をもらうというように理解しよう．証明はしないが，この定義から

$$\forall a, \forall b \in \mathbb{R},\ \{\omega \mid a < X(\omega) < b\},\ \{\omega \mid a \leqq X(\omega) < b\},$$
$$\{\omega \mid a \leqq X(\omega) \leqq b\},\ \{\omega \mid X(\omega) = a\},\ \{\omega \mid X(\omega) \in K\},$$
$$\{\omega \mid X(\omega) \in O\},\ \{\omega \mid X(\omega) \in A\}$$

(ここで K, O, A は $\mathbb{R}$ の中のそれぞれコンパクト集合，開集合，ボレル集合）などはすべて $\mathscr{F}$ に属する，つまり事象となるのである．技術的に難しい面があるのでここの段階ではちゃんとは書けないが，X_t が確率過程であるとは関数空間に値をとる確率変数

$$X_{\cdot} : \Omega \longrightarrow \text{関数空間}$$
$$\omega \longmapsto X_{\cdot}(\omega)$$

とみなすことができる．

　また，Ω が有限集合，可算集合のときは $\mathscr{F} = 2^{\Omega}$，つまり Ω のすべての部分集合を事象と考えることができる．しかし，$\Omega = [0, 1]$ や $\Omega = C([0, 1] \to \mathbb{R})$ ＝連続関数空間や $\Omega =$ 可算無限回の "red and black" を表す確率空間の場合は Ω の濃度 $\#(\Omega) \geqq \aleph_1$（非可算濃度）となり，簡単な確率測度を考えない限り，すべての部分集合に確率を考えることはできない（例えば，ルベーグ非可測集合）．

　ここでよく受ける質問に答えておく．
　　「$(\Omega, \mathscr{F}, P)$ はどうしてこの 3 つを考えるのですか？」
　　「3 つ並べることにどんな意味があるんですか？」
例えて言うと $\Omega \to$ 姓，$P \to$ 名，$\mathscr{F} \to$ ミドル・ネームみたいなものと思えばよい．つまり Ω が同じでも P が異なれば違う確率空間なのである．僕には「藤田典彦」という弟がいるが，明らかに（藤田，岳彦）と（藤田，典彦）は "姓" の部分は同じでも違う人間なのである．同様に $(\Omega, \mathscr{F}, P)$ と $(\Omega, \mathscr{F}, P')$ を区別するのである．数学ではよくある例で $(X, \mathscr{O})$ が位相空間であるとは，X は任意の集合，$\mathscr{O}$ は X の位相（通常，開集合族を指定する）の組のことをいい（注：人間とは異なり，例えば同相写像 $f : (X, \mathscr{O}) \to (X', \mathscr{O}')$ が存在するなら同じ位相空間とみなすし，確率空間でも $(\Omega, \mathscr{F})$ だけに着目した等ボレル写像，$(\Omega, \mathscr{F}, P)$ に着目した等測度写像なども考える），$(X, \mathscr{O})$ と $(X, \mathscr{O}')$ は区別される．

◉── 確率分布の定義
　とくに確率変数 X のとる値 $\mathrm{Im}(X)$ が

$$\mathrm{Im}(X) = \{X(\omega) \mid \omega \in \Omega\} \subset \mathbb{N} \cup \{0\} = \{0, 1, 2, \cdots\}$$

である X を離散確率変数と呼び，

$$p_k = P(X = k) \qquad (k = 0, 1, 2, \cdots)$$

を X の(離散)確率分布という(一般には $\mathrm{Im}(X) \subset \{a_1, a_2, \cdots\}$ のとき $p_{a_k} = P(X = a_k)$ を X の(離散)確率分布という)．

　また，ある関数 $f_X(x)$ が存在して，任意の $\forall a \in \mathbb{R}$，$\forall b \in \mathbb{R}$ に対して

$$P(a < X < b) = \int_a^b f_X(x)\, dx$$

が成り立つとき，X の確率分布は(絶対)連続分布であるといい，$f_X(x)$ を X の確率密度関数という．(実は上の 2 つは統一されており，一般には $X: \Omega \to \mathbb{R}$ によって Ω 上の確率測度 P を $\mathbb{R}$ 上の確率測度 $\mu_X = P \circ X^{-1}$ つまり，

$$\mu_X(A) = P \circ X^{-1}(A) = P(X^{-1}(A))$$
$$= P(\{\omega \mid X(\omega) \in A\}) \qquad (A \text{ は } \mathbb{R} \text{ 上の区間やボレル集合})$$

に写すことができる．μ_X を X による P の像測度，X の $\mathbb{R}$ 上の確率分布などという．また同様に確率過程によって関数空間に確率測度を導入することができる．)

　また，$X \sim Y$ と書けば，

$$X \text{ の分布} = Y \text{ の分布} \qquad (X \text{ と } Y \text{ が同分布})$$

ということで，離散の場合は $\forall k$，$P(X = k) = P(Y = k)$ を表している．とくに $\forall \omega \in \Omega$，$X(\omega) = Y(\omega)$ (確率変数として $X = Y$)を表しているわけではないことを注意しておく．もちろん $X = Y$ なら $X \sim Y$ ではある．確率変数として等しいことと確率分布が等しいことを区別しておこう．

　例1　さいころを独立に 2 回振るとき 1 回目に出る目 $= X$，2 回目に出る目 $= Y$ とすると $X \sim Y$ であるが $X \neq Y$．

●── 独立の定義

　X, Y が離散確率変数のとき

$$\forall i, \forall j,\ P(X = i \cap Y = j) = P(X = i)P(Y = j)$$

を満たすとき X, Y は独立であるという．同様に $X_1, X_2, \cdots, X_n$ が独立である

とは

$$\forall i_1, \forall i_2, \cdots, \forall i_n,$$
$$P(X_1 = i_1 \cap X_2 = i_2 \cap \cdots \cap X_n = i_n)$$
$$= P(X_1 = i_1) P(X_2 = i_2) \cdots P(X_n = i_n)$$

を満たすことと定義する．X, Y が連続確率変数のときは

$$\forall a, \forall b, \forall c, \forall d,$$
$$P(a < X < b \cap c < Y < d) = P(a < X < b) P(c < Y < d)$$

のとき X, Y は独立であるという．

例 2 公平な "red and black" で 3 回までの賭けを表す確率空間 $(\Omega_3, \mathscr{F}, P)$ とその上の確率変数は

$\Omega_3 = \{rrr, rrb, rbr, rbb, brr, brb, bbr, bbb\}$
（rrr は 1 回目，2 回目，3 回目とも「r」が出たということで $\omega = rrr$ を 1 つの点と思う），

$\mathscr{F} = 2^\Omega$
$= \Omega$ のすべての部分集合からなる集合族
$= \{\phi, \{rrr\}, \cdots, \{bbb\}, \{rrr, rrb\}, \cdots, \{bbr, bbb\},$
$\quad \{rrr, rrb, rbr\}, \cdots, \Omega\},$

$$P(\{rrr\}) = P(\{rrb\}) = \cdots = P(\{bbb\}) = \frac{1}{8}$$

である（注：一般に，集合 A，集合 B があるとき，A を定義域，B を値域とする写像全体 $\{f \mid f : A \to B\}$ を B^A と書く．なぜなら

$$\#(B^A) = \#(B)^{\#(A)}$$

が重複順列の考え方より成立するからである．また Ω の部分集合 D と $f : \Omega \to \{0, 1\}$ は D と

$$1_D(\omega) = \begin{cases} 1 & (\omega \in D) \\ 0 & (\omega \in D^c) \end{cases}$$

が 1 対 1 に対応するので，

$$\#(2^\Omega) = \#(\{0, 1\}^\Omega) = \#\{0, 1\}^{\#(\Omega)} = 2^{\#(\Omega)}$$

となる）．

少し説明を加えると，Ω_3 で 3 回までの目の出かたをすべて表している．前

に定義した i 回目に出る目が「r」なら 1,「b」なら -1 を表す確率変数 ξ_i は例えば

$$\xi_1(\text{rrr}) = \xi_1(\text{rrb}) = \xi_1(\text{rbr}) = \xi_1(\text{rbb}) = 1,$$
$$\xi_1(\text{brr}) = \xi_1(\text{brb}) = \xi_1(\text{bbr}) = \xi_1(\text{bbb}) = -1$$

となり，ξ_2, ξ_3 も同様である．

　すると $Z_t = \xi_1 + \xi_2 + \cdots + \xi_t$ なので

$$P(Z_1 = 1 \cap Z_3 = -1)$$
$$= P(\{\omega \mid Z_1(\omega) = 1 \cap Z_3(\omega) = -1\})$$
$$= P(\{\omega \mid \xi_1(\omega) = 1 \cap \xi_2(\omega) = -1 \cap \xi_3(\omega) = -1\})$$
$$= P(\{\text{rbb}\}) = \frac{1}{8},$$

同様に

$$P(Z_3 = -1) = P(\{\omega \mid Z_3(\omega) = -1\})$$
$$= P(\{\text{rbb, brb, bbr}\})$$
$$= P(\{\text{rbb}\}) + P(\{\text{brb}\}) + P(\{\text{bbr}\}) = \frac{3}{8},$$
$$P(M_3 = 1) = P(\{\omega \mid M_3(\omega) = 1\})$$
$$= P(\{\text{rbb, rbr, brr}\}) = \frac{3}{8},$$
$$\cdots\cdots$$

などとなる．また

$$P(\{\omega \mid \xi_1(\omega) = \xi_2(\omega) = 1\}) = P(\{\text{rrr, rrb}\}) = \frac{1}{4},$$
$$P(\{\omega \mid \xi_1(\omega) = 1\}) = P(\{\text{rrr, rrb, rbr, rbb}\}) = \frac{1}{2},$$
$$P(\{\omega \mid \xi_2(\omega) = 1\}) = \frac{1}{2}$$

より

$$P(\{\omega \mid \xi_1(\omega) = 1 \cap \xi_2(\omega) = 1\})$$
$$= P(\{\omega \mid \xi_1(\omega) = 1\}) P(\{\omega \mid \xi_2(\omega) = 1\})$$

がわかり，任意の $x_1 = \pm 1$, $x_2 = \pm 1$ に対して

$$P(\{\omega \mid \xi_1(\omega) = x_1 \cap \xi_2(\omega) = x_2\})$$
$$= P(\{\omega \mid \xi_1(\omega) = x_1\}) P(\{\omega \mid \xi_2(\omega) = x_2\})$$

もわかり，つまり ξ_1, ξ_2 は独立であることがわかる．同様に ξ_1, ξ_2, ξ_3 も独立である．

練習問題 2.1●公平な "red and black" で 2 回までの賭けを表す確率空間 $(\Omega_2, \mathcal{F}, P)$ を具体的に書き表せ．

練習問題 2.2●公平な "red and black" で T 回までの賭けを表す確率空間を $(\Omega_T, \mathcal{F}, P)$ としたとき $\#(\Omega), \#(\mathcal{F})$ を求めよ．

例 3 公平でない "red and black" で 3 回までの賭けを表す確率空間 $(\Omega_3, \mathcal{F}, P_p)$，これは例 2 と $(\Omega_3, \mathcal{F})$ が同じで，P だけを

$$P_p(\{\mathrm{rrr}\}) = p^3,$$
$$P_p(\{\mathrm{rrb}\}) = P_p(\{\mathrm{rbr}\}) = P_p(\{\mathrm{brr}\}) = p^2 q = p^2(1-p),$$
$$P_p(\{\mathrm{rbb}\}) = P_p(\{\mathrm{brb}\}) = P_p(\{\mathrm{bbr}\}) = pq^2,$$
$$P_p(\{\mathrm{bbb}\}) = q^3$$

に変えたものである．

上の 2 つの例は $T=3$ で述べたが，もちろん任意の T に対して $(\Omega_T, \mathcal{F}, P), (\Omega_T, \mathcal{F}, P_p)$ が考えられ，これらは "red and black" での T 回までの賭けのすべてを表す確率空間である[1]．

$(\Omega_T, \mathcal{F}, P_p)$ 上の確率過程 $Z_t^p = \xi_1 + \xi_2 + \cdots + \xi_t$ を 1 次元非対称ランダムウォークという．

カジノの "red and black" でいうと，勝つ確率 $= p = \dfrac{9}{19}$，負ける確率 $= q = 1 - p = \dfrac{10}{19}$ となり，Z_t^p は 1 ドルずつ賭けるギャンブラーの t 回の賭けの直後の損益である．

また前章でそうであったが，ランダムウォーク Z_t に関する分布を $Z_t = \xi_1 + \xi_2 + \cdots + \xi_t$ で表すことにすると，

---

1) 実は，$T = \infty$，つまり $(\Omega_\infty, \mathcal{F}_{\mathrm{borel}}, P)$，$(\Omega_\infty, \mathcal{F}_{\mathrm{borel}}, P_p)$ のように "red and black" で ∞ 回の賭けを行うことを表す確率空間が必要となるのだが，技術的にやや難しいことがあるので後に少し触れる．例えば，1 への初到達時間はいつまでたっても 1 に到達しないかもしれないので上の確率空間がホントは必要なのである．

$$P(\xi_i = 1) = P(\xi_1 = -1) = \frac{1}{2}, \qquad \xi_1, \xi_2, \cdots, \xi_t$$

が独立ということがわかればそれだけで十分であることが多いので，そのとき は $\{\omega \mid Z_t(\omega) = k\}$ の代わりに ω を省略して，高校流の書き方である $\{Z_t = k\}$ と書いてもかまわない．しかし，背後にあるコルモゴロフ流の考え方を認識し ておくことは有益である．

2.2　鏡像原理と最大値の分布

　前章で取り上げた，ギャンブラー A の賭け方を見ながら自分の賭け方を変 えていくギャンブラー B について考える．そのうちの1つ，ギャンブラー A の財産 Z_t が a を越えるまでは A と同じ「r」に1ドルずつ賭け，Z_t が a 以上 になった後は A と反対の「b」に1ドルずつ賭けるというギャンブラー B の財 産 $\hat{Z}_t$ を考える．

　すると，

$$a = 2, \qquad \omega = \mathrm{rbrrbrr}$$

なら

$$(Z_0(\omega), Z_1(\omega), Z_2(\omega), Z_3(\omega), Z_4(\omega), Z_5(\omega), Z_6(\omega), Z_7(\omega))$$
$$= (0, 1, 0, 1, 2, 1, 2, 3)$$

であるのに対し

$$(\hat{Z}_0(\omega), \hat{Z}_1(\omega), \hat{Z}_2(\omega), \hat{Z}_3(\omega), \hat{Z}_4(\omega), \hat{Z}_5(\omega), \hat{Z}_6(\omega), \hat{Z}_7(\omega))$$
$$= (0, 1, 0, 1, 2, 3, 2, 1)$$

となる．

　初到達時間 $\tau_a = \inf\{t \mid Z_t = a\}$ を用いると $Z_{\tau_a} = a$ より

$$\hat{Z}_t = \begin{cases} Z_t & (t \leq \tau_a \text{ のとき}) \\ Z_{\tau_a} + (-1)(Z_t - Z_{\tau_a}) = 2a - Z_t & (t > \tau_a \text{ のとき}) \end{cases}$$

となるが，ギャンブラー B の観察には意味がないので，$\hat{Z}_t$ も Z_t と同分布 ($Z. \sim \hat{Z}.$)，つまり1次元対称ランダムウォークとなる．

　するとこれを用いて以下のように分布が計算ができる．ここで最大値 $M_t = \max_{0 \leq i \leq t} Z_i$ を思い出して，$k \geq 0$ に対して

$$P(Z_t = a \cap M_t \geq k) = \begin{cases} P(Z_t = a) & (a \geq k \text{ のとき}) \\ P(Z_t = 2k-a) & (a \leq k \text{ のとき}) \end{cases}$$

［証明］ $a \geq k$ のとき $Z_t = a \ (\geq k)$ なら必然的に最大値 $M_t \geq k$ なので

$$\{Z_t = a\} \subset \{M_t \geq k\},$$

したがって

$$P(Z_t = a \cap M_t \geq k) = P(Z_t = a).$$

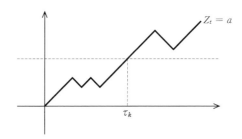

$a \leq k$ のとき

$$P(Z_t = a \cap M_t \geq k) = P(Z_t = a \cap \tau_k \leq t)$$

$$[\because M_t \geq k \Longleftrightarrow k \text{ への初到達時間 } \tau_k \leq t]$$

$$= P(\hat{Z}_t = a \cap \hat{\tau}_k \leq t)$$

$$[\because Z. \sim \hat{Z}. (\text{同分布}),\ \text{また } \hat{Z} \text{ の初到達時間を } \hat{\tau} \text{ で表す}]$$

$$= P(\hat{Z}_t = a \cap \tau_k \leq t)$$

$$[\because \text{定義より明らかに } \hat{\tau} = \tau]$$

$$= P(Z_t = 2k-a \cap \tau_k \leq t)$$

$$[\because \hat{Z}_t \text{ の定義より},\ \tau_k \text{ 以降では } \hat{Z}_t = 2a-Z_t]$$

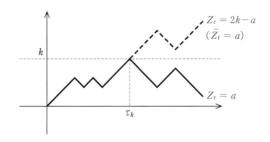

$$= P(Z_t = 2k-a \cap M_t \geqq k)$$
$$= P(Z_t = 2k-a) \qquad [\because a \leqq k \text{ より, } 2k-a \geqq k]$$

（証明終）

これより, $k \geqq a$, $k \geqq 0$ に対し

$$P(Z_t = a \cap M_t = k)$$
$$= P(Z_t = a \cap M_t \geqq k) - P(Z_t = a \cap M_t \geqq k+1)$$
$$= P(Z_t = 2k-a) - P(Z_t = 2k+2-a)$$

もちろん $k \geqq a \cap k \geqq 0$ 以外, つまり $k < a \cup k < 0$ のときは $P(Z_t = a \cap M_t = k) = 0$. 以上でランダムウォーク Z_t とその最大値 M_t の同時分布がわかることになる.

$k \geqq 0$ に対して

$$P(M_t = k) = \sum_{\underset{\sim}{a} \leqq k} P(Z_t = a \cap M_t = k)$$

[$\underset{\sim}{a}$ は a について加えるという意味]

$$= \sum_{\underset{\sim}{a} \leqq k} P(Z_t = 2k-a) - P(Z_t = 2k+2-a)$$
$$= (P(Z_t = k) - P(Z_t = k+2))$$
$$+ (P(Z_t = k+1) - P(Z_t = k+3))$$
$$+ (P(Z_t = k+2) - P(Z_t = k+4)) + \cdots$$
$$= P(Z_t = k) + P(Z_t = k+1)$$

（注：ずっと後に説明するが, W_t をブラウン運動 $M_t = \max_{0 \leqq s \leqq t} W_s$ とすると, $x \geqq 0$ に対して $P(M_t \geqq x) = 2P(W_t \geqq x)$ が成立し, これのブラウン運動バージョンである.）

$k \geqq 0$ に対して

$$P(\tau_k \leqq t) = P(M_t \geqq k)$$
$$= \sum_{\underset{\sim}{a} \geqq k} P(Z_t = a) + \sum_{\underset{\sim}{a} < k} P(Z_t = 2k-a)$$
$$= P(Z_t = k) + 2 \sum_{\underset{\sim}{a} > k} P(Z_t = a)$$

$k \geqq 1$, $t \geqq 1$ に対して

$$P(\tau_k = t) = P(\tau_k \leqq t) - P(\tau_k \leqq t-1)$$
$$= P(Z_t = k) - P(Z_{t-1} = k)$$
$$+ 2 \sum_{\underset{\sim}{a} > k} (P(Z_t = a) - P(Z_{t-1} = a))$$

練習問題 2.3 ● 上で述べた定理を具体的な数値で確かめよ．例えば，$P(Z_4 = 2 \cap M_4 \geqq 1)$，$P(Z_4 = 2 \cap M_4 = 1)$，$P(M_3 \geqq 1)$，$P(M_4 \geqq 1)$，$P(M_4 = 1)$，$P(\tau_3 = 5)$ などいろいろと自分で確かめてほしい．確かめ方は，もちろん

$$\frac{\text{条件を満たすパスの個数}}{\text{すべてのパスの個数}}$$

とし，定理で得られた数値と一致するかどうか，とする．このようにランダムウォークは，得られた定理などがすぐに確かめられたり検算できたりするのである．

今まで見てきたように，簡単な鏡像原理でランダムウォークのいろいろな分布が計算でき，さらに将来，ブラウン運動でも同様のことを行う．初等数学でも反射の原理は，l 上の点 P で $\overline{\mathrm{AP}} + \overline{\mathrm{PB}}$ を最小にする問題のようによく用いられる手法である．

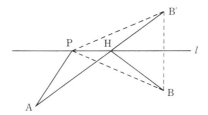

ただフェラー[9]もそうであるが，従来は図形的にパス Z_t とパス $\hat{Z}_t$ が 1 対 1 対応するというような説明が多かったと思われるが，このように相手の賭け方を見ながら自分の賭け方を変えていくというスキーム(確率的反射原理，ギャンブル型反射原理)による説明はわかりやすいと思われるがいかがであろうか？

後の章で，もう少し複雑に賭け方を変えていくもので面白いものを紹介する．

第3章
基本離散分布と初到達時間分布

3.1 ベルヌーイ試行

　成功(S)と失敗(F)しかない試行(または，結果は2通り以上でも粗く見てSとFの2通りにまとめる)を(1回の)ベルヌーイ試行という．また1回の試行で成功(S)が起きる確率を成功確率といい p とおく．このベルヌーイ試行を n 回独立に繰り返すとき，n 回のベルヌーイ試行という．

　例1　"公平でない red and black"．これは成功確率 p のベルヌーイ試行．

　例2　公平なサイコロを独立に投げるとき，6の目が出れば成功とする．これは成功確率 $\frac{1}{6}$ のベルヌーイ試行．

　これから述べる基本離散確率分布は，このベルヌーイ試行に基づいて定義される．本来は第2章で触れたコルモゴロフの確率空間を用いて定義すべきであろうが，記述がわずらわしくなるので**確率分布**のみについて論ずる．しかし，読者はどのような確率空間でそれらが実現されるのかを考えてみてほしい．

3.2 基本離散確率分布

3.2.1 ベルヌーイ分布 Be(p) ($0 < p < 1$)
　確率変数 X の分布 $=$ Be(p)(パラメータ p のベルヌーイ分布)であるとは，$X \sim$ Be(p) と書き，
$$P(X = 1) = p, \quad P(X = 0) = q = 1-p$$

つまりベルヌーイ試行で，成功すれば 1，失敗のときは 0（成功のときだけカウントする）と定義したものである．

この確率分布は表を使って

X	1	0
確率	p	q

と書くとわかりやすい（以下の例もすべて同じである）．

3.2.2　2項分布 $B(n, p)\,(n \in \mathbb{N},\ 0 < p < 1,\ q = 1-p)$

$X \sim B(n, p)$ であるとは

$$P(X = k) = {}_n\mathrm{C}_k\, p^k q^{n-k} \qquad (k = 0, 1, 2, \cdots, n)$$

つまり，n 回のベルヌーイ試行での成功回数 $= X$ である．

2項展開より

$$\sum_{k=0}^{n} P(X = k) = \sum_{k=0}^{n} {}_n\mathrm{C}_k\, p^k q^{n-k}$$
$$= (p+q)^n = 1 \quad (= P(\Omega))$$

であることに注意しておく．

例1　正しいサイコロを 10 回投げたとき

$$6\text{ の目が}4\text{ 回出る確率} = P\left(B\left(10, \frac{1}{6}\right) = 4\right)$$
$$= \binom{10}{4}\left(\frac{1}{6}\right)^4\left(\frac{5}{6}\right)^6$$

（注：本来なら $X \sim B\left(10, \frac{1}{6}\right)$ として $P(X = 4)$ と書くべきだが，少し省略した書き方をしている．）

例2 "公平な red and black" を t 回行ったとき

$$\lceil \mathrm{r} \rfloor \text{ が } k \text{ 回出る確率} = P\left(B\left(t, \frac{1}{2}\right) = k\right)$$

$$= \binom{t}{k}\left(\frac{1}{2}\right)^t$$

（これを Z_t で表すと $P(Z_t = k - (t - k))$ である）

（注：意味を考えると，明らかに $\mathrm{Be}(p) = B(1, p)$，また $X_i \sim \mathrm{Be}(p)\,(i = 1, 2, \cdots, n)$ で，それらが独立なら $X = X_1 + \cdots + X_n \sim B(n, p)$ となる.）

3.2.3 幾何分布 $\mathrm{Ge}(p)$ $(0 < p < 1)$

$T \sim \mathrm{Ge}(p)$ とは $q = 1 - p$ として

$$P(T = k) = pq^k \qquad (k = 0, 1, 2, \cdots)$$

意味は，何回もベルヌーイ試行を行ったとき，はじめて成功するまでに要した失敗の回数である．このとき

$$\sum_{k=0}^{\infty} P(T = k) = \sum_{k=0}^{\infty} pq^k = \frac{p}{1 - q} = 1 \quad (= P(\Omega))$$

に注意する．

例3 正しいサイコロを何回も投げたとき，初めて6の目が出るまでに6の目以外が出た回数 $= T$ とすると $T \sim \mathrm{Ge}\left(\dfrac{1}{6}\right)$

例4 "公平な red and black" で，初めて「r」が出るまでに「b」が出た回数 $= T$ とすると $T \sim \mathrm{Ge}\left(\dfrac{1}{2}\right)$. 例えば

$$P(T = 5) = \frac{1}{2}\left(\frac{1}{2}\right)^5 = \left(\frac{1}{2}\right)^6$$

3.2.4 負の2項分布 $NB(n, p)$

$T \sim NB(n, p)$ であるとは

$$P(T = k) = \binom{n + k - 1}{k} p^n q^k \qquad (k = 0, 1, 2, \cdots)$$

意味は，何回もベルヌーイ試行を行ったとき，n 回成功するまでに要した失敗

の回数 $= T$ である.

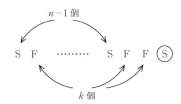

(注：最後は必ず S. その前は $n-1$ 個の S と k 個の F があるので，その順列の個数は $\binom{n+k-1}{k}$，1つ1つの順列の確率は $p^{n-1}\times q^k\times p = p^n q^k$)

無限等比級数 $\sum\limits_{k=0}^{\infty} x^k = (1-x)^{-1}$ $(|x| < 1)$ の両辺を $n-1$ 回微分して整理すると

$$\sum_{k=0}^{\infty}\binom{n+k-1}{k}x^k = (1-x)^{-n} \qquad (|x| < 1)$$

が得られる．これを**負の2項展開**という．これは重複組合せ

$$_n\mathrm{H}_k = \binom{n+k-1}{k} = \left[\begin{array}{l}n\text{ 種類のものから重}\\\text{複を許して }k\text{ 個選ん}\\\text{だ組合せの総数}\end{array}\right]$$

の母関数になっていることにも注意しておく．（さらに $a \in \mathbb{R}$, $k \in \mathbb{N} \cup \{0\}$ として

$$\binom{a}{k} = \frac{a(a-1)\cdots(a-k+1)}{k!} \quad (= \text{一般化2項係数})$$

とすると，ニュートンの一般化2項展開

$$\sum_{k=0}^{\infty}\binom{a}{k}x^k = (1+x)^a \qquad (|x| < 1)$$

もよく用いられる.）

これより

$$\sum_{k=0}^{\infty} P(T = k) = \sum_{k=0}^{\infty}\binom{n+k-1}{k}p^n q^k$$
$$= p^n(1-q)^{-n} = 1 \quad (= P(\Omega))$$

となる.

例 5 "公平な red and black" で 3 回「r」が出るまでに「b」が 2 回以下しか出ない確率.

$$P\left(NB\left(3, \frac{1}{2}\right) \leqq 2\right)$$

$$= P\left(NB\left(3, \frac{1}{2}\right) = 0\right) + P\left(NB\left(3, \frac{1}{2}\right) = 1\right) + P\left(NB\left(3, \frac{1}{2}\right) = 2\right)$$

$$= \frac{1}{8} + \frac{3}{16} + \frac{3}{16} = \frac{1}{2}$$

例 6 $P(NB(n, p) \leq m) = P(B(m+n, p) \geq x)$ となる x を求める.

［答］ $x = n$. なぜならどちらの事象も最初の $m+n$ 回のベルヌーイ試行で少くとも n 回成功することだから.

例 7 2004 年の公式戦で阪神タイガースが 3 勝するまでに負けた回数 $= T_3$ としたとき, T_3 の実現値.

［答］ $T_3 = 0$. なぜならこの年の開幕戦は東京ドームで阪神が巨人に 3 連勝したので.

(注：意味から考えて $\mathrm{Ge}(p) = NB(1, p)$. また $T_i \sim \mathrm{Ge}(p)$ $(i = 1, 2, \cdots, n)$ で独立とすると $T = T_1 + \cdots + T_n \sim NB(n, p)$ である.)

3.3 期待値と分散

X：離散確率変数のとき

$$E(X) \underset{\text{def}}{=} \sum_k kP(X = k)$$

を X の**期待値**，または**平均**と定義する．(注：一般には $X: \Omega \to \mathbb{R}$ で $E(X) = \int_\Omega X(\omega)\,dP(\omega)$ と X の確率測度 P に関する(ルベーグ)積分として定義されるもので，この値は X が離散のときは上に書いたもの，連続のときは $E(X) = \int_{-\infty}^{\infty} x f_X(x)\,dx$ と一致する．また，右辺は絶対収束 $\sum_k |k|\, P(X = k) < +\infty$ していなければならない．)

すると

- $\alpha, \beta \in \mathbb{R}$ として,

$$E(\alpha X_1 + \beta X_2) = \alpha E(X_1) + \beta E(X_2) \qquad (\text{期待値の線型性})$$

- X, Y が独立のとき, $E(XY) = E(X)E(Y)$. もっと一般に

$$E(h(X)g(Y)) = E(h(X))E(g(Y))$$

- $X = C$ (定数)のとき, $E(C) = C$

(注：定数も確率1で C の値をとる確率変数とみなす.)

$$V(X) \underset{\text{def}}{=} E((X-m)^2)$$

$$= \sum_k (k-m)^2 P(X=k) \qquad (m = E(X))$$

を X の**分散**と定義する(これはバラツキを表す量である)と次のような性質がある.

- $V(X) = E(X^2 - 2mX + m^2)$

$$= E(X^2) - 2mE(X) + m^2$$

$$= E(X^2) - m^2 = E(X^2) - (E(X))^2$$

- $\alpha, \beta \in \mathbb{R}$ なら, $V(\alpha X + \beta) = \alpha^2 V(X)$
- X, Y が独立なら, $V(X+Y) = V(X) + V(Y)$ などが成立.
- $V(X) = 0 \Longleftrightarrow \exists C \in \mathbb{R}, \ P(X=C) = 1$ (つまり X は定数)

(注：定義より，確率変数の分散はいついかなるときでも非負である．定数の場合を除いては正である．試験をすると数は少ないが，計算を間違えて分散が負になってしまう人がいる．もし分散が負になれば，その平方根である標準偏差は虚数になってしまうのだが……．模擬試験の偏差値が虚数になってもおかしいと思わないのだろうか？ 会社に入ってポートフォリオの標準偏差が虚数などと上司に報告すれば間違いなくリストラされるだろう.)

ここで今まで挙げた分布の期待値(平均)，分散を示しておく．

$$E(\text{Be}(p)) = p, \qquad V(\text{Be}(p)) = pq,$$

$$E(B(n,p)) = np, \qquad V(B(n,p)) = npq,$$

$$E(\text{Ge}(p)) = \frac{q}{p}, \qquad V(\text{Ge}(p)) = \frac{q}{p^2},$$

$$E(NB(n, p)) = n\frac{q}{p}, \qquad V(NB(n, p)) = n\frac{q}{p^2}$$

練習問題 3.1 ● 上を確かめよ．（計算過程は[34]などを参照してください．）

以上がこの先，必要となる初等確率論の復習である．

3.4 初到達時間の分布

ランダムウォーク Z_t が a に最初に到達する時間を $\tau_a \underset{\text{def}}{=} \inf\{t \geqq 0 \mid Z_t = a\}$ と定義し，a への初到達時間といった．この τ_a の確率分布について以下の定理が証明できる．

定理（初到達時間分布）　$a \neq 0$ に対して
$$P(\tau_a = k) = \frac{|a|}{k} P(Z_k = a) \qquad (k \geq 1)$$

［証明］　$M_t = \max\limits_{0 \leq i \leq t} Z_i$ として，前章で示した
$$P(M_t = k \cap Z_t = a) = P(Z_t = 2k-a) - P(Z_t = 2k+2-a)$$
を思い出すと，$a > 0$ として

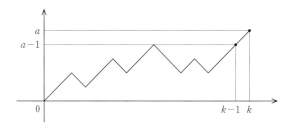

$$P(\tau_a = k) = P\begin{pmatrix} \text{時刻 } k-1 \text{ で } a-1 \text{ の値を} \\ \text{とり，そこまでの最大値} \\ \text{が } a-1 \text{ で } Z_k - Z_{k-1} = 1 \end{pmatrix}$$

$$= P(M_{k-1} = a-1 \cap Z_{k-1} = a-1 \cap Z_k - Z_{k-1} = 1)$$

$$= P(M_{k-1} = a-1 \cap Z_{k-1} = a-1) P(Z_k - Z_{k-1} = 1)$$

$$\qquad \qquad \text{[∵ } k \text{ 回目の賭け } Z_k - Z_{k-1} = \xi_k \text{ と } k-1 \text{ 回目までの賭けは独立]}$$

$$= \frac{1}{2}(P(Z_{k-1} = 2(a-1)-(a-1))$$

$$\qquad \qquad - P(Z_{k-1} = 2(a-1)+2-(a-1)))$$

$$= \frac{1}{2}(P(Z_{k-1} = a-1) - P(Z_{k-1} = a+1))$$

$$= \frac{1}{2}\left(\frac{1}{2}\right)^{k-1}\left(\frac{(k-1)!}{\left(\frac{k+a-2}{2}\right)!\left(\frac{k-a}{2}\right)!} - \frac{(k-1)!}{\left(\frac{k+a}{2}\right)!\left(\frac{k-a-2}{2}\right)!}\right)$$

$$= \frac{(k-1)!}{\left(\frac{k+a}{2}\right)!\left(\frac{k-a}{2}\right)!}\left(\frac{1}{2}\right)^k \times a$$

$$= \frac{a}{k}\frac{k!}{\left(\frac{k+a}{2}\right)!\left(\frac{k-a}{2}\right)!} \times \left(\frac{1}{2}\right)^k$$

$$= \frac{a}{k}P(Z_k = a)$$

$a < 0$ の場合も同様である. (証明終)

注意として, $x!$ で x が整数でない場合は, ガンマ関数などを考えるのではなく, もともと考えるべき確率 $= 0$ である.

また, $a = 0$ の場合は $Z_0 = 0$ であり $\tau_0 \equiv 0$ となってしまうので, $a = 0$ の場合は初再帰時間 $\tau_0' = \inf\{t \geqq 1 \mid Z_t = 0\}$ を考える. すると $k \geqq 1$ として

$$P(\tau_0' = k) = P(\tau_0' = k \cap Z_1 = 1) + P(\tau_0' = k \cap Z_1 = -1)$$

$$= 2 \times \frac{1}{2} P(\tau_0' = k \mid Z_1 = 1) \qquad \text{[対称性より]}$$

$$= P(\tau_{-1} = k-1)$$

$$= \frac{1}{k-1}P(Z_{k-1} = 1)$$

がわかる.

この定理の系として,

$$\sum_{a>0} P(\tau_a = k) = \sum_{a>0} \frac{1}{k} |a| \, P(Z_k = a)$$

$$= \frac{1}{2k} \sum_{a \neq 0} |a| \, P(Z_k = a)$$

$$= \frac{1}{2k} E(|Z_k|)$$

また，

$$左辺 = \begin{bmatrix} 時刻\,k\,で，時刻\,k-1\,までの \\ 最大値を更新する確率 \end{bmatrix} = P(M_k > M_{k-1})$$

となるので

$$P(M_k > M_{k-1}) = \frac{1}{2k} E(|Z_k|)$$

がわかる．$E(|Z_k|)$ はさらに計算できるのだが，少し複雑になるので後で触れる．

このようにキレイな形の定理が得られたのだが，いかにも意味ありげな形をしているのに，途中で2項係数の計算に持ち込んでしまったのが不満である．そこで別証明を考えてみよう．一般の a, k でもできるが記述が見にくくなるので $a = 3$, $k = 5$ として

$$P(\tau_3 = 5) = \frac{3}{5} P(Z_5 = 3)$$

を説明する．つまり $Z_5 = 3$ を満たすパスの個数のうちの $\frac{3}{5}$ が $\tau_3 = 5$ を満たすものであることを示す．

例えば，$Z_5 = 3$ を満たすパス

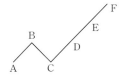

がある．これを周期的に拡張して，F ＝ A とし

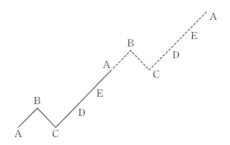

のように考える。すると B, C, D, E から出発するパスがそれぞれ

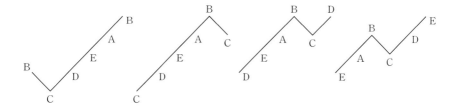

となり，このうち $\tau_3 = 5$ を満たすものは，A から始まるもの，B から始まるもの，E から始まるものの 3 通りであり，上のことがすべてのパスについて成立する。よって $P(\tau_3 = 5) = \dfrac{3}{5} P(Z_5 = 3)$ なのである。

さらに，このA, B, E の見つけ方を説明する。例えばパス

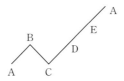

において最大値は 3 なので，そこから 1 ずつ下がった 3 本（一般には a 本）の直線 $y = 3$, $y = 2$, $y = 1$ を考え，パスとの交点で最も左にある点がそれぞれ A, E, B となり，これらが求める点である。例えば

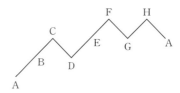

のパスなら，$a = 2$, $k = 8$ である．最大値は 3 で，最大値を取る点のうちいちばん左の F，その 1 つ下の値は 3 点 C, E, G で取られるが，そのうちのいちばん左の C が求める出発点となり，実際

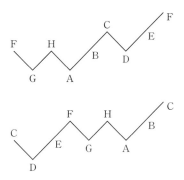

となり，これらのパスのみが $\tau_2 = 8$ を満たす．また例えば値 1 は B, D の 2 点で取られるが，B から出発すると F で値が 2 となってしまうので $\tau_2 = 8$ を満たさないのである．

つまり，$\tau_a = k$ とは，
$$M_{k-1} = a-1 \cap Z_{k-1} = a-1 \cap M_k = a$$
と同値であり，ランダムウォークのパスの巡回置換のうちで，上のようにして得られた出発点のみから出発するものだけが $\tau_a = k$ を満たすのである．

第4章

母関数とランダムウォーク

4.1 数列の母関数

数列 $\{a_k\}_{k \in \mathbf{N} \cup \{0\}}$ の母関数を

$$g_a(t) \underset{\text{def}}{=} \sum_{k=0}^{\infty} a_k t^k$$

とする．(注：考える t の範囲は右辺の無限級数が収束する範囲，つまり R を収束半径とすると $|t| < R$ で考える．収束半径内では自由に微分・積分の演算ができることに注意しよう．また，収束を考えない形式的べき級数として考えることもある．)

$g_a(t)$ は数列 $\{a_k\}$ のすべての情報を有しており，例えていうと数列 $\{a_k\}$ の履歴書のようなものであると考えられる．

$$g_a(t) = g_b(t) \iff a_k \equiv b_k$$

がテーラー展開によって得られる $a_k = \dfrac{g_a^{(k)}(0)}{k!}$ より導かれる．

基本的な性質と計算例を述べておこう．

$$Da(k) \underset{\text{def}}{=} a_{k+1} - a_k \qquad (\text{差分, 階差数列}),$$

$$Sa(k) \underset{\text{def}}{=} \sum_{l=0}^{k} a_l \qquad (\text{和分, 和})$$

とおくと

$$g_{Da}(t) = \sum_{k=0}^{\infty} Da(k) t^k = \sum_{k=0}^{\infty} (a_{k+1} - a_k) t^k = \frac{1}{t} \sum_{k=0}^{\infty} a_{k+1} t^{k+1} - g_a(t)$$

$$= \frac{(1-t) g_a(t) - a_0}{t}$$

$$g_{Sa}(t) = \sum_{k=0}^{\infty} Sa(k) t^k = \sum_{k=0}^{\infty} \left(\sum_{l=0}^{k} a_l \right) t^k = \sum_{0 \leq l \leq k} a_l t^k = \sum_{l=0}^{\infty} a_l \sum_{k=l}^{\infty} t^k$$

$$= \frac{g_a(t)}{1-t} \qquad (|t| < 1)$$

ここで，$a * b(k) = \sum_{l=0}^{k} a_l b_{k-l}$ （a と b の**たたみこみ**という）とすると

$$g_a(t) g_b(t) = \sum_{l=0}^{\infty} a_l t^l \sum_{k=0}^{\infty} b_k t^k = \sum_{k \geq 0, l \geq 0} a_l b_k t^{k+l}$$

$$= \sum_{n=0}^{\infty} \left(\sum_{\substack{k+l=n \\ k \geq 0, l \geq 0}} a_l b_k \right) t^n = g_{a*b}(t)$$

であるから

$$g_{a*b}(t) = g_a(t) g_b(t)$$

がいえる．

例 1　$a \equiv 1$,

$$g_a(t) = \sum_{k=0}^{\infty} t^k = \frac{1}{1-t} \quad (|t| < 1) \qquad （無限等比級数）$$

これより $g_a'(t) \times t = \sum_{k=0}^{\infty} k t^k = \dfrac{t}{(1-t)^2}$

例 2　$a \equiv \begin{cases} \dbinom{n}{k} & (0 \leq k \leq n) \\ 0 & (k > n) \end{cases}$

$$g_a(t) = \sum_{k=0}^{n} \binom{n}{k} t^k = (1+t)^n \qquad （2 項展開）$$

［解説］　次の展開を考える．

$$(1+t_1)(1+t_2)\cdots(1+t_n) = 1 + (t_1 + t_2 + \cdots + t_n) + (t_1 t_2 + \cdots + t_{n-1} t_n)$$
$$+ \cdots + t_1 t_2 \cdots t_n.$$

ここで，$t_1 = t_2 = \cdots = t_n = t$ とおくと

$$(1+t)^n = 1 + \binom{n \text{ 個から } 1 \text{ 個選ぶ}}{\text{組合せの総数}} t + \binom{n \text{ 個から } 2 \text{ 個選ぶ}}{\text{組合せの総数}} t^2 + \cdots$$
$$+ \binom{n \text{ 個から } n \text{ 個選ぶ}}{\text{組合せの総数}} t^n$$
$$= \sum_{k=0}^{n} \binom{n}{k} t^k$$

これより例えば，

$$\sum_{k=0}^{n} k \binom{n}{k} = g_a'(1) = n\,2^{n-1}$$

などがわかる．これは n 人のクラスから 1 人の委員長と，委員の人数を定めない委員会を選ぶ総数を 2 通りに数えても証明できる．また

$$g_{a*a}(t) = (g_a(t))^2 = (1+t)^{2n}$$

より

$$\sum_{l=0}^{n} \binom{n}{l}^2 = \sum_{l=0}^{n} \binom{n}{l} \binom{n}{n-l} = \binom{2n}{n}$$

なども成立する．

練習問題 4.1 ● $\displaystyle\sum_{k=0}^{n} k^2 \binom{n}{k}$, $\displaystyle\sum_{i=0}^{k} \binom{n}{k-i} \binom{m}{i}$ を求めよ．

例3　$a_k = {}_n\mathrm{H}_k = \dbinom{n+k-1}{k}$（重複組合せ，3.2 節参照）とすると

$$g_a(t) = \sum_{k=0}^{\infty} {}_n\mathrm{H}_k\, t^k = (1-t)^{-n} \qquad (|t| < 1)$$

（これは $(1-t)^{-1} = \displaystyle\sum_{k=0}^{\infty} t^k$ の両辺を $n-1$ 回微分しても得られる．）

また，

$$(1-t_1)^{-1}(1-t_2)^{-1}\cdots(1-t_n)^{-1}$$
$$= (1+t_1+t_1^2+\cdots)(1+t_2+t_2^2+\cdots)\cdots(1+t_n+t_n^2+\cdots)$$
$$= 1 + (t_1+t_2+\cdots+t_n) + (t_1 t_2 + \cdots + t_{n-1}t_n + t_1^2 + t_2^2 + \cdots + t_n^2)$$
$$\quad + (t_1 t_2 t_3 + \cdots + t_{n-2}t_{n-1}t_n + t_1^3 + \cdots + t_n^3$$
$$\qquad + t_1^2 t_2 + t_1 t_2^2 + \cdots + t_{n-1}^2 t_n + t_{n-1}t_n^2) + \cdots.$$

ここで，$t_1 = t_2 = \cdots = t_n = t$ とおくと

$$(1-t)^{-n} = \sum_{k=0}^{\infty} \binom{n \text{ 個から重複を許して}}{k \text{ 個とる組合せの総数}} t^k = \sum_{k=0}^{\infty} {}_n\mathrm{H}_k\, t^k$$

例4　「$(a+b+c)^n$ の異なる項の個数」 ＝ 「$x+y+z=n$ の非負整数解の個数」
$$= {}_3\mathrm{H}_n = \binom{n+2}{2} = \frac{(n+2)(n+1)}{2}$$

練習問題 4.2 ●「n 個のなかから 2 個までの重複を許して k 個とる組合せの総数」$= {}_n\mathrm{T}_k$ としたとき，$a_k = {}_n\mathrm{T}_k$ の母関数を求めよ．

［答］ $(1+t+t^2)^n = \left(\dfrac{1-t^3}{1-t}\right)^n$

練習問題 4.3 ●母関数の関係式を求めることにより，メビウスの反転公式

$$f(n) = \sum_{k=0}^{n}\binom{n}{k}h(k) \Longleftrightarrow h(n) = \sum_{k=0}^{n}(-1)^{n-k}\binom{n}{k}f(k)$$

を示せ．

数列の母関数は数学のいろいろなところに顔を出す基本的なもので，ぜひ知っておきたい．また，連続変数の場合のラプラス変換に対応するものであることを注意しておく．そして離散確率分布の場合は，その確率分布自体が数列であり，母関数を考えることができ，非常に有用なツールである．

4.2 確率母関数

$\mathbb{N}\cup\{0\}$ に値をとる離散確率変数 X の確率分布 $x_k = P(X=k)$ に対する母関数 $\sum_{k=0}^{\infty}x_k t^k$ を X の確率母関数といい，$g_X(t)$ と書く．つまり

$$g_X(t) = E(t^X) = \sum_{k=0}^{\infty}P(X=k)\,t^k$$

である．すると，$g_X'(t) = E(Xt^{X-1})$ より

$$E(X) = g_X'(1),$$

同様に

$$E(X(X-1)) = g_X''(1),$$
$$V(X) = g_X''(1) + g_X'(1) - (g_X'(1))^2$$

などが成立する．$Z = X+Y$ （X, Y は独立）とすると

$$g_Z(t) = E(t^{X+Y}) = E(t^X t^Y) = E(t^X)E(t^Y)$$
$$= g_X(t)g_Y(t) = g_{x*y}(t)$$

より

$$P(Z=k) = x*y(k) = \sum_{l=0}^{k}P(X=l)P(Y=k-l)$$

(Z の分布は X の分布と Y の分布の**たたみこみ**)がわかる．また

$$g_{Be(p)}(t) = q + pt, \qquad g_{B(n,p)} = (q+pt)^n,$$

$$g_{Ge(p)}(t) = \frac{p}{1-qt}, \qquad g_{NB(n,p)}(t) = \left(\frac{p}{1-qt}\right)^n$$

などがわかる．

練習問題 4.4 ● 上を示せ．

練習問題 4.5 ●

$$\sum_{k=0}^{\infty} \frac{x_k}{k+1} = \int_0^1 E(t^X)\,dt = \int_0^1 g_X(t)\,dt$$

を用いて $E\left(\dfrac{1}{B(n,p)+1}\right),\ E\left(\dfrac{1}{Ge(p)+1}\right)$ を求めよ．

4.3 初到達時間分布の母関数

$\tau_1 = \inf\{t \mid Z_t = 1\}$．ここで Z_t は対称ランダムウォークとするとき，

$$P(\tau_1 = 2k-1) = \frac{1}{2k-1} P(Z_{2k-1} = 1)$$

$$= \frac{1}{2k-1}\binom{2k-1}{k}\left(\frac{1}{2}\right)^{2k-1} \qquad (k \geq 1)$$

$$P(\tau_1 = 2k) = 0$$

であった．

ここでは τ_1 の確率母関数を求めることにより，上の分布を導こう．$g_{\tau_1}(t) = E(t^{\tau_1}) = \sum_{k=0}^{\infty} P(\tau_1 = k)t^k$ とすると

$$g_{\tau_1}(t) = E(t^{\tau_1})$$
$$= E(t^{\tau_1}, Z_1 = 1) + E(t^{\tau_1}, Z_1 = -1)$$
$$= P(Z_1 = 1)E(t^{\tau_1}|Z_1 = 1) + P(Z_1 = -1)E(t^{\tau_1}|Z_1 = -1)$$
$$= P(Z_1 = 1)E(t) + P(Z_1 = -1)E(t^{1+\tau_2})$$
$$= \frac{1}{2}t + \frac{1}{2}t(E(t^{\tau_1}))^2$$

[∵ −1 から 1 に到達することは 0 から 2 に到達することと同じで，それは 0 から 1 に，そして 1 から 2 に到達することで，これらは明らかに独立である]

$$= \frac{1}{2}\,t + \frac{1}{2}\,t\,(g_{\tau_1}(t))^2.$$

（注：一般に A を事象とするとき，

$$1_A(\omega) = \begin{cases} 1 & (\omega \in A) \\ 0 & (\omega \notin A) \end{cases}$$

は確率変数となるので $E(X,A) \underset{\text{def}}{=} E(1_A X)$．また

$$E(1_A) = 1 \times P(A) + 0 \times P(A^c) = P(A)$$

となり，

$$E(X|A) = \frac{E(1_A X)}{E(1_A)} = \frac{E(1_A X)}{P(A)}$$

は A が起こったもとでの X の条件付期待値を表す．）

したがって

$$g_{\tau_1}(t) = \frac{1 \pm \sqrt{1-t^2}}{t}.$$

明らかに $\lim_{t\to 0} g_{\tau_1}(t) = 0$ より $g_{\tau_1}(t) = \frac{1-\sqrt{1-t^2}}{t}$．ここで，ニュートン展開により

$$\sqrt{1-t^2} = (1-t^2)^{\frac{1}{2}} = \sum_{k=0}^{\infty} \binom{\frac{1}{2}}{k} (-t^2)^k$$

$$= \sum_{k=0}^{\infty} \frac{\frac{1}{2}\left(\frac{1}{2}-1\right)\cdots\left(\frac{1}{2}-k+1\right)}{k!} (-t^2)^k$$

$$= \sum_{k=0}^{\infty} (-1)^{2k-1} \frac{(2k-2)!}{2^{2k-1}k!(k-1)!} t^{2k}$$

したがって

$$\frac{1-\sqrt{1-t^2}}{t} = \sum_{k=0}^{\infty} \frac{(2k-2)!}{2^{2k-1}k!(k-1)!} t^{2k-1}$$

つまり

$$P(\tau_1 = 2k-1) = \frac{(2k-2)!}{k!(k-1)!} 2^{-(2k-1)} = \frac{1}{2k-1}\binom{2k-1}{k} 2^{-(2k-1)}$$

$$P(\tau_1 = 2k) = 0$$

がわかる．

この初到達時間分布を用いて

$$g'_{\tau_1}(t) = \frac{\dfrac{t^2}{\sqrt{1-t^2}} - (1-\sqrt{1-t^2})}{t^2}$$

より $\lim_{t \uparrow 1} g'_{\tau_1}(t) = \infty$ となり，これは $E(\tau_1) = \infty$ を示している．つまり Z_t に関しては 1 に最初に到達する時間の期待値は ∞ であり，一見パラドックスに見える結果が得られる．これはいったん負の方向に動けば，浮上するのにずっと時間がかかることを示しているのである．

また，スターリングの公式 $n! \sim \sqrt{2\pi n}\, n^n e^{-n}$，つまり

$$\lim_{n\to\infty} \frac{\sqrt{2\pi n}\, n^n e^{-n}}{n!} = 1$$

を用いると

$$P(\tau_1 = k) \sim \frac{1}{2\sqrt{\pi}} k^{-\frac{3}{2}}$$

がわかり

$$E(\tau_1^\alpha) < \infty \iff \alpha < \frac{1}{2}$$

となる．

また，この初到達時間の分布を用いて以下のような事象の確率が計算できる．

$$P(Z_1 \neq 0 \cap \cdots \cap Z_{2n-1} \neq 0 \cap Z_{2n} = 0)$$
$$= P(Z_1 \geqq 0 \cap \cdots \cap Z_{2n-2} \geqq 0 \cap Z_{2n-1} < 0)$$
$$= P(\tau_1 = 2n-1) = \frac{1}{2n-1} P(Z_{2n-1} = 1)$$
$$P(Z_1 \neq 0 \cap \cdots \cap Z_{2n-1} \neq 0 \cap Z_{2n} \neq 0)$$
$$= P(Z_1 \geqq 0 \cap Z_2 \geqq 0 \cap \cdots \cap Z_{2n} \geqq 0)$$
$$= P(Z_{2n} = 0)$$

［証明］

$$P(Z_1 \neq 0 \cap \cdots \cap Z_{2n-1} \neq 0 \cap Z_{2n} = 0)$$
$$= P(Z_1 = 1 \cap Z_2 \neq 0 \cap \cdots \cap Z_{2n-1} \neq 0 \cap Z_{2n} = 0)$$
$$\quad + P(Z_1 = -1 \cap Z_2 \neq 0 \cap \cdots \cap Z_{2n-1} \neq 0 \cap Z_{2n} = 0)$$
$$= \frac{1}{2} P(Z_2 - Z_1 \geqq 0 \cap \cdots \cap Z_{2n-1} - Z_1 \geqq 0 \cap Z_{2n} - Z_1 = -1)$$

$$+\frac{1}{2}P(Z_2-Z_1 \leqq 0 \cap \cdots \cap Z_{2n-1}-Z_1 \leqq 0 \cap Z_{2n}-Z_1 = 1)$$

$$=\frac{1}{2}\times 2\times P(\tau_1 = 2n-1)$$

[∵　第1項は時刻0に0を出発するランダムウォークが時刻$2n-1$で最初に-1に到達する確率である]

また

$$P(Z_1 \geqq 0 \cap \cdots \cap Z_{2n-2} \geqq 0 \cap Z_{2n-1} < 0)$$

$$= P(Z_1 \geqq 0 \cap \cdots \cap Z_{2n-2} = 0 \cap Z_{2n-1} = -1)$$

$$= P(\tau_{-1} = 2n-1)$$

$$= P(\tau_1 = 2n-1)$$

[∵　意味から考えて，時刻0に0を出発するランダムウォークが時刻$2n-1$で最初に-1に到達する確率である]

である．まず

$$P(Z_{2n-2} = 0) - P(Z_{2n} = 0) = \binom{2n-2}{n-1}2^{-(2n-2)} - \binom{2n}{n}2^{-2n}$$

$$= \frac{(2n-2)!}{n!\,(n-1)!}\,(2n-(2n-1))2^{-(2n-1)}$$

$$= \frac{1}{2n-1}\binom{2n-1}{n}2^{-(2n-1)}$$

$$= P(\tau_1 = 2n-1)$$

を見ておく．よって

$$P(Z_1 \neq 0 \cap \cdots \cap Z_{2n} \neq 0) + P(Z_1 \neq 0 \cap \cdots \cap Z_{2n-1} \neq 0 \cap Z_{2n} = 0)$$

$$= P(Z_1 \neq 0 \cap \cdots \cap Z_{2n-2} \neq 0 \cap Z_{2n-1} \neq 0)$$

$$= P(Z_1 \neq 0 \cap \cdots \cap Z_{2n-2} \neq 0) \qquad [\because P(Z_{2n-1} \neq 0) = 1]$$

$$P(Z_1 \neq 0 \cap \cdots \cap Z_{2n} \neq 0)$$

$$= P(Z_1 \neq 0 \cap Z_2 \neq 0) + (-P(Z_1 \neq 0 \cap Z_2 \neq 0)$$

$$+ P(Z_1 \neq 0 \cap Z_2 \neq 0 \cap Z_3 \neq 0 \cap Z_4 \neq 0)$$

$$+ \cdots + (-P(Z_1 \neq 0 \cap \cdots \cap Z_{2n-2} \neq 0)$$

$$+ P(Z_1 \neq 0 \cap \cdots \cap Z_{2n} \neq 0))$$

$$= P(Z_1 \neq 0 \cap Z_2 \neq 0) - P(Z_1 \neq 0 \cap Z_2 \neq 0 \cap Z_3 \neq 0 \cap Z_4 = 0)$$

$$- \cdots - P(Z_1 \neq 0 \cap \cdots \cap Z_{2n-1} \neq 0 \cap Z_{2n} = 0)$$

$$= P(Z_1 \neq 0 \cap Z_2 \neq 0) - P(\tau_1 = 3) - \cdots - P(\tau_1 = 2n-1)$$

$$= P(Z_1 \neq 0 \cap Z_2 \neq 0) - (P(Z_2 = 0) - P(Z_4 = 0))$$

$$- \cdots - (P(Z_{2n-2} = 0) - P(Z_{2n} = 0))$$

$$= P(Z_1 \neq 0 \cap Z_2 \neq 0) - (P(Z_2 = 0) - P(Z_{2n} = 0))$$

$$= P(Z_{2n} = 0)$$

また

$$P(Z_1 \geqq 0 \cap Z_2 \geqq 0 \cap \cdots \cap Z_{2n-1} \geqq 0)$$

$$+ P(Z_1 \geqq 0 \cap Z_2 \geqq 0 \cap \cdots \cap Z_{2n-2} \geqq 0 \cap Z_{2n-1} < 0)$$

$$= P(Z_1 \geqq 0 \cap Z_2 \geqq 0 \cap \cdots \cap Z_{2n-2} \geqq 0)$$

と

$$P(Z_1 \geqq 0 \cap \cdots \cap Z_{2n-1} \geqq 0 \cap Z_{2n} \geqq 0)$$

$$= P(Z_1 \geqq 0 \cap \cdots \cap Z_{2n-1} \geqq 0)$$

となるので，同様に

$$P(Z_1 \geqq 0 \cap Z_2 \geqq 0 \cap \cdots \cap Z_{2n} \geqq 0) = P(Z_{2n} = 0)$$

となる．　　　　　　　　　　　　　　　　　　　　　　（証明終）

この定理の以下のような別証明も考えてみたので紹介しよう．

［別証明］

　　　事象 A_1　$\{Z_1 \neq 0 \cap \cdots \cap Z_{2n-1} \neq 0 \cap Z_{2n} \neq 0\}$

　　　事象 A_2　$\{Z_1 \geqq 0 \cap \cdots \cap Z_{2n} \geqq 0\}$

　　　事象 A_3　$\{Z_{2n} = 0\}$

の間に1対1対応関係があることを示す．

　まず $\omega \in A_3$ となるパス ω で，例えば $Z_1 = 1 > 0$ となるパスをとってくる．

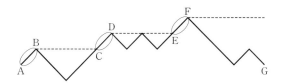

それまでの最大値を更新する AB, CD, EF はそのままにして，それ以外のとこ

ろを折り返すと

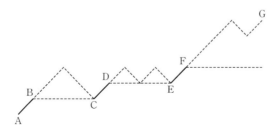

A_1 に属するパス ω' が得られ，逆をたどれば ω' から ω も作ることができる．とくに点 F は最初に最大値をとる点(first maximum)で，A_3 に属するパスは最大値をとっても結局，損益は 0 となってしまうので F の x 座標は「F 以降は賭け方を反対にしておけば，最大値の 2 倍の利益が得られたのに…」と後から見直して後悔する時間(regret time)である．

$Z_1 = -1 < 0$ の場合も同様で，これで事象 A_1 と事象 A_3 の間に 1 対 1 対応が作ることができる．

また，事象 A_2 からパス

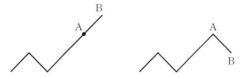

をとってくれば，それぞれのパスから

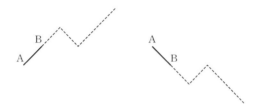

のように事象 A_1 に属するパスが作れ，逆をたどれば事象 A_1 に属するパスから事象 A_2 に属するパスを作ることができる．こうして事象 A_1, A_2, A_3 をたど

るパスの1対1対応が得られた．対称ランダムウォークなので，パスの個数が等しいことから確率も等しくなるのである． (証明終)

第5章

条件付期待値と公平な賭け方

5.1 条件付期待値

Y を確率変数として，● という条件のもとでの Y の期待値のことを Y の**条件付期待値**といい，

$$E(Y|●)$$

と表す．● には，事象 A，確率変数 X，複数の確率変数 $X_1, X_2, \cdots, X_t$，σ アルジェブラ $\mathscr{F}$（事象の集合）などがはいる．

「● ということが起こるか起こらないか」，また「どのように起こるか」などがその後の期待財産に影響を与えることを $E(Y|●)$ で表しているのだが，このようなシチュエーションはいくらでもあることに注意しよう．$E(Y)$ は定数であるが，意味から考えて $E(Y|●)$ は ● の関数である．つまり，$E(Y|X)$ は確率変数 X のある関数 $f(X)$，すなわち条件付期待値自身も確率変数である．また $E(Y|X_1, X_2)$ は X_1, X_2 のある関数 $f(X_1, X_2)$ である．σ アルジェブラを $\mathscr{F}$ とすると，$E(Y|\mathscr{F})$ は $\mathscr{F}$ 可測確率変数である．

条件付期待値は，現代確率論における必須概念なので自分のものにしておきたい．

まず，$● = A$（事象）のときは

$$E(X|A) \underset{\mathrm{def}}{=} \frac{E(X, A)}{P(A)} = \frac{E(1_A X)}{E(1_A)}$$

であった（注：後の定義との関連では $E(X|A) = E(X|1_A = 1)$ とも考えることができる）．

次に，離散確率変数 X で条件を付けた条件付期待値を考える．$P(X = x)$ > 0 となる実数 x に対して $E(Y|X = x)$ は $X = x$ が事象となるので

$$E(Y \mid X = x) \underset{\text{def}}{=} \sum_y y P(Y = y \mid X = x)$$

[つまり条件付確率(測度) $P(Y = y \mid X = x)$ による期待値]

$$= \sum_y y \frac{P(Y = y \cap X = x)}{P(X = x)}$$

これはもちろん $\dfrac{E(1_{X=x}Y)}{E(1_{X=x})}$ と同じである.

そして $E(Y \mid X)$ は, $E(Y \mid X = x)$ が x の関数となるのでそれを $f(x)$ とおいて, その x に $x = X$ を代入した $f(X)$ である. つまり

$$E(Y \mid X) \underset{\text{def}}{=} E(Y \mid X = x)|_{x=X}.$$

同様に

$$E(Y \mid X_1 = x_1, X_2 = x_2) \underset{\text{def}}{=} \sum_y y P(Y = y \mid X_1 = x_1 \cap X_2 = x_2)$$

$$= \sum_y \frac{y P(Y = y \cap X_1 = x_1 \cap X_2 = x_2)}{P(X_1 = x_1 \cap X_2 = x_2)},$$

$$E(Y \mid X_1, X_2) \underset{\text{def}}{=} E(Y \mid X_1 = x_1, X_2 = x_2)|_{x_1 = X_1, x_2 = X_2}$$

である.

重要なことなので何回も注意しておくが, $E(Y \mid X)$ は確率変数 X の関数, $E(Y \mid X_1, X_2)$ は確率変数 X_1, X_2 の関数であり, それら自身も確率変数である.

条件付期待値の基本的な性質を以下に挙げておく.

① 条件付期待値の線型性
$$E(\alpha_1 Y_1 + \alpha_2 Y_2 \mid X) = \alpha_1 E(Y_1 \mid X) + \alpha_2 E(Y_2 \mid X) \qquad (\alpha_1, \alpha_2 \in \mathbb{R})$$

② $E(h(X) Y \mid X) = h(X) E(Y \mid X)$

③ C を定数として $E(C \mid X) = C$

④ X と Y が独立なら $E(Y \mid X) = E(Y)$

⑤ $E(E(h(X) Y \mid X)) = E(h(X) Y)$,
とくに $E(E(Y \mid X)) = E(Y)$

⑥ $E((Y - g(X))^2)$ が最小となる $g(X)$ は $g(X) = E(Y \mid X)$

⑦ $E(E(Y \mid X_1, X_2) \mid X_1) = E(Y \mid X_1)$
一般に $m \geq n$ として

$$E(E(Y \,|\, X_1, X_2, \cdots, X_m) \,|\, X_1, X_2, \cdots, X_n) = E(Y \,|\, X_1, X_2, \cdots, X_n)$$

このうちのいくつかを解説しておこう(詳しくは[11]参照).

②は X で条件を付けたとき,X の関数の分は条件付期待値の前に出せるということで,証明はほとんど定義から明らか.④は

$$\begin{aligned}
E(Y \,|\, X = x) &= \sum_y y \frac{P(Y = y \cap X = x)}{P(X = x)} \\
&= \sum_y y \frac{P(Y = y) P(X = x)}{P(X = x)} \\
&= E(Y)
\end{aligned}$$

で,Y と条件 X が独立なら条件の部分をとってしまうことができるということで,独立ということは X が Y に何の影響も与えないことなので直観的にも明らかであろう.具体的な計算をするときこれをよく用いる.⑤は

$$\begin{aligned}
E(E(h(X) Y \,|\, X)) &= \sum_x E(h(x) Y \,|\, X = x) P(X = x) \\
&= \sum_x \sum_y h(x) y P(Y = y \cap X = x) \\
&= E(h(X) Y)
\end{aligned}$$

⑥は

$$\begin{aligned}
E((Y - g(X))^2) &= \cdots \\
&= E((g(X) - E(Y \,|\, X))^2) + E((Y - E(Y \,|\, X))^2)
\end{aligned}$$

と変形できる([11]).

また,⑥,⑦は次のような幾何学的イメージを持つとよい.

$$\mathbb{L}^2 = \{X \,|\, E(X^2) < \infty\} = \{2\text{乗可積分な確率変数全体}\}$$

これに

$$\langle X, Y \rangle \underset{\text{def}}{=} E(XY)$$

で内積を入れる.すると,ノルム $\|X\| = \sqrt{\langle X, X \rangle}$ で $\mathbb{L}^2$ 完備となり,ヒルベルト空間となる.

$$\begin{aligned}
\mathscr{L}_{X_1} &= \{f(X_1) \,|\, f : \mathbb{R} \longrightarrow \mathbb{R}\} \\
&= \{X_1 \text{ の関数で表される確率変数全体}\} \\
\mathscr{L}_{X_1, X_2} &= \{f(X_1, X_2) \,|\, f : \mathbb{R}^2 \longrightarrow \mathbb{R}\} \\
&= \{(X_1, X_2) \text{ の関数で表される確率変数全体}\}
\end{aligned}$$

とおくと，$\mathscr{L}_X, \mathscr{L}_{X_1,X_2}$ は $\mathbb{L}^2$ の部分(閉)線型空間となり，⑥は Y の $\mathscr{L}_X$ への正射影，つまり内積から作られた距離 $d(X,Y)=\sqrt{E((X-Y)^2)}$ で測って最も Y と距離が近い $\mathscr{L}_X$ の点は $E(Y|X)$ であることを示している．また，⑦は「$\mathbb{L}^2$ の点 Y から $\mathscr{L}_{X_1,X_2}$ への正射影」の $\mathscr{L}_{X_1}$ への正射影 $=Y$ から $\mathscr{L}_{X_1}$ への正射影，ということを言っており，これは高校数学でいうと，直線 $l \subset$ 平面 π として「$\mathbb{R}^3$ の点 P の平面 π への正射影の直線 l への正射影」$=$ P の直線 l への正射影 $(=$ P の l への垂線の足$)$，つまり「3 垂線の定理」とまったく同じことなのである．

例 1　X と Y は独立で，どちらも平均 3，分散 2 とすると
$$E(X|X)=X,$$
$$E(Y|X)=E(Y)=3,$$
$$E(X^2|X)=X^2,$$
$$E(XY|X)=XE(Y|X)=3X,$$
$$\begin{aligned}E((X+Y)^2|X)&=E(X^2+2XY+Y^2|X)\\&=X^2+2XE(Y)+E(Y^2)\\&=X^2+6X+V(Y)+(E(Y))^2\\&\qquad\qquad [\because V(Y)=E(Y^2)-(E(Y))^2]\\&=X^2+6X+11\end{aligned}$$

例 2　$P(X=i \cap Y=j)=\dfrac{i+j}{N^2(N+1)}$ $(1 \le i \le N, 1 \le j \le N)$ のとき周辺分布は
$$P(X=i)=\sum_{j=1}^N P(X=i \cap Y=j)=\frac{1}{N(N+1)}\left(i+\frac{N+1}{2}\right)$$
$(1 \le i \le N)$ であり，
$$\begin{aligned}E(Y|X)&=\sum_{j=1}^N j\,\frac{P(Y=j \cap X=i)}{P(X=i)}\bigg|_{i=X}\\&=\cdots=\frac{\dfrac{N+1}{6}(3X+2N+1)}{X+\dfrac{N+1}{2}}\end{aligned}$$

となる．

　練習問題 5.1●上の例で $E(E(Y|X)) = E(Y)$ を確かめよ．

　また $E(Y^2|X)$ を求め，$E(E(Y^2|X)) = E(Y^2)$ を確かめよ．

　練習問題 5.2●$E(X^2) < \infty$，$E(Y^2) < \infty$ で，$E(Y|X) = X$，$E(X|Y) = Y$ のとき $Y = X$ を示せ．（ヒント：$E((Y-X)^2)$ を考えよ．意味については[12]参照）

　また $E(Z^2) < \infty$，$E(Z|X, Y) = X$，$E(Y|Z, X) = Z$，$E(X|Y, Z) = Y$ のとき，$X = Y = Z$ を示せ．

　例 3　Z_t が対称ランダムウォークであることに注意して

$$E(Z_5|Z_3) = E(Z_3 + \xi_4 + \xi_5|Z_3)$$
$$= E(Z_3|Z_3) + E(\xi_4 + \xi_5|Z_3)$$
$$= Z_3 + E(\xi_4 + \xi_5) = Z_3 \qquad [\because \xi_4, \xi_5 \text{ と } Z_3 \text{ は独立}]$$

同様に $E(Z_5|Z_1, Z_2, Z_3) = Z_3$，$E(Z_5|\xi_1, \xi_2, \xi_3) = Z_3$ である．また $t > s$ として

$$E(Z_t^2|Z_s) = E((Z_s + Z_t - Z_s)^2|Z_s)$$
$$= Z_s^2 + 2Z_s E(Z_t - Z_s|Z_s) + E((Z_t - Z_s)^2|Z_s)$$
$$= Z_s^2 + 2Z_s E(\hat{Z}_{t-s}) + E(Z_{t-s}^2)$$
$$= Z_s^2 + 0 + V(\hat{Z}_{t-s}) + (E(Z_{t-s}))^2$$
$$= Z_s^2 + t - s$$

[ここで $\hat{Z}_t$ は Z_t とは確率分布は同じだが確率変数としては異なるランダムウォーク]

5.2　公平な賭け方

　ランダムウォーク Z_t は "公平な red and black" に 1 ドルずつ賭けていくギャンブラーの損益と考えることができる．

　f_t を t 回目の賭けの賭け金とすると，Z_t は $f_t \equiv 1$ とした賭けの損益を表すが，各回，賭け金を変化させて賭けるほうが普通であろう．また，t 回目の賭けには，それまでの賭けの結果 $\xi_1, \xi_2, \cdots, \xi_{t-1}$ のみが使えるので，

$$f_t = f_t(\xi_1, \xi_2, \cdots, \xi_{t-1})$$

と仮定する．このように時刻 t での確率過程の値 f_t が，時刻 $t-1$ までの情報で決定されるとき，f_t は**可予測，予見可能**(previsible, predictable)といわれる．

また，時刻 1 では，前回の情報は存在しないので $f_1 = a$（定数）とする．すると初期財産 $U_0 = C$ で $(f_1, f_2(\xi_1), \cdots, f_t(\xi_1, \xi_2, \cdots, \xi_{t-1}))$ という賭け方（ストラテジー）を用いるギャンブラーの t 回賭けた直後の財産 U_t は

$$U_t = C + a\xi_1 + f_2(\xi_1)\xi_2 + \cdots + f_t(\xi_1, \xi_2, \cdots, \xi_{t-1})\xi_t$$

である．

もし $f_t = f_t(\xi_1, \xi_2, \cdots, \xi_{t-1}, \xi_t)$ と，t 回目の賭け金を決めるのに t 回目の賭けの情報 ξ_t が使えるとしたら，これはジャンケンの後出しや競馬でいうと馬がゴールした後に馬券が買えるようなもので，インチキな賭けとなってしまうことに注意しよう．また，$f_t(\xi_1, \xi_2, \cdots, \xi_{t-1}) > 0$ なら「r」に f_t を賭け，$f_t < 0$ なら「b」に $|f_t|$ を賭けることに注意しておく．

いろいろ例を挙げてみよう．

例 4 $f_t \equiv a^t$, $U_0 = 0$ で
$$U_t = a\xi_1 + a^2\xi_2 + \cdots + a^t\xi_t$$

例 5 $f_1 = a$, $U_0 = 0$．$t \geqq 1$ では，前回勝てば A を，前回負ければ B を賭ける場合

$$f_t = \frac{A+B}{2} + \frac{A-B}{2}\xi_{t-1} = \begin{cases} A & (\xi_{t-1} = 1 \text{ のとき}) \\ B & (\xi_{t-1} = -1 \text{ のとき}) \end{cases}$$

となるので

$$U_t = a\xi_1 + \left(\frac{A+B}{2} + \frac{A-B}{2}\xi_1\right)\xi_2 + \cdots + \left(\frac{A+B}{2} + \frac{A-B}{2}\xi_{t-1}\right)\xi_t$$

（注：このように賭ける人たちは府中，立川，新宿，後楽園，…などに行けばいくらでも観察することができる．）

例 6 $U_t = \xi_1 + \xi_1\xi_2 + \xi_2\xi_3 + \cdots + \xi_{t-1}\xi_t$

例7　$U_t = \xi_1 + \xi_1\xi_2 + \xi_1\xi_2\xi_3 + \cdots + \xi_1\xi_2\cdots\xi_{t-1}\xi_t$

例6と例7は，どちらも常に金額1ずつを賭けるので，確率過程の分布としてはどちらも1次元対称ランダムウォーク Z_t であり（数学的にも）

$$E(t_1^{Z_1}t_2^{Z_2-Z_1}\cdots t_n^{Z_n-Z_{n-1}}) = E(t_1^{U_1}t_2^{U_2-U_1}\cdots t_n^{U_n-U_{n-1}})$$

と多次元確率母関数が一致することにより証明できる．

例8

$$U_t = 1 + \xi_1 + (1+\xi_1)\xi_2 + (1+\xi_1)(1+\xi_2)\xi_3$$
$$+ \cdots + (1+\xi_1)(1+\xi_2)\cdots(1+\xi_{t-1})\xi_t$$

これは，初期財産 $U_0 = 1$ で $U_t = U_{t-1} + U_{t-1}\xi_t$ となるので，常に全財産を賭けていき，1回でも負ければ終わりという「過激なギャンブラー」の例である．

実際，$U_t = (1+\xi_1)(1+\xi_2)\cdots(1+\xi_t)$ となり

$$U_t = \begin{cases} 2^t & (\xi_1 = \xi_2 = \cdots = \xi_t = 1 \text{ のとき}) \\ 0 & (\xi_1 = -1 \cup \xi_2 = -1 \cup \cdots \cup \xi_t = -1 \text{ のとき}) \end{cases}$$

である．このように賭けていくと，確率1で財産が0となってしまうので（$P\left(\lim_{t\to\infty} U_t = 0\right) = 1$ つまり $U_t \to 0$ (a.s.; 概収束)），現実にはいないと思われるが，これに近い賭け方をする人はよく見られる．あらかじめ，止めどき（ストッピング・タイム）を決めておく（この場合は T を定数として，T 連勝すればそれ以上やらないで帰ると決めておく）のである．すると，

$t \leqq T$ では

$$\bar{U}_t = \begin{cases} 2^t & (\xi_1 = \xi_2 = \cdots = \xi_t = 1 \text{ のとき}) \\ 0 & (\xi_1 = -1 \cup \xi_2 = -1 \cup \cdots \cup \xi_t = -1 \text{ のとき}) \end{cases}$$

$t \geqq T$ では

$$\bar{U}_t = \begin{cases} 2^T & (\xi_1 = \xi_2 = \cdots = \xi_t = 1 \text{ のとき}) \\ 0 & (\xi_1 = -1 \cup \xi_2 = -1 \cup \cdots \cup \xi_t = -1 \text{ のとき}) \end{cases}$$

となる．同じことだが

$$\tau = \inf\{t \mid U_t = 2^T\} \qquad (\inf \emptyset = \infty \text{ とする})$$

（U_t の 2^T への初到達時間）として

$$\bar{U}_t = U_{t\wedge\tau} \qquad (t\wedge\tau \text{ は } \tau \text{ と } t \text{ の小さい方})$$

である．（注：何年か前に某学会でキャンベラに行ったとき，夜にカジノへ皆で行ったのだが，我々のブラックジャック（[43]参照）のテーブルに，たぶん地元の人だと思うが，このように賭ける人がいた．彼は 3 日間ともやってきたが毎日 1〜2 分で負けて帰ってしまうので残念ながら彼の止めどき（T）を観察することはできなかった．）

例 9（マーチンゲール・システム，倍賭け法[43]，[21]参照） 初期財産 $U_0 = 0$ で，それまで負けた分を取り返すために，常に「今まで負けた分」+1 を賭け，1 回でも勝てばそこで止めるものとする．

$f_t = -U_{t-1}+1$ となるので
$$U_t = U_{t-1}+(-U_{t-1}+1)\xi_t$$
つまり
$$U_t = 1-(1-\xi_1)(1-\xi_2)\cdots(1-\xi_t)$$
$$= \xi_1+(1-\xi_1)\xi_2+(1-\xi_1)(1-\xi_2)\xi_3$$
$$+\cdots+(1-\xi_1)(1-\xi_2)\cdots(1-\xi_{t-1})\xi_t$$
となり
$$U_t = \begin{cases} 1 & (\xi_1=1\cup\xi_2=1\cup\cdots\cup\xi_t=1 \text{ のとき}) \\ -2^t+1 & (\xi_1=-1\cap\xi_2=-1\cap\cdots\cap\xi_t=-1 \text{ のとき}) \end{cases}$$
である．

$f_t = -U_{t-1}+1 = 2^{t-1}$ となり賭け金が $1, 2, 2^2, 2^3, \cdots$ のように倍々に増えていくので**倍賭け法**といわれ古くから知られているものである(注：ギャンブルの話をするときは通常マーチンゲール・システムと呼ばれることが多い)．

　昔からこの方法がギャンブルの必勝法とされてきた．今でも日本語，英語を問わずギャンブル系の怪しいサイトにはこのマーチンゲール・システムやその変形が紹介されているのだが絶対に信じてはいけない．マルチ商法やねずみ講なども同じで，本来有限のもの(金額，人口，寿命，…)をあたかも無限のように思わせてだますというものであるので十分注意しておきたい．

　なぜなら数学的には $P\left(\lim_{t\to\infty} U_t = 1\right) = 1$，つまり確率1で U_t が 1 に近づき，必ず 1 儲かるように見えるからだが，この「数学的には」がポイントで，現実には $t \to \infty$ とするためには，多額のお金をあらかじめ持っていなければなら

ず，例えば $2^{20} \fallingdotseq 100$ 万，$2^{30} \fallingdotseq 10$ 億なのである．リスクがあるにもかかわらず，たった 1 しか儲からないのである．たった 1 円儲けて喜ぶギャンブラーがこの世にいるはずもなく，例えば 100 万円儲けようとすると，100 万回続けて勝たねばならず，結局，100 万円儲けるのが早いか「b」が 20 回続けて出るのが早いかの競争になってしまうのである．

練習問題 5.3 ●上の 6 つの例でそれぞれ $E(U_t)$, $V(U_t)$ を求めよ．

5.3 ランダムウォークに関するマルチンゲール

5.2 節で公平な賭け方というものを見てきたが，5.1 節で見た条件付期待値を用いても「公平」が定義できる．

U_t が $\xi_1, \xi_2, \cdots, \xi_t$（に関して）マルチンゲールであるとは，すべての t について U_t が $\xi_1, \xi_2, \cdots, \xi_t$ の関数で表され

$$E(U_{t+1}|\xi_1, \xi_2, \cdots, \xi_t) = U_t$$

となることと定義する．意味は，時刻 t までのすべての情報 $\xi_1, \xi_2, \cdots, \xi_t$ がわかったという条件のもとで次の時刻 $t+1$ の財産 U_{t+1} の条件付期待値が時刻 t の財産 U_t に等しいというもので，これは時刻 t から時刻 $t+1$ までの財産増分が「公平な賭け」であることを意味している．まず，

$$U_t = C + a\xi_1 + f_2(\xi_1)\xi_2 + \cdots + f_t(\xi_1, \xi_2, \cdots, \xi_{t-1})\xi_t$$

となっているなら U_t は $\xi_1, \xi_2, \cdots, \xi_t$ マルチンゲールであることを示す．条件付期待値の性質より

$$\begin{aligned}
E(U_{t+1}|\xi_1, \xi_2, \cdots, \xi_t) &= U_t + f_{t+1}(\xi_1, \xi_2, \cdots, \xi_t)E(\xi_{t+1}|\xi_1, \xi_2, \cdots, \xi_t) \\
&= U_t + f_{t+1}(\xi_1, \xi_2, \cdots, \xi_t)E(\xi_{t+1}) \\
&= U_t + 0 = U_t
\end{aligned}$$

となる．帰納法より

U_t が $\xi_1, \xi_2, \cdots, \xi_t$ マルチンゲール

$\iff \forall t > \forall s \ E(U_t|\xi_1, \xi_2, \cdots, \xi_s) = U_s$

もわかり，このとき両辺の期待値をとると $E(U_t) = E(U_s) = \cdots = E(U_0) = C$ が成立する．

　このマルチンゲール(martingale)の語源は，5.2節で述べた倍賭け法(マーチンゲール・システム)から名付けられたもので，現代確率論の最も大事な概念である．次章以降でもメインとなる話題の1つである．

第6章

いろいろなマルチンゲール表現定理

6.1　マルチンゲール表現定理（対称ランダムウォークの場合）

第5章で見たように U_t が $\xi_1, \xi_2, \cdots, \xi_t$ マルチンゲールであるとは

(A)　　$\forall t$　$E(U_{t+1}|\xi_1, \xi_2, \cdots, \xi_t) = U_t$

であった.

また

$$P(\xi_i = 1) = P(\xi_i = -1) = \frac{1}{2}, \qquad \xi_1, \xi_2, \cdots, \xi_t \text{ は独立}$$

のとき，公平な賭け方

$$(f_1, f_2(\xi_1), \cdots, f_t(\xi_1, \xi_2, \cdots, \xi_{t-1}))$$

による初期財産 C のギャンブラーの損益 U_t は

(B)　　$U_t = C + f_1\xi_1 + f_2(\xi_1)\xi_2 + \cdots + f_t(\xi_1, \xi_2, \cdots, \xi_{t-1})\xi_t$

であり，U_t が(B)と表されるならば(A)となることを示した．ここでは(A)⇒(B)と表されることを示す．

この「(A)⇒(B)」を対称ランダムウォークに関する**マルチンゲール表現定理**という．いろいろ応用のある基本的な定理で，実際，後にデリバティブの価格付けにおいて，その複製ポートフォリオ構成にこの定理を用いる．

　[(A)⇒(B)の証明]　(A)を仮定すると，U_t は $\xi_1, \xi_2, \cdots, \xi_t$ の関数となるので

$$U_{t+1} - U_t = h(\xi_1, \xi_2, \cdots, \xi_t, \xi_{t+1})$$

とおくことができる.すると(A)より

$$E(U_{t+1}|\xi_1, \xi_2, \cdots, \xi_t) = U_t = E(U_t|\xi_1, \xi_2, \cdots, \xi_t)$$

となり

$$E(h(\xi_1, \xi_2, \cdots, \xi_t, \xi_{t+1})|\xi_1, \xi_2, \cdots, \xi_t) = 0$$

である.このとき任意の $x_i \in \{-1, 1\}$ に対して

$$0 = E(h(x_1, x_2, \cdots, x_t, \xi_{t+1})|\xi_1 = x_1 \cap \xi_2 = x_2 \cap \cdots \cap \xi_t = x_t)$$

$$= E(h(x_1, x_2, \cdots, x_t, \xi_{t+1})) \qquad [\because \xi_1, \xi_2, \cdots, \xi_t \text{ と } \xi_{t+1} \text{ は独立}]$$

$$= \frac{1}{2}h(x_1, x_2, \cdots, x_t, 1) + \frac{1}{2}h(x_1, x_2, \cdots, x_t, -1)$$

すると

$$\frac{U_{t+1} - U_t}{\xi_{t+1}} = \frac{h(\xi_1, \xi_2, \cdots, \xi_t, \xi_{t+1})}{\xi_{t+1}}$$

$$= \begin{cases} h(\xi_1, \xi_2, \cdots, \xi_t, 1) & (\xi_{t+1} = 1 \text{ のとき}) \\ -h(\xi_1, \xi_2, \cdots, \xi_t, -1) & (\xi_{t+1} = -1 \text{ のとき}) \end{cases}$$

となるので,これまで場合分けをしていたがどちらの場合も等しくなり,したがって $\frac{U_{t+1} - U_t}{\xi_{t+1}}$ は $f_{t+1}(\xi_1, \xi_2, \cdots, \xi_t)$ と $\xi_1, \xi_2, \cdots, \xi_t$ の関数となる.

あとは t を動かせば,証明が終わる. (証明終)

(B)の右辺を**離散確率積分**と呼び,ブラウン運動の確率積分と同じ役割を果たす.また(B)の右辺を U_t の離散確率積分(公平な賭け方)による**マルチンゲール表現**という.

例1 $Z_t = \xi_1 + \xi_2 + \cdots + \xi_t$(対称ランダムウォーク)そのものも,$\xi_1, \xi_2, \cdots, \xi_t$ マルチンゲール($\because E(Z_{t+1}|\xi_1, \xi_2, \cdots, \xi_t) = E(Z_t + \xi_{t+1}|\xi_1, \xi_2, \cdots, \xi_t) = Z_t + E(\xi_{t+1}) = Z_t$)であり,そのマルチンゲール表現は

$$Z_t = 1 \times \xi_1 + 1 \times \xi_2 + \cdots + 1 \times \xi_t \qquad (\text{すべての賭け金は } 1)$$

となる.

例2 $Z_t^2 - t$ は $\xi_1, \xi_2, \cdots, \xi_t$ マルチンゲールである.

これは

$$E(Z_{t+1}^2 - (t+1) \,|\, \xi_1,\, \xi_2,\, \cdots,\, \xi_t)$$
$$= E((Z_t + \xi_{t+1})^2 \,|\, \xi_1,\, \xi_2,\, \cdots,\, \xi_t) - t - 1$$
$$= E(Z_t^2 + 2\xi_{t+1}Z_t + (\xi_{t+1})^2 \,|\, \xi_1,\, \xi_2,\, \cdots,\, \xi_t) - t - 1$$
$$= Z_t^2 + 2Z_t E(\xi_{t+1}) + 1 - t - 1 = Z_t^2 - t$$

より明らか．また，

$$\frac{(Z_{t+1})^2 - (t+1) - (Z_t^2 - t)}{\xi_{t+1}} = 2Z_t$$

となり，そのマルチンゲール表現は

$$Z_t^2 - t = \sum_{i=0}^{t-1} 2Z_i\xi_{i+1}$$

となる．

練習問題 6.1 ● $Z_t^3 - 3t\,Z_t$, $Z_t^4 - 6t\,Z_t^2 + 3t^2 + 2t$ が $\xi_1,\, \xi_2,\, \cdots,\, \xi_t$ マルチンゲールであることを示し，それらのマルチンゲール表現を求めよ．

例3 $\operatorname{ch} x = \dfrac{e^x + e^{-x}}{2} = $ 双曲余弦とおくと $\dfrac{e^{\alpha Z_t}}{(\operatorname{ch}\alpha)^t}$ は $\xi_1,\, \xi_2,\, \cdots,\, \xi_t$ マルチンゲール．

これは

$$E\left(\frac{e^{\alpha Z_{t+1}}}{(\operatorname{ch}\alpha)^{t+1}} \,\middle|\, \xi_1,\, \xi_2,\, \cdots,\, \xi_t\right) = \frac{e^{\alpha Z_t}}{(\operatorname{ch}\alpha)^{t+1}} E(e^{\alpha\xi_{t+1}}) = \frac{e^{\alpha Z_t}}{(\operatorname{ch}\alpha)^t}$$

による．

$$\frac{\dfrac{e^{\alpha Z_{t+1}}}{(\operatorname{ch}\alpha)^{t+1}} - \dfrac{e^{\alpha Z_t}}{(\operatorname{ch}\alpha)^t}}{\xi_{t+1}} = \operatorname{th}\alpha\,\frac{e^{\alpha Z_t}}{(\operatorname{ch}\alpha)^t}$$

ここで $\operatorname{th}\alpha = \dfrac{e^\alpha - e^{-\alpha}}{e^\alpha + e^{-\alpha}} = $ 双曲正接となり，そのマルチンゲール表現は

$$\frac{e^{\alpha Z_t}}{(\operatorname{ch}\alpha)^t} = 1 + \sum_{i=0}^{t-1} \operatorname{th}\alpha\,\frac{e^{\alpha Z_i}}{(\operatorname{ch}\alpha)^i}\xi_{i+1}$$

となる．

（注：

$$\frac{e^{aZ_t}}{(\text{ch }\alpha)^t} = \left(1 + \alpha Z_t + \frac{\alpha^2}{2}Z_t^2 + \frac{\alpha^3}{3!}Z_t^3 + \cdots\right)\left(1 + \frac{\alpha^2}{2} + \frac{\alpha^4}{4!} + \cdots\right)^{-t}$$

$$= \left(1 + \alpha Z_t + \frac{\alpha^2}{2}Z_t^2 + \frac{\alpha^3}{3!}Z_t^3 + \cdots\right)$$

$$\times \left(1 + \binom{-t}{1}\left(\frac{\alpha^2}{2} + \frac{\alpha^4}{4!} + \cdots\right) + \binom{-t}{2}\left(\frac{\alpha^2}{2} + \frac{\alpha^4}{4!} + \cdots\right)^2 + \cdots\right)$$

$$= 1 + \alpha Z_t + \frac{\alpha^2}{2}(Z_t^2 - t) + \frac{\alpha^3}{3!}(Z_t^3 - 3tZ_t) + \cdots$$

$$= \sum_{k=0}^{\infty} G_k(t, Z_t)\frac{\alpha^k}{k!}$$

となり各 α^k の係数が Z_t の k 次多項式（最高次の係数が 1 であるモニックな多項式）から作られる $\xi_1, \xi_2, \cdots, \xi_t$ マルチンゲール $G_k(t, Z_t)$ となっている．

　ブラウン運動 W_t の場合は $e^{aW_t - \frac{1}{2}a^2 t}$ が $\mathscr{F}_t$ マルチンゲールとなり

$$e^{aW_t - \frac{1}{2}a^2 t} = \sum_{k=0}^{\infty} H_k(t, W_t)\frac{\alpha^k}{k!}$$

ここで $H_k(t, W_t)$ は k 次のエルミート多項式で $H_k(t, W_t)$ は k 次の $\mathscr{F}_t$ マルチンゲールとなる．）

練習問題 6.2 ● $\lambda, c \in \mathbb{R}$ とするとき

$$\frac{\cos \lambda(Z_t - c)}{(\cos \lambda)^t}$$

は $\xi_1, \xi_2, \cdots, \xi_t$ マルチンゲールであることを示し，そのマルチンゲール表現を求めよ．

　一般に $E(Y|\xi_1, \xi_2, \cdots, \xi_t) = E_t$ とおくと，前章で述べた条件付期待値の定理（3 垂線の定理）より

$$E(E_{t+1}|\xi_1, \xi_2, \cdots, \xi_t) = E_t$$

となるので E_t は $\xi_1, \xi_2, \cdots, \xi_t$ マルチンゲールとなる．この事実もいろいろなところで使われるが，とくにデリバティブ価格付け理論においても重要な事実で，後に紹介する．

　例4　$0 \leqq t \leqq T$ として

$$E(Z_T^2 \,|\, \xi_1, \xi_2, \cdots, \xi_t) = E((Z_t + Z_T - Z_t)^2 \,|\, \xi_1, \xi_2, \cdots, \xi_t)$$
$$= Z_t^2 + T - t$$

練習問題 6.3 ● $E(Z_T^3 \,|\, \xi_1, \xi_2, \cdots, \xi_t)$, $E(e^{aZ_T} \,|\, \xi_1, \xi_2, \cdots, \xi_t)$ を求め，これが $0 \leqq t \leqq T$ でマルチンゲールであることを確かめよ．

6.2 マルチンゲール表現定理（非対称ランダムウォークほかの場合）

$\xi_1, \xi_2, \cdots, \xi_t$ を異なるものにとれば，マルチンゲール表現定理も変わってくる．まず，非対称ランダムウォーク Z_t^p の場合を調べてみよう．

$$P(\xi_i^p = 1) = p, \quad P(\xi_i^p = -1) = 1-p, \qquad \xi_1^p, \xi_2^p, \cdots, \xi_t^p \text{ は独立}$$

のとき $Z_t^p = \xi_1^p + \xi_2^p + \cdots + \xi_t^p$ は非対称ランダムウォーク（公平でない "red and black"）であった．

定理（Z_t^p に関するマルチンゲール表現定理）　$U_t \,(U_0 = C)$ が $\xi_1^p, \xi_2^p, \cdots,$ ξ_t^p マルチンゲールである．つまり

$\forall t \; E(U_{t+1} \,|\, \xi_1^p, \xi_2^p, \cdots, \xi_t^p) = U_t$

$\Longleftrightarrow$ ある賭け方の列 $(f_1, f_2(\xi_1^p), \cdots, f_t(\xi_1^p, \xi_2^p, \cdots, \xi_{t-1}^p))$ が存在して，

$$U_t = C + f_1(\xi_1^p - E(\xi_1^p)) + f_2(\xi_1^p)(\xi_2^p - E(\xi_2^p))$$
$$+ \cdots + f_t(\xi_1^p, \xi_2^p, \cdots, \xi_{t-1}^p)(\xi_t^p - E(\xi_t^p))$$
$$= C + f_1(\xi_1^p - (2p-1)) + f_2(\xi_1^p)(\xi_2^p - (2p-1))$$
$$+ \cdots + f_t(\xi_1^p, \xi_2^p, \cdots, \xi_{t-1}^p)(\xi_t^p - (2p-1))$$

［証明］　$\Leftarrow$ の方は前と同様に簡単に証明できる．

$\Rightarrow$ の略証．$U_{t+1} - U_t = h(\xi_1^p, \xi_2^p, \cdots, \xi_t^p, \xi_{t+1}^p)$ とおくとマルチンゲール性より

$$ph(\xi_1^p, \xi_2^p, \cdots, \xi_t^p, 1) + (1-p)h(\xi_1^p, \xi_2^p, \cdots, \xi_t^p, -1) = 0$$

となる．すると

$$\frac{U_{t+1}-U_t}{\xi^p_{t+1}-(2p-1)} = \begin{cases} \dfrac{h(\xi^p_1, \xi^p_2, \cdots, \xi^p_t, 1)}{2(1-p)} & (\xi^p_{t+1}=1 \text{ のとき}) \\[3mm] \dfrac{h(\xi^p_1, \xi^p_2, \cdots, \xi^p_t, -1)}{-2p} & (\xi^p_{t+1}=-1 \text{ のとき}) \end{cases}$$

となり

$$U_{t+1}-U_t = f_{t+1}(\xi^p_1, \xi^p_2, \cdots, \xi^p_t)(\xi^p_{t+1}-(2p-1))$$

とおける. (証明終)

（注：この定理の意味は，1つ1つの賭け ξ^p_t 自身は公平ではなく，$E(\xi^p_t)=2p-1$ なので，賭けに参加するために費用 $E(\xi^p_t)=2p-1$ を払えば（$2p-1<0$ のときは $|2p-1|$ をもらえばよい），1回1回の賭け $\xi^p_t-(2p-1)$ が公平な賭けとなる，ということである.）

例5 $Z^p_t-(2p-1)t$ は $\xi^p_1, \xi^p_2, \cdots, \xi^p_t$ マルチンゲールで，そのマルチンゲール表現は

$$Z^p_t-(2p-1)t = 1\times(\xi^p_1-(2p-1))+1\times(\xi^p_2-(2p-1))$$
$$+\cdots+1\times(\xi^p_t-(2p-1)).$$

$(Z_t)^2-2tZ^p_t(2p-1)-4p(1-p)t+(2p-1)^2t^2$ は $\xi^p_1, \xi^p_2, \cdots, \xi^p_t$ マルチンゲールで，そのマルチンゲール表現は

$$\sum_{i=0}^{t-1}\{2Z^p_i-2(2p-1)(i+1)\}(\xi^p_{i+1}-(2p-1))$$

となる（[11]参照）.

$$\frac{e^{aZ^p_t}}{(pe^a+(1-p)e^{-a})^t}$$

は $\xi^p_1, \xi^p_2, \cdots, \xi^p_t$ マルチンゲールで，そのマルチンゲール表現は

$$1+\sum_{i=0}^{t-1}\frac{(\text{sh } a)e^{aZ^p_i}}{(pe^a+(1-p)e^{-a})^i}(\xi^p_{i+1}-(2p-1))$$

$$\left(\text{sh } a = \frac{e^a-e^{-a}}{2} = \text{双曲正弦}\right)$$

次に，引き分ける場合もある（"red and black" で賭けたお金がそのまま戻ってくることもある場合の）ランダムウォーク $Z^{p,q}_t$ を考えよう.

$$P(\xi_i^{p,q} = 1) = p, \quad P(\xi_i^{p,q} = -1) = q,$$
$$P(\xi_i^{p,q} = 0) = 1-(p+q), \quad \xi_1^{p,q}, \xi_2^{p,q}, \cdots, \xi_t^{p,q} \text{ は独立}$$

とし，$Z_t^{p,q} = \xi_1^{p,q} + \xi_2^{p,q} + \cdots + \xi_t^{p,q}$ とする．

定理（$Z_t^{p,q}$ に関するマルチンゲール表現定理）

$U_t\,(U_0 = C)$ が $\xi_1^{p,q}, \xi_2^{p,q}, \cdots, \xi_t^{p,q}$ マルチンゲール

$\Longleftrightarrow (f_1, f_2(\xi_1^{p,q}), \cdots, f_t(\xi_1^{p,q}, \xi_2^{p,q}, \cdots, \xi_{t-1}^{p,q})),$
$(g_1, g_2(\xi_1^{p,q}), \cdots, g_t(\xi_1^{p,q}, \xi_2^{p,q}, \cdots, \xi_{t-1}^{p,q}))$

が存在して，

$$U_t = C + f_1(\xi_1^{p,q} - (p-q)) + f_2(\xi_1^{p,q})(\xi_2^{p,q} - (p-q))$$
$$+ \cdots + f_t(\xi_1^{p,q}, \xi_2^{p,q}, \cdots, \xi_{t-1}^{p,q})(\xi_t^{p,q} - (p-q))$$
$$+ g_1((\xi_1^{p,q})^2 - (p+q)) + g_2(\xi_1^{p,q})((\xi_2^{p,q})^2 - (p+q))$$
$$+ \cdots + g_t(\xi_1^{p,q}, \xi_2^{p,q}, \cdots, \xi_{t-1}^{p,q})((\xi_t^{p,q})^2 - (p+q))$$

［証明］ $U_{t+1} - U_t = h(\xi_1^{p,q}, \xi_2^{p,q}, \cdots, \xi_t^{p,q}, \xi_{t+1}^{p,q})$ とする．すると U_t は $\xi_1^{p,q},$ $\xi_2^{p,q}, \cdots, \xi_t^{p,q}$ マルチンゲールより

$$0 = E(U_{t+1} - U_t \,|\, \xi_1^{p,q}, \xi_2^{p,q}, \cdots, \xi_t^{p,q})$$
$$= p\,h(\xi_1^{p,q}, \xi_2^{p,q}, \cdots, \xi_t^{p,q}, 1) + (1-(p+q))\,h(\xi_1^{p,q}, \xi_2^{p,q}, \cdots, \xi_t^{p,q}, 0)$$
$$+ q\,h(\xi_1^{p,q}, \xi_2^{p,q}, \cdots, \xi_t^{p,q}, -1) \qquad \cdots\cdots(\star)$$

が成立している．

このとき $h(\xi_1^{p,q}, \xi_2^{p,q}, \cdots, \xi_t^{p,q}, x) = h(x)$ とおくと

$$U_{t+1} - U_t = \frac{h(1) - h(-1)}{2}(\xi_{t+1}^{p,q} - (p-q))$$
$$+ \frac{h(1) - 2h(0) + h(-1)}{2}((\xi_{t+1}^{p,q})^2 - (p+q))$$

が成立している．（$\because \xi_{t+1}^{p,q} = 1$ のとき，

$$\text{右辺} = \frac{h(1)-h(-1)}{2}(1-(p-q)) + \frac{h(1)-2h(0)+h(-1)}{2}(1^2 - (p+q))$$
$$= (1-p)\,h(1) - q\,h(-1) - (1-(p+q))\,h(0)$$
$$= h(1) \qquad ((\star) \text{より)}.$$

同様に（☆）を用いて $\xi_{t+1}^{p,q} = -1,\ \xi_{t+1}^{p,q} = 0$ のときもわかる．） よって

$$f_{t+1} = \frac{h(1) - h(-1)}{2}$$
$$= \frac{h(\xi_1^{p,q}, \xi_2^{p,q}, \cdots, \xi_t^{p,q}, 1) - h(\xi_1^{p,q}, \xi_2^{p,q}, \cdots, \xi_t^{p,q}, -1)}{2}$$

$$g_{t+1} = \frac{h(1) - 2h(0) + h(-1)}{2}$$
$$= \frac{h(\xi_1^{p,q}, \cdots, \xi_t^{p,q}, 1) - 2h(\xi_1^{p,q}, \cdots, \xi_t^{p,q}, 0) + h(\xi_1^{p,q}, \cdots, \xi_t^{p,q}, -1)}{2}$$

ととれる． (証明終)

また，証明は読者に委ねるが $p \neq 0 \cap q \neq 0 \cap 1-p-q \neq 0$ のとき，この $f_1, f_2(\xi_1^{p,q}), \cdots, f_t(\xi_1^{p,q}, \cdots, \xi_{t-1}^{p,q}),\ g_1, g_2(\xi_1^{p,q}), \cdots, g_t(\xi_1^{p,q}, \cdots, \xi_{t-1}^{p,q})$ の一意性も示せる．（ほかのマルチンゲール表現定理も同様に表現の一意性が示せる．）

例6 $E(e^{aZ_t^{p,q}}) = (pe^{\alpha} + qe^{-\alpha} + (1-p-q))^t$ であり

$$\frac{e^{aZ_t^{p,q}}}{(pe^{\alpha} + qe^{-\alpha} + (1-p-q))^t}$$

は $\xi_1^{p,q}, \xi_2^{p,q}, \cdots, \xi_t^{p,q}$ マルチンゲールとなる．f_t, g_t は複雑になるので書かないが計算できる．また，α のべき級数に展開して

$$\frac{e^{aZ_t^{p,q}}}{(pe^{\alpha} + qe^{-\alpha} + (1-p-q))^t} = \sum_{k=0}^{\infty} I_k(t, Z_t^{p,q}) \frac{\alpha^k}{k!}$$

とすると，$I_k(t, x)$ は x に関して k 次のモニックな多項式ですべての k について $I_k(t, Z_t^{p,q})$ は $\xi_1^{p,q}, \cdots, \xi_t^{p,q}$ マルチンゲールとなる．例えば

$$I_1(t, Z_t^{p,q}) = Z_t^{p,q} - (p-q)t$$

となる．

練習問題 6.4 ● $I_2(t, Z_t^{p,q}),\ I_3(t, Z_t^{p,q})$ を計算せよ．［ヒント：負の2項展開を用いよ］

練習問題 6.5 ● $0 \leq t \leq T$ として $E((Z_T^{p,q})^2 | \xi_1^{p,q}, \cdots, \xi_t^{p,q})$ を求め，これが $\xi_1^{p,q}, \cdots, \xi_t^{p,q}$ マルチンゲールであることを確かめよ．

とくに $q=0$ の場合，つまり $P(\xi_i^{p,0}=1)=p$，$P(\xi_i^{p,0}=0)=1-p$ の場合
の $Z_t^{p,0}$ を D_t と書き，本書では D_t を**離散ポアソン過程**と呼ぶ．つまり

$$D_t = \xi_1^{p,0}+\xi_2^{p,0}+\cdots+\xi_t^{p,0}$$

である．

[40]では，この D_t を Binomial Process（2項過程）と呼んでいるが，本書で
は D_t のあるスケーリングによる極限過程がポアソン過程となること，また離
散の設定でもポアソン過程と類似の性質をいろいろ持つのでこれを離散ポアソ
ン過程と呼ぶことにする．

定理（離散ポアソン過程に関するマルチンゲール表現定理）　このケースで
は $q=0$ なので $\xi_t^{p,q}-(p-q)$ と $(\xi_t^{p,q})^2-(p+q)$ は一致する．よって
$$U_t\,(U_0=C)\ \text{が}\ \xi_1^{p,0},\cdots,\xi_t^{p,0}\ \text{マルチンゲール}$$
$$\Longleftrightarrow f_1, f_2(\xi_1^{p,0}),\cdots,f_t(\xi_1^{p,0},\cdots,\xi_{t-1}^{p,0})\ \text{が存在して}$$
$$U_t = C+f_1(\xi_t^{p,0}-p)+\cdots+f_t(\xi_1^{p,0},\cdots,\xi_{t-1}^{p,0})\,(\xi_t^{p,0}-p)$$

例7　D_t-pt，$D_t^2-2pt\,D_t+p^2t\,(t+1)-pt$，$\dfrac{e^{aD_t}}{(1+p(e^a-1))^t}$ は $\xi_1^{p,0},\cdots,\xi_t^{p,0}$
マルチンゲールで，そのマルチンゲール表現はそれぞれ

$$D_t-pt = \sum_{i=0}^{t-1}(\xi_{i+1}^{p,0}-p),$$

$$D_t^2-2pt\,D_t+p^2t\,(t+1)-pt = \sum_{i=0}^{t-1}(2D_i-2p(i+1)+1)\,(\xi_{i+1}^{p,0}-p),$$

$$\frac{e^{aD_t}}{(1+p(e^a-1))^t} = 1+\sum_{i=0}^{t-1}\frac{e^{aD_i}(e^a-1)}{(1+p(e^a-1))^{i+1}}(\xi_{i+1}^{p,0}-p)$$

となる．

また

$$\frac{e^{aD_t}}{(1+p(e^a-1))^t} = \sum_{k=0}^{\infty}K_k(t,D_t)\frac{a^k}{k!}$$

で，$K_k(t,D_t)$ は $\xi_1^{p,0},\cdots,\xi_t^{p,0}$ マルチンゲールである．

練習問題6.6 ● $0\le t \le T$ として $E(D_T^2\,|\,\xi_1^{p,0},\cdots,\xi_t^{p,0})$ を求め，これが $\xi_1^{p,0}$,

$\cdots, \xi_t^{p,0}$ マルチンゲールであることを確かめよ.

　多項式 $K_k(t, x)$ は Krawtchouk(クラウトチュック)多項式と呼ばれ,超幾何関数で表され昔からいろいろ研究されている([41]).多項式 $I_k(t, x)$ はその一般化であり,一般化クラウトチュック多項式ともいうべきものである.

第7章

離散確率解析

7.1 ドゥーブ–メイヤー分解

条件付期待値に少し慣れてきたので，しばらく "red and black" から離れてもうちょっと一般的に考えてみることにしよう．

$X_1, X_2, \cdots, X_t, \cdots$ を確率変数の列(確率過程)とし，$Y_1, Y_2, \cdots, Y_t, \cdots$ を $Y_t = f(X_1, X_2, \cdots, X_t)$ のように Y_t が $X_1, X_2, \cdots, X_t$ で決まる確率過程であるとき，Y_t は

$\sigma\{X_1, X_2, \cdots, X_t\}$ adapted,

または Y_t は $X_1, X_2, \cdots, X_t$ に適合している，という．この Y_t が $X_1, X_2, \cdots, X_t$ マルチンゲールであるとは

$$E(Y_{t+1}|X_1, X_2, \cdots, X_t) = Y_t \qquad (\forall t \geqq 0) \qquad \cdots\cdots(\text{☆})$$

となることである．

t 回目のギャンブルの損益を表す確率変数を X_t とし，$X_1, X_2, \cdots, X_t, \cdots$ を抽象的なギャンブル，何らかのストラテジー(戦略)で t 回のギャンブルを行ったギャンブラーの財産を Y_t と考えると，条件(☆)は

$$E(Y_{t+1} - Y_t | X_1, X_2, \cdots, X_t) = 0$$

となるので，時刻 t から時刻 $t+1$ にかけてのギャンブラーの財産増分 $Y_{t+1} - Y_t$ が「公平な賭け」となることを示している．

次のドゥーブ–メイヤー分解は現代確率解析において非常に重要かつ基本的なものである．その意味や具体例はすぐに触れる．また，後の応用においても鍵になる性質の1つである．ここで $Y_t (Y_0 = C)$ は $X_1, X_2, \cdots, X_t$ に適合している確率過程とする．

定義(ドゥーブ-メイヤー分解)
$$Y_t = M_t^Y + A_t^Y$$
と2つの和に一意的に分解できる．この分解を**ドゥーブ(Doob)-メイヤー(Meyer)分解**という．

　ここで M_t^Y とは $M_0^Y = 0$ である $X_1, X_2, \cdots, X_t$ マルチンゲール．また A_t^Y は $A_0^Y = C\ (= Y_0)$ で，A_t^Y は可予測過程，つまり1つ手前の $X_1, X_2, \cdots, X_{t-1}$ で決まる確率過程 $A_t^Y = g(X_1, X_2, \cdots, X_{t-1})$ である．

　ここで，M_t^Y を Y_t のマルチンゲール項，A_t^Y を Y_t の可予測項という(参考文献[44], [28])．

　[証明]　(分解の一意性) Y_t にもう1つの分解があるとする．つまり，$Y_t = M'^Y_t + A'^Y_t$ で M'^Y_t は $M'^Y_0 = 0$ なる $X_1, X_2, \cdots, X_t$ マルチンゲール，A'^Y_t は $A'^Y_0 = C$ なる可予測過程，とすると

$$
\begin{aligned}
A_t^Y - A'^Y_t &= E(A_t^Y - A'^Y_t \mid X_1, X_2, \cdots, X_{t-1}) \qquad [\because A_t^Y, A'^Y_t は可予測] \\
&= E(-M_t^Y + M'^Y_t \mid X_1, X_2, \cdots, X_{t-1}) \\
&= -M_{t-1}^Y + M'^Y_{t-1} = A_{t-1}^Y - A'^Y_{t-1} \\
&= \cdots = A_0^Y - A'^Y_0 = 0
\end{aligned}
$$
$$[\because M_t^Y, M'^Y_t は X_1, X_2, \cdots, X_t マルチンゲール]$$

(分解の存在証明)

$$M_t^Y = \sum_{i=0}^{t-1}(Y_{i+1} - E(Y_{i+1} \mid X_1, X_2, \cdots, X_i)) \qquad (t \geqq 1),$$

$$A_t^Y = \sum_{i=0}^{t-1}(E(Y_{i+1} \mid X_1, X_2, \cdots, X_i) - Y_i) + C \qquad (t \geqq 1),$$

$M_0^Y = 0,\ A_0^Y = C$ とおき，A_t^Y は可予測で，

$$M_t^Y + A_t^Y = C + \sum_{i=0}^{t-1}(Y_{i+1} - Y_i) = C + Y_t - Y_0 = Y_t \qquad (t \geqq 1).$$

また

$$E(M_{t+1}^Y - M_t^Y \mid X_1, X_2, \cdots, X_t)$$
$$= E(Y_{t+1} - E(Y_{t+1} \mid X_1, X_2, \cdots, X_t) \mid X_1, X_2, \cdots, X_t)$$

$$= E(Y_{t+1} \,|\, X_1, X_2, \cdots, X_t) - E(Y_{t+1} \,|\, X_1, X_2, \cdots, X_t) = 0$$

よって，M_t^Y は $X_1, X_2, \cdots, X_t$ マルチンゲールである．　　　　　（証明終）

　一般に $y_t = y_0 + \sum_{i=0}^{t-1} (y_{i+1} - y_i)\,(t \geqq 1)$ は明らかなので，これが $t=0$ でも成立するように $\sum_{i=0}^{t-1} (y_{i+1} - y_i)$ に $t=0$ を代入したものは 0 と定めておく．これを気持ち悪いと思う人は，$t \geqq 1$ と $t=0$ と場合分けして定めるとよい．同様に $E(Y_{i+1} \,|\, X_1, X_2, \cdots, X_i)$ に $i=0$ を代入したものは $E(Y_1)$ と定義するし，$Y_t = f(X_1, X_2, \cdots, X_t)$ において $t=0$ とすると $Y_0 = C = $ 定数，という意味である．

7.1.1　ドゥーブ-メイヤー分解の意味と例

$$Y_{t+1} - Y_t = \underbrace{M_{t+1}^Y - M_t^Y}_{\downarrow} + \underbrace{A_{t+1}^Y - A_t^Y}_{\downarrow}$$

「公平な賭け」に　　　　t 回までの賭けの結果 $X_1, \cdots, X_t$
よる財産増分　　　　　がわかったという条件のもとで確
　　　　　　　　　　　定的に増減する項（∵ 可予測性）

となり，時刻 t から時刻 $t+1$ にかけて財産増分 $Y_{t+1} - Y_t$ は $M_{t+1}^Y - M_t^Y$ と $A_{t+1}^Y - A_t^Y$ の項に分解されるのである．

$$A_{t+1}^Y - A_t^Y \geqq 0 \qquad (\forall\, t \geqq 0)$$

のとき Y_t をサブマルチンゲール（劣マルチンゲール），

$$A_{t+1}^Y - A_t^Y \leqq 0 \qquad (\forall\, t \geqq 0)$$

のとき Y_t をスーパーマルチンゲール（優マルチンゲール）と呼ぶ．（注：マルチンゲールは調和関数と密接な関係があり，subharmonic（劣調和），superharmonic（優調和）との類似でこのような名前になった．）

　また，$E(Y_{t+1} \,|\, X_1, X_2, \cdots, X_t) \geqq Y_t \Longleftrightarrow M_t^Y + A_{t+1}^Y \geqq M_t^Y + A_t^Y$ より

$$Y_t \text{ がサブマルチンゲール} \Longleftrightarrow \forall\, t \; E(Y_{t+1} \,|\, X_1, X_2, \cdots, X_t) \geqq Y_t$$

に注意する．また，Y_t が $X_1, X_2, \cdots, X_t$ マルチンゲールで $\varPhi$ を下に凸な関数とするとき，$\varPhi(Y_t)$ は $X_1, X_2, \cdots, X_t$ サブマルチンゲールとなる．（∵ 条件付期待値のイエンセンの不等式より

$$E(\varPhi(Y_{t+1}) \,|\, X_1, X_2, \cdots, X_t) \geqq \varPhi(E(Y_{t+1} \,|\, X_1, X_2, \cdots, X_t)) = \varPhi(Y_t)$$

　　練習問題 7.1 ● Y_t が $X_1, X_2, \cdots, X_t$ サブマルチンゲールで Φ を下に凸な単調増加関数とするとき，$\Phi(Y_t)$ が $X_1, X_2, \cdots, X_t$ サブマルチンゲールであることを示せ．

(注：イエンセン(Jensen)の不等式は Φ を下に凸な関数とすると，$E(\Phi(X)) \geqq \Phi(E(X))$ というもので，証明は Φ が下に凸ということより，$\Phi(x) = \Phi$ より下にある直線 l の中で l を動かしたときの

$$l(x) \text{ の上限} = \sup_{\substack{l \leqq \Phi \\ l(x) = ax + \beta}} l(x)$$

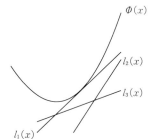

となる．よって，$\Phi \geqq l$ とすると

$$E(\Phi(X)) \geqq E(l(X)) = l(E(X))$$

したがって

$$E(\Phi(X)) \geqq \sup_{\substack{l \leqq \Phi \\ l(x) = ax + \beta}} l(E(X)) = \Phi(E(X))$$

である．条件付期待値の場合も同様である．)

　　例 1　ギャンブラーも「タネ銭」がないと賭けを続けることはできない．そこで，I_t^Y を時刻 t 以前の労働によって得られる収入とすると，

$$Y_{t+1} - Y_t = M_{t+1}^Y - M_t^Y + I_{t+1}^Y - I_t^Y$$

つまり $M_{t+1}^Y - M_t^Y$ は $t+1$ 回目のギャンブルの損益で，$I_{t+1}^Y - I_t^Y$ は時刻 t から時刻 $t+1$ までの労働で得られる収入で，それは時刻 t までの賭けの結果 $X_1, X_2, \cdots, X_t$ にのみ依存する(それまで勝っていればあまり働く必要はないし，負けていればしっかり働く必要がある)．

例2 さらに上の例で「消費」も考えてみよう. ギャンブラーといえども, 衣食住に消費が必要だし, 大勝ちしたときは豪遊するかもしれない. 時刻 t までの消費を C_t^Y とすると

$$Y_{t+1} - Y_t = M_{t+1}^Y - M_t^Y + I_{t+1}^Y - I_t^Y - (C_{t+1}^Y - C_t^Y)$$

となり $C_{t+1}^Y - C_t^Y$ は時刻 t から時刻 $t+1$ までの消費で, それは $X_1, X_2, \cdots, X_t$ の関数である. これとは若干異なるが効用関数を定めて, 消費をも考えた効用最大化問題はファイナンスにおいて基本的な問題の1つである.

例3 S_t は株価を表す確率過程(株価過程)とするとき,

$$S_{t+1} - S_t = M_{t+1}^S - M_t^S + \mu$$

つまり株価の価値増分をマルチンゲール的に増える項と確定的に増える項に分解する. (後に解説するブラック-ショールズ・モデルはこれと少し異なり $S_{t+1} - S_t$ の代りに収益率 $\dfrac{S_{t+1} - S_t}{S_t}$ を考察する.)

例4 "公平でない red and black" のランダムウォーク Z_t^p のドゥーブ-メイヤー分解は $Z_t^p = (Z_t^p - (2p-1)t) + (2p-1)t$ で与えられる.

$p > \dfrac{1}{2}$ (ギャンブラー有利)のとき

$\quad$ Z_t^p は $\xi_1^p, \xi_2^p, \cdots, \xi_t^p$ サブマルチンゲール

$p < \dfrac{1}{2}$ (ギャンブラー不利)のとき

$\quad$ Z_t^p は $\xi_1^p, \xi_2^p, \cdots, \xi_t^p$ スーパーマルチンゲール

例5 Z_t を対称ランダムウォークとして $Z_t^2 = (Z_t^2 - t) + t$ は Z_t^2 のドゥーブ-メイヤー分解. t は単調増加なので Z_t^2 は $\xi_1, \xi_2, \cdots, \xi_t$ サブマルチンゲール($\Phi(x) = x^2$ が下に凸な関数であることからもわかる).

例6 $E(Z_{t+1}^3 | \xi_1, \xi_2, \cdots, \xi_t) = E(Z_t^3 + 3\xi_{t+1}Z_t^2 + 3Z_t + \xi_{t+1} | \xi_1, \xi_2, \cdots, \xi_t) = Z_t^3 + 3Z_t$ より

$$Z_{t+1}^3 - Z_t^3 = Z_{t+1}^3 - (Z_t^3 + 3Z_t) + (Z_t^3 + 3Z_t) - Z_t^3$$

$$= (3Z_t^2+1)\,\xi_{t+1}+3Z_t$$

したがって，

$$Z_t^3 = \sum_{i=0}^{t-1}(3Z_t^2+1)\,\xi_{i+1}+\sum_{i=0}^{t-1}3Z_i$$

が Z_t^3 のドゥーブ–メイヤー分解．

練習問題 7. 2 ● Z_t^4, $(Z_t^p)^2$, $(Z_t^p)^3$, $(Z_t^{p,q})^2$, $(Z_t^{p,q})^3$ のドゥーブ–メイヤー分解をそれぞれ求めよ．

7.2　離散伊藤公式

ブラウン運動 W_t に関する伊藤公式は

$$df(W_t) = f'(W_t)\,dW_t+\frac{1}{2}f''(W_t)\,dt$$

というもので，確率積分形式に直すと

$$f(W_t)-f(0) = \int_0^t f'(W_s)\,dW_s+\frac{1}{2}\int_0^t f''(W_s)\,ds$$

と $f(W_t)$ のドゥーブ–メイヤー分解を与える公式でもある．

ランダムウォークの場合もこのような公式があれば便利で，伊藤公式が確率的微分法なら，次に述べる離散伊藤公式は確率的差分法にあたる．著者は最初に[11]において離散伊藤公式を導入し，それを離散モデルにおけるデリバティブの価格付けに応用した．本解説ではさらに発展した形で紹介しよう．以下のような形でランダムウォークに関する(差分)解析を理解しておくことは将来，本格的な確率解析に進む際，きわめて有効である．

まず，確率と関係なく次の補題を準備しておく．

補題　すべての t について $x_{t+1}-x_t = 0$ または ± 1 のとき，任意の $f\colon \mathbb{Z} \to \mathbb{R}$ に対して

$$f(x_{t+1})-f(x_t) = \frac{f(x_t+1)-f(x_t-1)}{2}(x_{t+1}-x_t)$$

$$+ \frac{f(x_t+1)-2f(x_t)+f(x_t-1)}{2}(x_{t+1}-x_t)^2$$

［証明］　$x_{t+1}-x_t = 0$ のときは明らか.

$x_{t+1}-x_t = 1$ のとき

$$右辺 = \frac{f(x_t+1)-f(x_t-1)}{2}+\frac{f(x_t+1)-2f(x_t)+f(x_t-1)}{2}$$

$$= f(x_t+1)-f(x_t) = 左辺$$

$x_{t+1}-x_t = -1$ のとき

$$右辺 = -\frac{f(x_t+1)-f(x_t-1)}{2}+\frac{f(x_t+1)-2f(x_t)+f(x_t-1)}{2}$$

$$= f(x_t-1)-f(x_t) = 左辺$$

（証明終）

(注：増分 $x_{t+1}-x_t$ のとる値が増えれば公式はそれだけ複雑になる. 例えば, すべての t について $x_{t+1}-x_t = 0$ または ± 1 または ± 2 のときなら

$$f(x_{t+1})-f(x_t)$$

$$= \frac{8(f(x_t+1)-f(x_t-1))-(f(x_t+2)-f(x_t-2))}{12}(x_{t+1}-x_t)$$

$$+ \frac{-f(x_t+2)+28f(x_t+1)-54f(x_t)+28f(x_t-1)-f(x_t-2)}{48}(x_{t+1}-x_t)^2$$

$$+ \frac{f(x_t+2)-f(x_t-2)-2(f(x_t+1)-f(x_t-1))}{12}(x_{t+1}-x_t)^3$$

$$+ \frac{f(x_t+2)-4f(x_t+1)+6f(x_t)-4f(x_t-1)+f(x_t-2)}{12}(x_{t+1}-x_t)^4$$

である.)

この補題を対称ランダムウォーク

$$\begin{cases} Z_t = \xi_1+\xi_2+\cdots+\xi_t, \\ P(\xi_i = 1) = P(\xi_i = -1) = \dfrac{1}{2}, \\ \xi_1, \xi_2, \cdots, \xi_t \text{ は独立} \end{cases}$$

に適用すると, この場合 $(Z_{t+1}-Z_t)^2 = 1$ に注意して

定理(対称ランダムウォーク Z_t の離散伊藤公式)

$$f(Z_{t+1}) - f(Z_t)$$

$$= \frac{f(Z_t+1) - f(Z_t-1)}{2}(Z_{t+1} - Z_t) + \frac{f(Z_t+1) - 2f(Z_t) + f(Z_t-1)}{2},$$

$$f(t+1, Z_{t+1}) - f(t, Z_t)$$

$$= \frac{f(t+1, Z_t+1) - f(t+1, Z_t-1)}{2}(Z_{t+1} - Z_t)$$

$$+ \frac{f(t+1, Z_t+1) - 2f(t+1, Z_t) + f(t+1, Z_t-1)}{2} + f(t+1, Z_t) - f(t, Z_t)$$

が得られる.

　ブラウン運動の伊藤の公式と比較すると，マルチンゲール項が1階微分の代りに1階差分(1階中心差分)に，可予測項が2階微分の代りに2階差分になっていることがわかる.

(注：$\Delta_+ f(x) = f(x+1) - f(x) = f$ の前進差分, $\Delta_- f(x) = f(x) - f(x-1) = f$ の後進差分という記号を導入し，$f(Z_t) = f \circ Z(t)$（f と Z の合成）とすると

$$f(x+1) - f(x-1) = (\Delta_+ f)(x) + (\Delta_- f)(x)$$

$$f(x+1) - 2f(x) + f(x-1) = (\Delta_+ \Delta_- f)(x) \quad (= (\Delta_- \Delta_+ f)(x))$$

となるので，離散伊藤公式は

$$\Delta_+ (f \circ Z) = \frac{(\Delta_+ f) \circ Z + (\Delta_- f) \circ Z}{2} \Delta_+ Z + \frac{1}{2}(\Delta_+ \Delta_- f) \circ Z$$

と書ける.)

　論文[19]において，著者は離散伊藤公式の極限をとることより，ブラウン運動の伊藤公式を証明した.

7.3 ランダムウォーク汎関数のドゥーブ-メイヤー分解

　さらにこの離散伊藤公式と第6章のマルチンゲール表現定理により，$f(Z_t)$，$f(t, Z_t)$ のドゥーブ-メイヤー分解が次のようにわかる.

7.3.1 $f(Z_t), f(t, Z_t)$ のドゥーブ-メイヤー分解

$$f(Z_t) = \sum_{i=0}^{t-1} \frac{f(Z_i+1)-f(Z_i-1)}{2}(Z_{i+1}-Z_i)$$
$$+\sum_{i=0}^{t-1} \frac{f(Z_i+1)-2f(Z_i)+f(Z_i-1)}{2}+f(0),$$

(注：これを

$$f(Z_t)-f(0) = \sum_{i=0}^{t-1} \frac{f(Z_i+1)-f(Z_i-1)}{2}(Z_{i+1}-Z_i)$$
$$+\frac{1}{2}\sum_{i=0}^{t-1}(f(Z_i+1)-2f(Z_i)+f(Z_i-1))$$

と変形すると，$t=0$ で $f(0)$ を払い，t で $f(Z_t)$ をもらう契約の収益 $=f(Z_t)-f(0)$ で，途中を右辺のように作ればよいというのがファイナンスにおける離散伊藤公式(伊藤公式も同様)の意味である．)

$$f(t, Z_t) = \sum_{i=0}^{t-1} \frac{f(i+1, Z_i+1)-f(i+1, Z_i-1)}{2}(Z_{i+1}-Z_i)$$
$$+\sum_{i=0}^{t-1} \frac{f(i+1, Z_i+1)-2f(i, Z_i)+f(i+1, Z_i-1)}{2}+f(0,0)$$

このドゥーブ-メイヤー分解を用いてどのような関数 $f(x), f(t, x)$ から ξ_1, $\xi_2, \cdots, \xi_t$ マルチンゲールが作られるかを調べてみよう．

$$Y_t \text{ がマルチンゲール} \Longleftrightarrow \text{可予測項} = 0$$

なので，このドゥーブ-メイヤー分解から

$f(Z_t)$ が $\xi_1, \xi_2, \cdots, \xi_t$ マルチンゲール
$\Longleftrightarrow \forall x \in \mathbb{Z}$ において
$\quad f(x+1)-2f(x)+f(x-1) = 0$
$\Longleftrightarrow f(x) = Cx+D \quad (C, D \text{ は定数})$

つまり $f(Z_t)$ が $\xi_1, \xi_2, \cdots, \xi_t$ マルチンゲールとなる関数は1次関数しかないことを示している．これは1次元調和関数 $f''(x)=0$ が1次関数であることと同じことを言っている．

$f(t, Z_t)$ が $\xi_1, \xi_2, \cdots, \xi_t$ マルチンゲール
$\Longleftrightarrow \forall t \geqq 0, \quad \forall x \in \mathbb{Z}$ において
$\quad f(t+1, x)-f(t, x)$

$$+\frac{f(t+1,x+1)-2f(t+1,x)+f(t+1,x-1)}{2}=0$$

がわかる.

例 7　$f(x)=x^2$ のとき

$$\frac{f(x+1)-f(x-1)}{2}=2x,$$

$$\frac{f(x+1)-2f(x)+f(x-1)}{2}=1$$

より

$$Z_t^2=\sum_{i=0}^{t-1}2Z_i\xi_{i+1}+\sum_{i=0}^{t-1}1$$

例 8　$f(x)=x^3$ のとき

$$\frac{f(x+1)-f(x-1)}{2}=3x^2+1,$$

$$\frac{f(x+1)-2f(x)+f(x-1)}{2}=3x$$

より

$$Z_t^3=\sum_{i=0}^{t-1}(3Z_i^2+1)\xi_{i+1}+3\sum_{i=0}^{t-1}Z_i$$

練習問題 7.3 ●Z_t^4, $e^{\alpha Z_t}$, $t^2Z_t^3$, $e^{\alpha Z_t+\beta t}$ のドゥーブ–メイヤー分解を求めよ.

例 9　$f(t,x)=x^2-t$, $f(t,x)=x^3-3tx$, $f(t,x)=x^4-6tx^2+3t^2+2t$
はすべて

$$f(t+1,x)-f(t,x)$$

$$+\frac{f(t+1,x+1)-2f(t+1,x)+f(t+1,x-1)}{2}=0$$

を満たすので, Z_t^2-t, $Z_t^3-3tZ_t$, $Z_t^4-6tZ_t^2+3t^2+2t$ はすべて $\xi_1,\xi_2,\cdots,\xi_t$ マルチンゲールである.

例 10　$1_A(x)=\begin{cases}1&(x\in A)\\0&(x\notin A)\end{cases}$ を用いると, $f(x)=|x|$ として

$$\frac{f(x+1)-f(x-1)}{2} = 1_{[1,\infty)}(x) - 1_{(-\infty,-1]}(x),$$

$$\frac{f(x+1)-2f(x)+f(x-1)}{2} = 1_{\{0\}}(x)$$

したがって

$$|Z_t| = \sum_{i=0}^{t-1} (1_{[1,\infty)}(Z_i) - 1_{(-\infty,-1]}(Z_i))(Z_{i+1}-Z_i) + \sum_{i=0}^{t-1} 1_{\{0\}}(Z_i)$$

(注：これから $|Z_t|$ の可予測項はランダムウォーク Z_t が時刻 $t-1$ までに 0 に滞在する時間である．ハンガリーの研究者たち(Csáki, Révész, Takács, …)はこれをランダムウォーク Z_t の 0 における局所時間と呼び，いろいろな研究を行っている.)

練習問題 7. 4 ● $\max(Z_t-1, -Z_t)$ のドゥーブ-メイヤー分解を求めよ．

次に，非対称ランダムウォーク

$$\begin{cases} Z_t^p = \xi_1^p + \xi_2^p + \cdots + \xi_t^p, \\ P(\xi_i^p = 1) = p, \qquad P(\xi_i^p = -1) = 1-p, \\ \xi_1^p, \xi_2^p, \cdots, \xi_t^p \ \text{は独立} \end{cases}$$

に対しても $(Z_{t+1}^p - Z_t^p)^2 = 1$ に注意して

定理(非対称ランダムウォークの離散伊藤公式)

$$f(Z_{t+1}^p) - f(Z_t^p) = \frac{f(Z_t^p+1)-f(Z_t^p-1)}{2}(Z_{t+1}^p-Z_t^p)$$
$$+ \frac{f(Z_t^p+1)-2f(Z_t^p)+f(Z_t^p-1)}{2},$$

$$f(t+1, Z_{t+1}^p) - f(t, Z_t^p)$$
$$= \frac{f(t+1, Z_t^p+1)-f(t+1, Z_t^p-1)}{2}(Z_{t+1}^p-Z_t^p)$$
$$+ \frac{f(t+1, Z_t^p+1)-2f(t+1, Z_t^p)+f(t+1, Z_t^p-1)}{2}$$
$$+ f(t+1, Z_t^p) - f(t, Z_t^p)$$

となる．

またこの定理と第6章の Z_t^p のマルチンゲール表現定理を用いて，次のように $f(Z_t^p), f(t, Z_t^p)$ のドゥーブ-メイヤー分解がわかる．

7.3.2 $f(Z_t^p), f(t, Z_t^p)$ のドゥーブ-メイヤー分解

$$f(Z_t^p) = \sum_{i=0}^{t-1} \frac{f(Z_i^p+1) - f(Z_i^p-1)}{2} (Z_{i+1}^p - Z_i^p - (2p-1))$$
$$+ \sum_{i=0}^{t-1} \left\{ \frac{f(Z_i^p+1) - 2f(Z_i^p) + f(Z_i^p-1)}{2} \right.$$
$$\left. + (2p-1) \frac{f(Z_i^p+1) - f(Z_i^p-1)}{2} \right\} + f(0),$$

$$f(t, Z_t^p) = \sum_{i=0}^{t-1} \frac{f(i+1, Z_i^p+1) - f(i+1, Z_i^p-1)}{2} (Z_{i+1}^p - Z_i^p - (2p-1))$$
$$+ \sum_{i=0}^{t-1} \left\{ \frac{f(i+1, Z_i^p+1) - 2f(i, Z_i^p) + f(i+1, Z_i^p-1)}{2} \right.$$
$$\left. + (2p-1) \frac{f(i+1, Z_i^p+1) - f(i+1, Z_i^p-1)}{2} \right\} + f(0, 0)$$

となる．

これより $f(Z_t^p), f(t, Z_t^p)$ が $\xi_1^p, \xi_2^p, \cdots, \xi_t^p$ マルチンゲールとなるための条件を調べると，

$f(Z_t^p)$ が $\xi_1^p, \xi_2^p, \cdots, \xi_t^p$ マルチンゲール

$\iff \forall x \in \mathbb{Z}$ において

$$\frac{f(x+1) - 2f(x) + f(x-1)}{2} + (2p-1) \frac{f(x+1) - f(x-1)}{2} = 0$$

$\iff \forall x \in \mathbb{Z}$ において

$$pf(x+1) - f(x) + (1-p)f(x-1) = 0,$$

$f(t, Z_t^p)$ が $\xi_1^p, \xi_2^p, \cdots, \xi_t^p$ マルチンゲール

$\iff \forall t \geqq 0, \forall x \in \mathbb{Z}$ において

$$\frac{f(t+1, x+1) - 2f(t, x) + f(t+1, x-1)}{2}$$
$$+ (2p-1) \frac{f(t+1, x+1) - f(t+1, x-1)}{2} = 0$$

$$\cdots\cdots \text{①}$$

となる.

例 11 $pf(x+1)-f(x)+(1-p)f(x-1)=0$ の特性方程式は $pt^2-t+1-p$ $=0$ で, この 2 解は
$$t=1, \quad \frac{1-p}{p}.$$
よって

$$f(Z_t^p) \text{ が } \xi_1^p, \xi_2^p, \cdots, \xi_t^p \text{ マルチンゲール}$$

$$\iff f(x)=C\Big(\frac{1-p}{p}\Big)^x+D \qquad (C, D \text{ は定数})$$

とくに $\Big(\frac{1-p}{p}\Big)^{Z_t^p}$ は $\xi_1^p, \xi_2^p, \cdots, \xi_t^p$ マルチンゲールである.

例 12 $f(t, x)=x^2-2tx(2p-1)-4p(1-p)t+(2p-1)^2t^2$ は ① を満たすので

$$(Z_t^p)^2-2tZ_t^p(2p-1)-4p(1-p)t+(2p-1)^2t^2$$

は $\xi_1^p, \xi_2^p, \cdots, \xi_t^p$ マルチンゲール.

練習問題 7.5 ● $f(t, x)=\dfrac{e^{ax}}{(pe^a+(1-p)e^{-a})^t}$ が①を満たすことを示し,

$\dfrac{e^{aZ_t^p}}{(pe^a+(1-p)e^{-a})^t}$ が $\xi_1^p, \xi_2^p, \cdots, \xi_t^p$ マルチンゲールであることを確かめよ.

練習問題 7.6 ● $(Z_t^p)^2, (Z_t^p)^3, e^{aZ_t^p}, t^2(Z_t^p)^2, t^2(Z_t^p)^3, e^{aZ_t^p+\beta t}, |Z_t^p|$ のドゥーブ-メイヤー分解をそれぞれ求めよ.

引き分けを許すランダムウォーク

$$\begin{cases} Z_t^{p,q}=\xi_1^{p,q}+\xi_2^{p,q}+\cdots+\xi_t^{p,q}, \\ P(\xi_i^{p,q}=1)=p, \quad P(\xi_i^{p,q}=-1)=q, \\ P(\xi_i^{p,q}=0)=1-p-q, \\ \xi_1^{p,q}, \xi_2^{p,q}, \cdots, \xi_t^{p,q} \text{ は独立} \end{cases}$$

の場合, 次の定理が成り立つ.

定理($Z_t^{p,q}$ に関する離散伊藤公式)

$$f(Z_{t+1}^{p,q}) - f(Z_t^{p,q}) = \frac{f(Z_t^{p,q}+1) - f(Z_t^{p,q}-1)}{2}(Z_{t+1}^{p,q} - Z_t^{p,q})$$

$$+ \frac{f(Z_t^{p,q}+1) - 2f(Z_t^{p,q}) + f(Z_t^{p,q}-1)}{2}(Z_{t+1}^{p,q} - Z_t^{p,q})^2,$$

$$f(t+1, Z_{t+1}^{p,q}) - f(t, Z_t^{p,q})$$

$$= \frac{f(t+1, Z_t^{p,q}+1) - f(t+1, Z_t^{p,q}-1)}{2}(Z_{t+1}^{p,q} - Z_t^{p,q})$$

$$+ \frac{f(t+1, Z_t^{p,q}+1) - 2f(t+1, Z_t^{p,q}) + f(t+1, Z_t^{p,q}-1)}{2}(Z_{t+1}^{p,q} - Z_t^{p,q})^2$$

$$+ f(t+1, Z_t^{p,q}) - f(t, Z_t^{p,q})$$

この定理と第6章の $Z_t^{p,q}$ のマルチンゲール表現定理より，$f(Z_t^{p,q})$ のドゥーブ-メイヤー分解が次のようにわかる．

7.3.3　$f(Z_t^{p,q})$ のドゥーブ-メイヤー分解

$$f(Z_t^{p,q})$$

$$= \sum_{i=0}^{t-1} \frac{f(Z_i^{p,q}+1) - f(Z_i^{p,q}-1)}{2}(Z_{i+1}^{p,q} - Z_i^{p,q} - (p-q))$$

$$+ \sum_{i=0}^{t-1} \frac{f(Z_i^{p,q}+1) - 2f(Z_i^{p,q}) + f(Z_i^{p,q}-1)}{2}((Z_{t+1}^{p,q} - Z_t^{p,q})^2 - (p+q))$$

$$+ \sum_{i=0}^{t-1} \left\{ (p-q)\frac{f(Z_i^{p,q}+1) - f(Z_i^{p,q}-1)}{2} \right.$$

$$\left. + (p+q)\frac{f(Z_i^{p,q}+1) - 2f(Z_i^{p,q}) + f(Z_i^{p,q}-1)}{2} \right\} + f(0)$$

練習問題 7.7 ● $f(t, Z_t^{p,q})$ のドゥーブ-メイヤー分解を求めよ．

例13　$(Z_t^{p,q})^2 = \sum_{i=0}^{t-1} 2Z_i^{p,q}(Z_{i+1}^{p,q} - Z_i^{p,q} - (p-q))$

$$+ \sum_{i=0}^{t-1} ((Z_{i+1}^{p,q} - Z_i^{p,q})^2 - (p+q))$$

$$+\sum_{i=0}^{t-1}\left(2(p-q)Z_i^{p,q}+(p+q)\right)$$

練習問題 7.8 ● $f(Z_t^{p,q}), f(t,Z_t^{p,q})$ が $\xi_1^{p,q}, \xi_2^{p,q}, \cdots, \xi_t^{p,q}$ マルチンゲールとなる条件を，前者については必要十分条件，後者については十分条件を求めよ．

練習問題 7.9 ● $(Z_t^{p,q})^2, t(Z_t^{p,q})^2, e^{aZ_t^{p,q}}, e^{aZ_t^{p,q}+\beta t}, |Z_t^{p,q}|$ のドゥーブ-メイヤー分解をそれぞれ求めよ．

この節の最後に離散ポアソン過程 $D_t = \xi_1^{p,0}+\xi_2^{p,0}+\cdots+\xi_t^{p,0}$ の場合を調べておく．
$$P(\xi_i^{p,0}=-1)=0, \qquad (D_{t+1}-D_t)^2 = D_{t+1}-D_t$$
に注意して

定理(D_t の離散伊藤公式)
$$f(D_{t+1})-f(D_t) = (f(D_t+1)-f(D_t))(D_{t+1}-D_t)$$
$$f(t+1,D_{t+1})-f(t,D_t)$$
$$= (f(t+1,D_t+1)-f(t+1,D_t))(D_{t+1}-D_t)$$
$$+f(t+1,D_t)-f(t,D_t)$$

［証明］
$$f(D_{t+1})-f(D_t) = \frac{f(D_t+1)-f(D_t-1)}{2}(D_{t+1}-D_t)$$
$$+\frac{f(D_t+1)-2f(D_t)+f(D_t-1)}{2}(D_{t+1}-D_t)^2$$
$$= (f(D_t+1)-f(D_t))(D_{t+1}-D_t) \qquad (証明終)$$

$f(D_t), f(t,D_t)$ のドゥーブ-メイヤー分解は，D_t のマルチンゲール表現定理より
$$f(D_t) = \sum_{i=0}^{t-1}(f(D_i+1)-f(D_i))(D_{i+1}-D_i-p)$$

$$+ p \sum_{i=0}^{t-1} (f(D_i+1) - f(D_i)) + f(0),$$

$$f(t, D_t) = \sum_{i=0}^{t-1} (f(i+1, D_i+1) - f(i+1, D_i))(D_{i+1} - D_i - p)$$

$$+ \sum_{i=0}^{t-1} \{ p(f(i+1, D_i+1) - f(i+1, D_i))$$

$$+ f(i+1, D_i) - f(i, D_i) \}$$

$$+ f(0, 0)$$

またこれらより

$$f(D_t) \text{ が } \xi_1^{p,0}, \xi_2^{p,0}, \cdots, \xi_t^{p,0} \text{ マルチンゲール}$$

$$\Longleftrightarrow f(x) \equiv C \quad (C ; 定数),$$

$$f(t, D_t) \text{ が } \xi_1^{p,0}, \xi_2^{p,0}, \cdots, \xi_t^{p,0} \text{ マルチンゲール}$$

$$\Longleftarrow \forall t \geqq 0, \forall x \geqq 0 \text{ において}$$

$$p(f(t+1, x+1) - f(t+1, x)) + f(t+1, x) - f(t, x) = 0$$

がわかる.

例 14 $D_t^2 = \sum_{i=0}^{t-1} (2D_i+1)(D_{i+1} - D_i - p) + p \sum_{i=0}^{t-1} (2D_i+1)$

練習問題 7.10 ● D_t^3, a^{D_t}, $a^{D_t} b^t$ のドゥーブ-メイヤー分解をそれぞれ求めよ.

練習問題 7.11 ● $D_t - pt$, $D_t^2 - 2ptD_t + p^2 t(t+1) - pt$, $\dfrac{e^{\alpha D_t}}{(1 + p(e^\alpha - 1))^t}$ はすべて $\xi_1^{p,0}, \xi_2^{p,0}, \cdots, \xi_t^{p,0}$ マルチンゲールであることを示せ.

第8章

ギャンブラーの破産問題とマルチンゲール

8.1 ギャンブラーの破産問題

所持金 x ドルのギャンブラーが 1 ドルずつ公平な "red and black" に賭けるとし，目標金額 A ドルに達するか，もしくは破産(所持金 0)になれば止めて帰るとする．このとき

$$P_A(x) = \begin{bmatrix} \text{所持金 } x \text{ ドルのギャンブラーが} \\ \text{目標金額 } A \text{ に到達する確率} \end{bmatrix}$$

$T_x =$ ギャンブルを止めるまでの回数，

つまり $T_x = \inf\{t \mid x + Z_t = 0 \text{ または } A\}$

$h(x) = E(T_x) = $ 平均持続時間

とし，これらを求める問題を「ギャンブラーの破産問題」という．

まず $P_A(x)$ を求めてみよう．所持金(初期財産) x のギャンブラーの t 回の "red and black" 直後の財産は $x + Z_t$ であることに注意する．

意味から考えて $P_A(0) = 0$，$P_A(A) = 1$ である．$0 < x < A$ のとき

$$P_A(x) = P(x + Z_{T_x} = A)$$
$$= P(x + Z_{T_x} = A \cap Z_1 = 1) + P(x + Z_{T_x} = A \cap Z_1 = -1)$$
$$= P(x + Z_{T_x} = A \mid Z_1 = 1) P(Z_1 = 1)$$
$$\quad + P(x + Z_{T_x} = A \mid Z_1 = -1) P(Z_1 = -1)$$
$$= P(x + 1 + \hat{Z}_{\hat{T}_{x+1}} = A \mid Z_1 = 1) \times \frac{1}{2}$$
$$\quad + P(x - 1 + \hat{Z}_{\hat{T}_{x-1}} = A \mid Z_1 = -1) \times \frac{1}{2}$$
$$= P(x + 1 + \hat{Z}_{\hat{T}_{x+1}} = A) \times \frac{1}{2} + P(x - 1 + \hat{Z}_{\hat{T}_{x-1}} = A) \times \frac{1}{2}$$

$$= \frac{1}{2}P_A(x+1) + \frac{1}{2}P_A(x-1)$$

ここで

$$\hat{Z}_{t-1} = Z_t - Z_1,$$

$$\hat{T}_x = \inf\{t \,|\, x + \hat{Z}_t = 0 \text{ または } A\}$$

とおき，$\hat{Z}$ と Z_1 は独立で，$\hat{Z}$ 自身も対称ランダムウォークであることに注意する．

　つまり差分方程式

$$P_A(x+1) - 2P_A(x) + P_A(x-1) = 0$$

を境界条件 $P_A(0) = 0$，$P_A(A) = 1$ のもとで解けばよい．特性方程式は $\lambda^2 - 2\lambda + 1 = 0$，つまり $\lambda = 1$ が重解となるので

$$P_A(x) = (Cx+D)\lambda^x = Cx+D \quad (C, D \text{ は定数})$$

$$P_A(0) = 0, \ P_A(A) = 1 \text{ より } P_A(x) = \frac{x}{A}.$$

　同様に，まず明らかに

$$h(0) = h(A) = 0 \qquad (\because T_0 = T_A = 0)$$

$0 < x < A$ のとき

$$
\begin{aligned}
h(x) &= E(T_x) \\
&= E(T_x \cap Z_1 = 1) + E(T_x \cap Z_1 = -1) \\
&= E(1 + \hat{T}_{x+1} \,|\, Z_1 = 1)P(Z_1 = 1) \\
&\quad + E(1 + \hat{T}_{x-1} \,|\, Z_1 = -1)P(Z_1 = -1) \\
&= \frac{1}{2}E(1 + \hat{T}_{x+1}) + \frac{1}{2}E(1 + \hat{T}_{x-1}) \\
&= 1 + \frac{1}{2}h(x+1) + \frac{1}{2}h(x-1)
\end{aligned}
$$

(注：$Z_1 = 1$ のもとでは

$$
\begin{aligned}
1 + \hat{T}_{x+1} &= 1 + \inf\{t \,|\, x+1 + \hat{Z}_t = A\} = \inf\{s \,|\, x+1 + \hat{Z}_{s-1} = A\} \\
&= \inf\{s \,|\, x + Z_s = A\} = T_x.
\end{aligned}
$$

同様に $Z_1 = -1$ のもとでは $1 + \hat{T}_{x-1} = T_x.$)

　差分方程式 $h(x+1) - 2h(x) + h(x-1) = -2$ の特殊解の1つは $-x^2$ であることがすぐにわかり

$$h(x) = -x^2 + Cx + D \qquad (C, D \text{ は定数})$$

とおくことができる．$h(0) = h(A) = 0$ より

$$h(x) = x(A-x).$$

数値例1　$x = 900$ ドル，$A = 1000$ ドル（目標額を財産増分 $= +100$ ドルに小さく設定）

$$P_A(x) = \frac{9}{10},$$

$$h(x) = 900(1000 - 900) = 90000$$

である．

続いて「不公平な "red and black"」の場合を調べてみよう．

$$P_A^{(p)}(x) = \begin{bmatrix} \text{所持金 } x \text{ のギャンブラーが「不公平な"red and black"」} \\ \text{で 1 ドルずつ賭けるとき目標金額 } A \text{ に到達する確率} \end{bmatrix}$$

同様に $T^{(p)}(x), h^{(p)}(x) = E(T_x^{(p)})$ を定義する．まず同様に $P_A^{(p)}(0) = 0$, $P_A^{(p)}(A) = 1$ がわかる．

$0 < x < A$ で

$$pP_A^{(p)}(x+1) - P_A^{(p)}(x) + (1-p)P_A^{(p)}(x-1) = 0$$

となり，特性方程式は $p\lambda^2 - \lambda + (1-p) = 0$, その解は $1, \dfrac{1-p}{p}$ となるので

$$P_A^{(p)}(x) = C\left(\frac{1-p}{p}\right)^x + D \qquad (C, D \text{は定数})$$

とおける．境界条件を考慮して

$$P_A^{(p)}(x) = \frac{\left(\dfrac{1-p}{p}\right)^x - 1}{\left(\dfrac{1-p}{p}\right)^A - 1}$$

となる．

$h^{(p)}$ も同様に，まず

$$h^{(p)}(0) = h^{(p)}(A) = 0,$$

$0 < x < A$ で

$$ph^{(p)}(x+1) - h^{(p)}(x) + (1-p)h^{(p)}(x-1) = -1$$

特殊解は $\dfrac{x}{1-2p}$ がすぐにわかり

$$h^{(p)}(x) = \frac{x}{1-2p} + C\left(\frac{1-p}{p}\right)^x + D$$

とおけるので，境界条件より

$$h^{(p)}(x) = \frac{x}{1-2p} - \frac{A}{1-2p}\frac{\left(\dfrac{1-p}{p}\right)^x - 1}{\left(\dfrac{1-p}{p}\right)^A - 1}$$

となる．

数値例 2　ラスベガスの "red and black" では $p = \dfrac{9}{19}$，$1-p = \dfrac{10}{19}$ であるから，$x = 900$ ドル，$A = 1000$ ドルとすると

$$P_A^{(p)}(x) = \frac{\left(\dfrac{10}{9}\right)^{900} - 1}{\left(\dfrac{10}{9}\right)^{1000} - 1} \fallingdotseq \frac{3}{10\,\text{万}},$$

$$h^{(p)}(x) \fallingdotseq 17100$$

がわかる．

　このように「公平」な場合と「不公平」な場合の1回1回の確率はわずかな差であるが，一方は1次関数，一方は指数関数であり，まったく異なったものとなってしまう．ギャンブラー不利の場合は，たとえ目標を低く設定しても，わずか10万人中3人のギャンブラーしか成功しないのである．これがカジノが儲かる理由である．

　次にマルチンゲールとの関係を見てみよう．

8.2　ストッピング・タイム

　当たり前ではあるが，ギャンブラーもいつかはギャンブルを止める．この止めて帰る時間 T（確率変数であることに注意）が，数学的にどういうものかを調べてみよう．

　典型的なものが前節で見た T_x（所持金 x のギャンブラーが目標金額 A を決

めて，A に到達するか，または破産すれば止めて帰る）であろう．この T_x の特長は $\{T_x = t\}$ という事象がそれまでの賭けの結果 $\xi_1, \xi_2, \cdots, \xi_t$ のみに依存していることである．すなわち，任意の t に対して

$$1_{\{T_x=t\}} = g(\xi_1, \xi_2, \cdots, \xi_t)$$

と表される．つまり，$\{T_x = t\}$ という事象に t より後の $\xi_{t+1}, \xi_{t+2}, \cdots$ がまったく関係しないのである．t 回目で止めるのだから，それ以降の賭けの結果は使えないことは明らかであろう．

少し一般的に定義しておこう．$X_1, X_2, \cdots, X_t$ を抽象的なギャンブルとする．

定義（ストッピング・タイム）　$\{0, 1, 2, \cdots\} \cup \{\infty\}$ に値をとる確率変数 T が $X_1, X_2, \cdots, X_t, \cdots$ に関して**ストッピング・タイム**であるとは，任意の $t \in \{0, 1, 2, \cdots\}$ に対して事象 $\{T = t\}$ が $X_1, X_2, \cdots, X_t$ のみの関数であること，と定義する．（つまり，$1_{\{T=t\}} = g(X_1, X_2, \cdots, X_t)$ と表されること．）

（注：ストッピング・タイムの値域には ∞ も入れておく．なぜかというと，いつまでたっても帰らない（帰れない）ことも考慮に入れておきたいからである．例えば，カジノに行って，1 億円儲けたら帰ってこようという人の 99.99…% の T が $T = \infty$ となるだろう．つまり儲けが 1 億円に到達しなければ $T = \infty$ となり，一般の場合にもそう決めておくのである．もっともこの例の場合，財産が負になっても借金帳につけておくだけでギャンブルを続けさせてもらえるという奇特なカジノでなければならないが．）

また，

　　　T が $X_1, X_2, \cdots, X_t, \cdots$ に関してストッピング・タイム

　　$\Longleftrightarrow$ 任意の $t \geqq 0$ について

　　　$T \leqq t$ が $X_1, X_2, \cdots, X_t$ のみの関数であること

はすぐにわかり，これから $\{T > t\}$ も $X_1, X_2, \cdots, X_t$ のみの関数である．$T > t$ は t 回以後 $t + 1$ 回目も賭けをするということで，それは t 回までの賭けの結果 $X_1, X_2, \cdots, X_t$ で決めておかなければならない．

ストッピング・タイムでない確率変数として，時刻 N までの財産の最大値をとる時間（正確にいうと，複数あるかもしれないので例えばそのうちで最初

のもの)とか N より前で最後に 0 になる時間などは確率変数がその定義を満た
しているかどうかが時刻 $t\ (< N)$ ではわからず，結局，時刻 N まで待たない
とわからないのでストッピング・タイムではない．

次にストッピング・タイムでギャンブルを止めるギャンブラーの財産推移を
調べてみよう．

$M_t\ (M_0 = C)$ を $X_1, X_2, \cdots, X_t$ マルチンゲール，T を $X_1, X_2, \cdots, X_t$ ストッ
ピング・タイムとすると，

定理

$$M_t^{(T)} = M_{T \wedge t} = \begin{cases} M_t & (t \leq T \text{ のとき}) \\ M_T & (t \geq T \text{ のとき}) \end{cases}$$

と定義すると，$M_t^{(T)}$ も $X_1, X_2, \cdots, X_t$ マルチンゲールとなる．ここで $T \wedge$
$t = \min(t, T)$ である．

この $M_t^{(T)}$ はストッピング・タイム T でギャンブルを止めることを予定し
ているギャンブラーの時刻 t における財産である．前にも説明したようにスト
ッピング・タイムで止めても明らかに「公平」なので，直観的には $M_t^{(T)}$ もマル
チンゲールとなることは明らかであろう．

[証明] $\quad M_t^{(T)} = M_0^{(T)} + \sum_{i=0}^{t-1} (M_{T \wedge i+1} - M_{T \wedge i})$

$\qquad\qquad = M_0 + \sum_{i=0}^{t-1} 1_{\{i+1 \leq T\}} (M_{i+1} - M_i) \qquad [\because\ i \geq T \text{ なら } M_{T \wedge i+1} = M_{T \wedge i}]$

$\qquad\qquad = C + \sum_{i=0}^{t-1} (1 - 1_{\{T \leq i\}}) (M_{i+1} - M_i)$

T はストッピング・タイムより

$\qquad 1 - 1_{\{T \leq i\}} = g_i(X_1, X_2, \cdots, X_i)$

とおける．すると

$\qquad E(M_{i+1}^{(T)} - M_t^{(T)} \mid X_1, X_2, \cdots, X_t)$

$\qquad\quad = E(g_t(X_1, X_2, \cdots, X_t)(M_{t+1} - M_t) \mid X_1, X_2, \cdots, X_t)$

$$= g_t(X_1, X_2, \cdots, X_t) E(M_{t+1} - M_t \mid X_1, X_2, \cdots, X_t)$$

$$= 0 \qquad [M_t \ \text{が} \ X_1, X_2, \cdots, X_t \ \text{マルチンゲールより}]$$

よって，$M_t^{(T)}$ は $X_1, X_2, \cdots, X_t$ マルチンゲールである． (証明終)

この証明の途中で，次の定理も証明したことになる．

定理(マルチンゲール M による離散確率積分，またはマルチンゲール変換)　$M_t \ (M_0 = C)$ を $X_1, X_2, \cdots, X_t$ マルチンゲールとすると

$$\sum_{i=0}^{t-1} g_i(X_1, X_2, \cdots, X_i)(M_{i+1} - M_i)$$

も $X_1, X_2, \cdots, X_t$ マルチンゲールである．

これを M による g の**離散確率積分**または**マルチンゲール変換**(Burkholder による)と呼ぶ．(6.1節で説明したランダムウォーク Z_t による離散確率積分もこの特別な場合である．)

8.3　オプショナル……

「opt」という単語を辞書で引くと，「選ぶ」となっており「option」は「選択の自由；選択権」という意味である．(ほかにも adopt, optimism, optimize も同じ語源である．筆者の個人的な感覚では「目」を表す optic, optics などの単語も遡れば同じ語源なのではないかと推察するが，これは間違っているかもしれない．)　前節で見たストッピング・タイム T でギャンブルを止めるギャンブラーの財産は $M_t^{(T)} = M_{T \wedge t}$ であったのだが，これを「Optional Stopping Martingale」(つまり T で止めるという選択権を持ったギャンブラーの損益)ともいう．

ほかにも Optional ××× はいろいろあるので例を挙げてみよう．

例1　Optional Stopping　今まで見てきた通り，ストッピング・タイム T

でギャンブルを止めること.

例2 Optional Starting 最初の T 回はギャンブルをやらずに $T+1$ 回目からギャンブルをスタートする.ここで T はストッピング・タイムか,または決まった定数(注:定数も実はストッピング・タイムである).

例えば,午前中を寝過ごして,午後から競馬に行くような場合である.

例3 Optional Skipping もちろん,ギャンブラーは,各回の賭けごとに自分のふところ具合やレース形態によって,それに参加するかどうかを決めることができる.

例4 Optional Sampling ストッピング・タイムの列 $0 \leqq T_1 \leqq T_2 \leqq \cdots \leqq T_t \leqq \cdots$ として $\hat{M}_t = M_{T_t}$ を考える.

例えば,隣のおじさんが勝ったときだけその次のレースに参加するとか,一緒に行った友達の財産が100ドル以下になった次のレースだけに参加する,ということを考えればよい.

ここで言いたいことは,これらの Optional ××× というストラテジー(戦略)を採用したとしても「公平な賭け」は「公平な賭け」にしかならず,決して「マルチンゲール」から逃れられず「Beat the Odds!」は不可能である.ましてや,競馬の例だと「テラ銭」を取られるのでスーパーマルチンゲールをスーパーマルチンゲールに移すだけである.

また,数学的にも少し注意が必要である.ストッピング・タイム T の値 $= \infty$ かも知れないので,そのような場合があるときは注意しなければならない.例えば,Optional Sampling で隣のおじさんの損益が正になった次のレースだけ自分が賭けると決めていたとしても,いつまでたってもおじさんは負け続けるかもしれない($T_1 = \infty$)からである.今まで,なるべく無限や極限の議論は避けていたが,このように離散の設定でもストッピング・タイムを考えるような場合は,無限や極限の考察を避けるわけにはいかない.

次節ではそれを考えてみるが,その前に数学とは関係がない Option ×××

の例をもう少し挙げておこう.

例5 **Optional Tour** ツアー旅行の一部だが,参加してもしなくてもよい旅行のこと.しかし通常は,参加すれば,たぶんスーパーマルチンゲールになるだろう.

例6 **Option Play in American Football** アメリカン・フットボールでクォーターバックが「ラン」か「パス」かの選択をしたり,ボールを渡す選手を選択すること.

例7 **Option in Derivatives** 金融派生商品としてのオプション.例えば,原証券を株とすると Call Option(コール・オプション);「将来の時点 T で株を K ドルで買う」という金融商品(先物買)(金融商品 = 契約書と理解する)に「実行するか」または「破棄するか」という選択権をつけた金融派生商品.

Put Option(プット・オプション);「将来の時点 T で株を K ドルで売る」という金融商品(先物売)に「実行するか」または「破棄するか」という選択権をつけた金融派生商品.

自分の都合の悪いときは破棄すればよいので,これらの契約の価値(価格)は高くなる.これらがいくらなのかを考えるのが後に述べるブラック–ショールズが端を開いたデリバティブ価格理論である.

8.4 Optional Stopping Theorem

$M_t\ (M_0 = C)$ を $X_1, X_2, \cdots, X_t$ マルチンゲール,T を $X_1, X_2, \cdots, X_t$ ストッピング・タイムとしたとき,

$$E(M_T) = E(M_0) = C$$

となる条件を調べてみよう.

直観的には,公平な賭けをインチキなしに止めるのだから財産の期待値は変わらないはずで,いつでも成立するように思えるが,数学的には少し注意する必要がある.$M_{T \wedge t}$ は $X_1, X_2, \cdots, X_t$ マルチンゲールなので

$$E(M_{T \wedge t}) = E(M_{T \wedge 0}) = E(M_0) = C$$

はいつでも成立するが，ここで $t \to \infty$ としたとき，どんな条件で

$$\lim_{t \to \infty} E(M_{T \wedge t}) = E\left(\lim_{t \to \infty} M_{T \wedge t}\right) = E(M_T)$$

が成立するかが数学的なポイントとなる．

定理(Optional Stopping Theorem)　次の条件(a), (b), (c), (d)のいずれか1つでも成立すれば $E(M_T) = E(M_0) = C$ となる．

(a)　T が有界，つまり $\exists K \, (> 0) \, P(T < K) = 1$,

(b)　$\exists K \, (> 0) \, \forall t, \, |M_t| \le K$ かつ $P(T < \infty) = 1$,

(c)　$\exists K \, (> 0) \, \forall t, \, t < T \Longrightarrow E(|M_{t+1} - M_t| \, | \, X_1, X_2, \cdots, X_t) \le K$
　　 かつ $E(T) < \infty$,

(d)　$E(|M_T|) < \infty$ かつ $P(T < \infty) = 1$ かつ $\lim_{t \to \infty} E(|M_t| 1_{\{T > t\}})$
　　 $= 0$.

　ここで，次のルベーグの収束定理(dominated convergence theorem)は証明なしに用いる．

ルベーグの収束定理([35]参照)　$\lim_{n \to \infty} X_n = X$, かつ $|X_n| \le Y$ を満たす Y が存在して，かつ $E(Y) < \infty$ なら

$$\lim_{n \to \infty} E(X_n) = E(X)$$

　[定理の証明]　(a)から，$t \ge [K] + 1$ とすると $T \wedge t = T$ であり

$$E(M_T) = E(M_{T \wedge t}) = E(M_0) = C$$

(b)は

$$
\begin{aligned}
|E(M_T) - E(M_0)| &= |E(M_T) - E(M_{T \wedge t})| \\
&= |E((M_T - M_t) 1_{\{T > t\}})| \le E(|M_T - M_t| \, 1_{\{T > t\}}) \\
&\le 2K E(1_{\{T > t\}}) = 2K P(T > t)
\end{aligned}
$$

ここで $t \to \infty$ とすると $P(T < \infty) = 1$ より $\lim\limits_{t \to \infty} P(T > t) = 0$. よって
$$E(M_T) = E(M_0) = C$$

次に (c) は
$$\left| M_{T \wedge t} - M_0 \right| = \left| \sum_{i=0}^{t-1} 1_{\{T \geq i+1\}} (M_{i+1} - M_i) \right|$$
$$\leq \sum_{i=0}^{t-1} 1_{\{T \geq i+1\}} \left| M_{i+1} - M_i \right| \quad (= Y \text{ とおく})$$

であることから, 条件 (c) より $E(Y) \leq KE\left(\sum\limits_{i=0}^{\infty} 1_{\{T \geq i+1\}} \right)$ となり

$$E(1_{\{T \geq i+1\}} | M_{i+1} - M_i |) = E(1_{\{T \geq i+1\}} E(| M_{i+1} - M_i | | X_1, X_2, \cdots, X_i))$$
$$\leq KE(1_{\{T \geq i+1\}}),$$

$$E\left(\sum_{i=0}^{\infty} 1_{\{T \geq i+1\}} \right) = \sum_{i=0}^{\infty} E(1_{\{T \geq i+1\}})$$

$$\text{［厳密にはルベーグの単調収束定理か有界収束定理を使う］}$$

$$= \sum_{i=0}^{\infty} P(T \geq i+1) = \sum_{i=0}^{\infty} \sum_{j=i+1}^{\infty} P(T = j)$$
$$= \sum_{j=0}^{\infty} \sum_{i=0}^{j-1} P(T = j) = \sum_{j=0}^{\infty} jP(T = j) = E(T) < \infty$$

(注：$\mathbb{N} \cup \{0\}$ に値をとる確率変数 T に対して
$$E(T) = \sum_{i=0}^{\infty} P(T \geq i+1) \quad \left(= \sum_{i=0}^{\infty} P(T > i) \right)$$
はよく用いられる. 連続の場合は, 同様に $P(T > 0) = 1$ のとき
$$E(T) = \int_0^{\infty} P(T > t) \, dt$$
である. 例. $T \sim \mathrm{Ge}(p)$ で $P(T \geq k) = (1-p)^k$ より
$$E(T) = \sum_{k=1}^{\infty} P(T \geq k) = \frac{1-p}{1-(1-p)} = \frac{1-p}{p}$$
である.)

よって, ルベーグの収束定理を使えば
$$E(M_T) - E(M_0) = E\left(\lim_{t \to \infty} (M_{T \wedge t} - M_0) \right)$$
$$= \lim_{t \to \infty} E(M_{T \wedge t} - M_0) = 0$$

(d) は
$$M_T - M_{T \wedge t} = (M_T - M_t) 1_{\{T > t\}}$$
より, 条件 (d) が成り立てばルベーグの収束定理より明らか. (証明終)

このほか

（ｅ） $P(T < \infty) = 1$ かつ $E\left(\sup_{0 \le t} |M_{T \wedge t}|\right) < \infty$

や

（ｆ） $P(T < \infty) = 1$ かつ $\exists K, \exists \varepsilon > 0 \;\; \sup_{t \ge 0} E(|M_{T \wedge t}|^{1+\varepsilon}) \le K$

などの条件でも $E(M_T) = E(M_0) = C$ が証明できる．（測度論的確率論に慣れている読者は証明を試みられるとよい．）

　その他，一様可積分性との関連，マルチンゲール収束定理（例えば M_t が X_1, $X_2, \cdots, X_t$ マルチンゲールで $\sup_t E(M_t^2) < \infty$ なら，確率 1 で $\lim_{t \to \infty} M_t = M$ が存在し $\lim_{t \to \infty} E((M - M_t)^2) = 0$），Optional Stopping Theorem（ある自然な条件のもとで $\hat{M}_t = M_{T_t}$ がマルチンゲールとなる）も非常に大切なので，これらについては$[44], [28]$ などを参照してほしい．

　重要な反例　Optional Stopping Theorem について何も条件がなければ，必ずしも $E(M_T) = E(M_0) = C$ とならない例を挙げておこう．この例はきわめて重要である．
　$\tau_1 = \inf\{t \mid Z_1 = 1\}$ とすると，$Z_{\tau_1} = 1$ なので
$$E(Z_{\tau_1}) = 1 \ne E(Z_0) = 0.$$
τ_1 は明らかに有界ではないので(a)は満たされない．$\exists K \;\forall t, |Z_t| \le K$ とならないので(b)も満たされない．$E(\tau_1) = +\infty$（第 4 章参照）なので(c)も満たされない．そして $\lim_{t \to \infty} E(|Z_t| 1_{\{\tau_1 > t\}}) = 0$ とはならないので(d)も満たされない（考えてみられると良い），第 4 章より $P(\tau_1 < \infty) = 1$ だが $E(\tau_1) = \infty$ で，このあたりの微妙な関係をキチンと考慮しなければならない．直観的にもこんな戦略が許されたのでは 0 が確実に 1 となり，無から有が生じてしまうことになる．
　もちろん，このように勝つまでやるという戦略が有効になる場合が現実に起こるかも知れないが，前にも出てきたように，いくらでも借金が許されるような現実的にはありえないカジノでプレイしなければならないのである．

8.5 破産問題とマルチンゲール

マルチンゲール的手法はいろいろなところに用いられる非常に大事なもので
ある．一例として，マルチンゲールを用いて破産問題を解いてみよう．

$0 \leqq x \leqq A$ として

$$T_x = \inf\{t \mid x + Z_t = 0 \text{ または } A\}$$
$$= \inf\{t \mid Z_t = -x \text{ または } A - x\} = \tau_{-x} \wedge \tau_{A-x}$$

としたとき，まず $P(T_x = \infty) = 0,\ E(T_x) < \infty$ を示す．

A 回続けて勝てば必ず $-x,\ A-x$ のどちらかに到達するので，nA 回の賭け
を考えることで

$$P(T_x > nA) \leqq \left(1 - \left(\frac{1}{2}\right)^A\right)^n,$$

よって

$$P(T_x = \infty) \leqq P(T_x > nA) \leqq \left(1 - \left(\frac{1}{2}\right)^A\right)^n$$

となり，$n \to \infty$ として $P(T_x = \infty) = 0$ つまり $P(T_x < \infty) = 1$．

また，n を A で割った商を m，余りを $r\ (0 \leqq r < A)$ とする；$n = mA + r$．すると

$$P(T_x > n) \leqq P(T_x > mA) \leqq \left(1 - \left(\frac{1}{2}\right)^A\right)^m \leqq \left(1 - \left(\frac{1}{2}\right)^A\right)^{\frac{n}{A}-1}$$

よって

$$E(T_x) = \sum_{n=0}^{\infty} P(T_x > n)$$

$$\leqq \left(1 - \left(\frac{1}{2}\right)^A\right)^{-1} \sum_{n=0}^{\infty} \left(\left(1 - \left(\frac{1}{2}\right)^A\right)^{\frac{1}{A}}\right)^n < +\infty$$

これより直ちに前節の Optional Stopping Theorem で(a), (b)は無理だが（ど
のようにダメか考えてみるとよい），(c)は成立することがわかる．$E(T_x) < \infty$ かつ $E(|Z_{t+1} - Z_t| \,|\, \xi_1, \xi_2, \cdots, \xi_t) = 1$ だからである．よって

$$E(Z_{T_x}) = E(Z_0) = 0.$$

したがって

$$0 = E(Z_{T_x}) = E(Z_{\tau_{-x} \wedge \tau_{A-x}})$$

$$= E(Z_{\tau_{-x}}, \, \tau_{-x} < \tau_{A-x}) + E(Z_{\tau_{A-x}}, \, \tau_{-x} > \tau_{A-x})$$

$$[\because \tau_{-x} = \tau_{A-x} \text{ はありえない}]$$

$$= -xP(\tau_{-x} < \tau_{A-x}) + (A-x)P(\tau_{-x} > \tau_{A-x}),$$

これと $P(\tau_{-x} < \tau_{A-x}) + P(\tau_{-x} > \tau_{A-x}) = 1$ とを合わせて

$$P_A(x) = P(\tau_{-x} > \tau_{A-x}) = \frac{x}{A}$$

また $Z_t^2 - t$ は $\xi_1, \xi_2, \cdots, \xi_t$ マルチンゲールであるから

$$\left| Z_{T_x \wedge t}^2 - (T_x \wedge t) \right| \leqq \max((-x)^2, (A-x)^2) + T_x$$

で右辺は可積分,つまり $E(定数 + T_x) < \infty$

よってルベーグの収束定理より

$$0 = \lim_{t \to \infty} E((Z_{T_x \wedge t})^2 - T_x \wedge t)$$

$$= E\left(\lim_{t \to \infty} ((Z_{T_x \wedge t})^2 - T_x \wedge t) \right) = E(Z_{T_x}^2 - T_x)$$

$$[\because P(T_x < \infty) = 1 \text{ なので } E((Z_{T_x \wedge t})^2 - T_x \wedge t) = 0 \text{ に注意する}]$$

ゆえに

$$E(T_x) = E((Z_{T_x})^2)$$

$$= E((Z_{T_x})^2, \, \tau_{-x} < \tau_{A-x}) + E((Z_{T_x})^2, \, \tau_{-x} > \tau_{A-x})$$

$$= (-x)^2 P(\tau_{-x} < \tau_{A-x}) + (A-x)^2 P(\tau_{A-x} < \tau_{-x})$$

$$= (-x)^2 \frac{A-x}{A} + (A-x)^2 \frac{x}{A} = x(A-x)$$

(注:任意の n について $E((T_x)^n) < \infty$ もすぐにわかり,$\sup_t E((Z_{T \wedge t}^2 - T \wedge t)^2) < \infty$ も簡単に示せるので(f)を用いてもよい.)

次に,不公平な "red and black" の場合に進もう.第7章で注意したように $M_t = \left(\dfrac{1-p}{p} \right)^{Z_t^{(p)}}$ は $\xi_1^{(p)}, \xi_2^{(p)}, \cdots, \xi_t^{(p)}$ マルチンゲールとなるので Optional Stopping Theorem より $E(M_{T_x^{(p)}}) = E(M_0) = 1$($\because$ この場合は(c)か(d)が使えるので考えてみよう),

$$1 = E\left(\left(\frac{1-p}{p} \right)^{Z_{\tau_{-x}^{(p)}}^{(p)}}, \, \tau_{-x}^{(p)} < \tau_{A-x}^{(p)} \right) + E\left(\left(\frac{1-p}{p} \right)^{Z_{\tau_{-x}^{(p)}}^{(p)}}, \, \tau_{-x}^{(p)} > \tau_{A-x}^{(p)} \right)$$

$$= \left(\frac{1-p}{p} \right)^{-x} P(\tau_{-x}^{(p)} < \tau_{A-x}^{(p)}) + \left(\frac{1-p}{p} \right)^{A-x} P(\tau_{A-x}^{(p)} < \tau_{-x}^{(p)})$$

ここで
$$\tau_y^{(p)} = \inf\{t \mid Z_t^{(p)} = y\}$$
これと $P(\tau_{-x}^{(p)} < \tau_{A-x}^{(p)}) + P(\tau_{A-x}^{(p)} < \tau_{-x}^{(p)}) = 1$ とを合わせて
$$P_A^{(p)}(x) = P(\tau_{A-x}^{(p)} < \tau_{-x}^{(p)}) = \frac{\left(\dfrac{1-p}{p}\right)^x - 1}{\left(\dfrac{1-p}{p}\right)^A - 1}$$

また $Z_t^{(p)} - (2p-1)\,t$ は $\xi_1^{(p)}, \xi_2^{(p)}, \cdots, \xi_t^{(p)}$ マルチンゲールで，Optional Stopping Theorem において (c) が満たされることはすぐにわかるので，
$$E(Z_{Tx^{(p)}}^{(p)} - (2p-1)\,T_x^{(p)}) = 0.$$
よって
$$\begin{aligned}
(2p-1)\,E(T_x^{(p)}) &= E(Z_{Tx^{(p)}}^{(p)}) \\
&= (-x)\,P(\tau_{-x}^{(p)} < \tau_{A-x}^{(p)}) + (A-x)\,P(\tau_{A-x}^{(p)} < \tau_{-x}^{(p)}) \\
&= (-x)\frac{\left(\dfrac{1-p}{p}\right)^A - \left(\dfrac{1-p}{p}\right)^x}{\left(\dfrac{1-p}{p}\right)^A - 1} + (A-x)\frac{\left(\dfrac{1-p}{p}\right)^x - 1}{\left(\dfrac{1-p}{p}\right)^A - 1}
\end{aligned}$$

となって，前の結果が再現される．

最後に，初到達時間の分布をマルチンゲール的手法で求めてみよう．前に見たように
$$M_t = \frac{e^{aZ_t}}{(\mathrm{ch}\,a)^t}$$
は $\xi_1, \xi_2, \cdots, \xi_t$ マルチンゲールで，$\tau_1 = \inf\{t \mid Z_t = 1\}$，$a \geqq 0$ とすると，Optional Stopping Theorem の (d) が成立するので
$$1 = E(M_0) = E(M_{\tau_1}) = E\left(\frac{e^{aZ_{\tau_1}}}{(\mathrm{ch}\,a)^{\tau_1}}\right) = E\left(\left(\frac{1}{\mathrm{ch}\,a}\right)^{\tau_1}e^a\right)$$
よって $t = \dfrac{1}{\mathrm{ch}\,a}$ $(0 < t < 1)$ とおくと
$$E(t^{\tau_1}) = e^{-a} = \frac{1 - \sqrt{1-t^2}}{t}$$
となり第 4 章の結果も再現された．

第9章

確率差分方程式

9.1 確率差分方程式とマルコフ性

$t = 0, 1, 2, \cdots$ に対して

$$X_{t+1} - X_t = b(X_t)\xi_{t+1} + a(X_t), \qquad X_0 = x \qquad \cdots\cdots ①$$

が満たされているとき，①をランダムウォークに基づく確率差分方程式と呼び，X_t（初期値 x を明示するときは X_t^x）を①の解と呼ぶ．ここで t は時間を表す変数，a, b は $\mathbb{R}$ を定義域とする $\mathbb{R}$ 値関数である．X_t は例えば不確実性を持った質点の運動や，株価の動き，遺伝子頻度の移りかわりなどの例を思い浮かべるとよい．$b \equiv 0$ なら $X_{t+1} - X_t = a(X_t)$，$X_0 = x$ となり，不確実性が入らない差分方程式となるが，それにランダムウォーク Z_t（または増分 $Z_{t+1} - Z_t$）によって表された不確実項 $b(X_t)\xi_{t+1}$ を付け加えたものである．これは伊藤の確率微分方程式

$$dX_t = b(X_t)\,dW_t + a(X_t)\,dt, \qquad X_0 = x$$

の差分版である（W_t はブラウン運動）．

①よりもう少し一般に

$$X_{t+1} - X_t = b(t, X_t)\xi_{t+1} + a(t, X_t), \qquad X_0 = x$$

$$（時間的一様性を持たない場合）$$

$$X_{t+1} - X_t = b(X_0, X_1, \cdots, X_t)\xi_{t+1} + a(X_0, X_1, \cdots, X_t), \qquad X_0 = x$$

$$（マルコフ性を持たない場合）$$

なども考えられるが，ここでは①の形，つまり時間的に一様でマルコフ型の確率差分方程式を調べることにする．

まずマルコフ性であるが，

定義(マルコフ過程)　任意の $f : \mathbb{R} \longrightarrow \mathbb{R}$ に対してすべての t で
$$E(f(X_{t+1}) \,|\, X_0, X_1, \cdots, X_t) = E(f(X_{t+1}) \,|\, X_t)$$
を満たすとき，X_t は**マルコフ過程**という．

①の解 X_t はマルコフ過程であることを示す．実際，
$$E(f(X_{t+1}) \,|\, X_0, X_1, \cdots, X_t)$$
$$= E(f(X_t + a(X_t) + b(X_t)\xi_{t+1}) \,|\, X_0, X_1, \cdots, X_t)$$
$$= \frac{1}{2}(f(X_t + a(X_t) + b(X_t)) + f(X_t + a(X_t) - b(X_t)))$$
同様に
$$E(f(X_{t+1}) \,|\, X_t)$$
$$= \frac{1}{2}(f(X_t + a(X_t) + b(X_t)) + f(X_t + a(X_t) - b(X_t)))$$

この意味は，過去がすべてわかったという条件のもとでの未来の確率分布 ($f(x) = 1_{\{k\}}(x)$ ととる) が，現在がわかったという条件のもとでの未来の確率分布に等しいこと，つまり，確率過程の過去の情報が現在だけの情報に集約されてしまうことである．物理学，とくに力学では系の時間発展にはマルコフ性が自然に備わっている．例えば，質点の運動の未来は，その瞬間，瞬間(現在)の情報がわかれば十分で過去の記憶を持たないことは明らかであろう．

定義(時間的一様性)　任意の f，任意の $t \geq 0$，$s \geq 0$ に対して
$$E(f(X_{t+s}) \,|\, X_s = x) = E(f(X_t) \,|\, X_0 = x) \quad (= E(f(X_t^x)))$$
となることで，時刻 s で x から出発した X_{t+s} の確率分布と時刻 0 から出発した X_t の確率分布が同じであることを意味し，このことを**時間的一様性**という．

①の解がこれを満たすことは明らかであろう．
時間的一様性とマルコフ性を合わせると
$$X_{t+s}^x = X_t^{X_s^x}$$
つまり，x から出発して $t+s$ 時間後の位置 X_{t+s}^x は，x から出発した s 時間後の位置 X_s^x からさらに t 時間経ったものである．

$P(X_t^x = y) = P(t, x, y)$ とおき，これを t 時間後の推移確率という．すると

$$E(f(X_{t+s}^x)) = \sum_z f(z) P(t+s, x, z)$$

また

$$
\begin{aligned}
E(f(X_t^{X_s^x})) &= E(E(f(X_t^{X_s^x}) \mid X_s^x)) \\
&= E\left(\sum_z f(z) P(t, y, z)\Big|_{y=X_s^x}\right) \\
&= \sum_z \sum_y f(z) P(t, y, z) P(s, x, y)
\end{aligned}
$$

f は任意なので

$$P(t+s, x, z) = \sum_y P(s, x, y) P(t, y, z)$$

が成立する．これを**チャップマン-コルモゴロフの等式**という．

確率差分方程式 $X_{t+1} - X_t = a(X_t) + b(X_t)\xi_{t+1}$ の場合は

$$P(1, x, x+a(x)+b(x)) = P(1, x, x+a(x)-b(x)) = \frac{1}{2}$$

であることに注意しておく．

9.2 確率差分方程式の計算例

例 1（ドリフト付ランダムウォーク）　$a(x) \equiv a,\ b(x) \equiv b$，つまり両方とも定数の場合，

$$X_{t+1} - X_t = a + b\,\xi_{t+1}, \qquad X_0 = x$$

これを解くと

$$X_t = x + \sum_{i=0}^{t-1} (X_{i+1} - X_i) = x + at + bZ_t$$

例 2（幾何的ランダムウォーク）　$a(x) \equiv ax,\ b(x) \equiv bx$ の場合，

$$X_{t+1} - X_t = aX_t + bX_t\,\xi_{t+1}, \qquad X_0 = x$$

これを解くと

$$\frac{X_{t+1}}{X_t} = 1 + a + b\,\xi_{t+1}$$

よって
$$X_t = x\prod_{i=1}^{t}(1+a+b\,\xi_i) \qquad [\textstyle\prod_{i=1}^{t} a_i = a_1 a_2 \cdots a_t \text{ の意味である}]$$

また $1+a+b>0$, $1+a-b>0$ のときは
$$a' = \frac{1}{2}\log(1+a+b)(1+a-b),$$
$$b' = \frac{1}{2}\log\frac{1+a+b}{1+a-b}$$

とおくことにより $1+a+b = e^{a'+b'}$ かつ $1+a-b = e^{a'-b'}$ となるので,
$$X_t = x\,e^{a't+b'Z_t}$$

と指数関数の上にドリフト付ランダムウォークを乗せたものであることがわかる. さらに
$$A = e^{a'} = \sqrt{(1+a+b)(1+a-b)},$$
$$B = e^{b'} = \sqrt{\frac{1+a+b}{1+a-b}}$$

とおくと
$$X_t = x\,A^t B^{Z_t}$$

と書いてもよい.

この X_t が $\xi_1, \xi_2, \cdots, \xi_t$ マルチンゲールになるための条件を調べてみよう.

$f(t,y) = x\,A^t B^y$ とおくと, 第7章で調べたように

$x\,A^t B^y$ が $\xi_1, \xi_2, \cdots, \xi_t$ マルチンゲール

$$\Longleftrightarrow \frac{f(t+1, y+1)+f(t+1, y-1)}{2} = f(t,y)$$

これを調べて $A(B+B^{-1})=2$ を得る. もとの a,b で書いて

$$2 = (1+a+b)+(1+a-b) \Longleftrightarrow a=0$$

$$X_t \text{ が } \xi_1, \xi_2, \cdots, \xi_t \text{ マルチンゲール} \Longleftrightarrow a=0$$

がわかる.

また,
$$X_t = x+\sum_{i=0}^{t-1} bX_i\,\xi_{i+1}+\sum_{i=1}^{t-1} aX_i$$

が X_t のドゥーブ–メイヤー分解を与えるので

$$X_t \text{ が } \xi_1, \xi_2, \cdots, \xi_t \text{ マルチンゲール}$$

$$\Longleftrightarrow 可予測項 = 0 \Longleftrightarrow a = 0$$

でもちろんよい.

練習問題 9.1 ● c を定数として $c^t X_t$ が $\xi_1, \xi_2, \cdots, \xi_t$ マルチンゲールとなる条件を求めよ.

練習問題 9.2 ● $E(X_t),\ V(X_t)$ を求めよ.

例3(離散オルンスタイン(Ornstein)-ウーレンベック(Uhlenbeck)過程)
$a(x) \equiv a - bx,\ \ b(x) \equiv c$ の場合,
$$X_{t+1} - X_t = a - bX_t + c\xi_{t+1}, \qquad X_0 = x$$
これを解くために, 両辺を $(1-b)^{t+1}$ で割って
$$\frac{X_{t+1}}{(1-b)^{t+1}} - \frac{X_t}{(1-b)^t} = \frac{a + c\xi_{t+1}}{(1-b)^{t+1}}$$
これらを $t = 0, 1, \cdots, t-1$ まで加えて
$$\frac{X_t}{(1-b)^t} - x = \sum_{i=0}^{t-1} \frac{a}{(1-b)^{i+1}} + c \sum_{i=0}^{t-1} \frac{\xi_{i+1}}{(1-b)^{i+1}}$$
したがって
$$X_t = x(1-b)^t - \frac{a}{b}((1-b)^t - 1) + c(1-b)^t \sum_{i=0}^{t-1} \frac{\xi_{i+1}}{(1-b)^{i+1}}$$

練習問題 9.3 ● $E(X_t),\ V(X_t)$ を求めよ.

9.3 コルモゴロフ偏差分方程式

ここで確率差分方程式と偏差分方程式の関連を調べてみよう.

定理(コルモゴロフ偏差分方程式) X_t^x を確率差分方程式
$$X_{t+1} - X_t = a(X_t) + b(X_t)\xi_{t+1} \qquad X_0 = x \qquad \cdots\cdots②$$
の解とし, $u(t, x) = E(f(X_t^x))$ とおくと

$$u(t+1, x) = \frac{1}{2}(u(t, x+a(x)+b(x)) + u(t, x+a(x)-b(x)))$$

$$u(0, x) = f(x)$$

$$\cdots\cdots ③$$

が成立する.

逆に,③の解は②の解 X_t^x より,

$$u(t, x) = E(f(X_t^x))$$

と(確率)表現できる.この③を**コルモゴロフ偏差分方程式**という.

[証明]　$u(0, x) = E(f(X_0^x)) = E(f(x)) = f(x)$

また

$$u(t+1, x) = E(f(X_{t+1}^x)) = E(E(f(X_{t+1}^x)|X_1))$$

$$= \frac{1}{2}(E(f(X_{t+1}^x)|X_1 = x+a(x)+b(x))$$

$$+ E(f(X_{t+1}^x)|X_1 = x+a(x)-b(x)))$$

$$= \frac{1}{2}(u(t, x+a(x)+b(x)) + u(t, x+a(x)-b(x)))$$

逆に②が満たされるとき,$T > t$ として

$$u(T-(t+1), X_{t+1}^x) - u(T-t, X_t^x)$$

$$= \frac{u(T-(t+1), X_t^x+a(X_t^x)+b(X_t^x)) - u(T-(t+1), X_t^x+a(X_t^x)-b(X_t^x))}{2}\xi_{t+1}$$

$$+ \frac{u(T-(t+1), X_t^x+a(X_t^x)+b(X_t^x)) + u(T-(t+1), X_t^x+a(X_t^x)-b(X_t^x))}{2}$$

$$- u(T-t, X_t^x)$$

[考え方は離散伊藤公式と同じ]

$$= \frac{u(T-(t+1), X_t^x+a(X_t^x)+b(X_t^x)) - u(T-(t+1), X_t^x+a(X_t^x)-b(X_t^x))}{2}\xi_{t+1}$$

よって $u(T-t, X_t^x)$ は $\xi_1, \xi_2, \cdots, \xi_t$ マルチンゲール.

ゆえに $E(u(T-T, X_T^x)) = E(u(T-0, X_0^x))$,つまり

$$E(f(X_T^x)) = u(T, x)$$

(証明終)

(注：

$$u(t+1, x) - u(t, x)$$

$$= \frac{1}{2} b^2(x) \frac{u(t, x+a(x)+b(x)) - 2u(t, x+a(x)) + u(t, x+a(x)-b(x))}{b^2(x)}$$

$$+ a(x) \frac{u(t, x+a(x)) - u(t, x)}{a(x)}$$

などと変形し，時間間隔を Δt，空間間隔を $\Delta x = \sqrt{\Delta t}$ にスケール変換すると，確率差分方程式は

$$X_{t+\Delta t} - X_t = a(X_t)\Delta t + b(X_t)\xi_{t+1}\sqrt{\Delta t}, \quad X_0 = x$$

となり，それに応じて $u(t, x) = E(f(X_t^x))$ は

$$\frac{u(t+\Delta t, x) - u(t, x)}{\Delta t} =$$

$$\frac{1}{2} b^2(x) \frac{u(t, x+a(x)\Delta t+b(x)\sqrt{\Delta t}) - 2u(t, x+a(x)\Delta t) + u(t, x+a(x)\Delta t-b(x)\sqrt{\Delta t})}{(b(x)\sqrt{\Delta t})^2}$$

$$+ a(x) \frac{u(t, x+a(x)\Delta t) - u(t, x)}{a(x)\Delta t}$$

となり，極限を取ると

$$\frac{\partial u}{\partial t} = \frac{1}{2} b^2(x) \frac{\partial^2 u}{\partial x^2} + a(x) \frac{\partial u}{\partial x}, \quad u(0, x) = f(x)$$

となる．これはコルモゴロフ（後向き）偏微分方程式（[11]）という．

一方，対応する確率差分方程式の極限は，確率微分方程式

$$dX_t = a(X_t)dt + b(X_t)dW_t, \quad X_0 = x$$

となる．)

とくに，ランダムウォーク Z_t そのものに対しては，

$$u(t, x) = E(f(x+Z_t))$$

とおくと

$$u(t+1, x) = \frac{u(t, x+1) + u(t, x-1)}{2},$$

$$u(0, x) = f(x)$$

であり，この解は

$$u(t, x) = \sum_{-t \le y \le t, \frac{t+y}{2} \in \mathbb{Z}} f(x+y) \binom{t}{\frac{t+y}{2}} \left(\frac{1}{2}\right)^t$$

となる．

　　また，スケール変換したランダムウォーク

$$Z_t^{\Delta t} = \sqrt{\Delta t}\left(\xi_1 + \xi_2 + \cdots + \xi_{\frac{t}{\Delta t}}\right)$$

の極限は中心極限定理(正確にはドンスカーの定理)によりブラウン運動 W_t に収束し，

$$u(t, x) = E(f(x + W_t))$$

とおくと，熱偏微分方程式

$$\frac{\partial u}{\partial t} = \frac{1}{2}\frac{\partial^2 u}{\partial x^2}, \qquad u(0, x) = f(x)$$

を満たす．

　　さらに，

$$W_t\text{ の分布} = N(0, t) \quad (\text{平均 }0,\text{ 分散 }t\text{ の正規分布})$$

となるので．

$$u(t, x) = E(f(x + W_t)) = \int_{-\infty}^{+\infty} f(y)\,\frac{1}{\sqrt{2\pi t}}\,e^{-\frac{(x-y)^2}{2t}}dy$$

は熱偏微分方程式の解となる．

9.4　離散ファインマン-カッツ偏差分方程式

　　1940年代，物理学者ファインマン(Feynman)は指数関数の上に虚数ラグランジアンを乗せたものを密度とする経路積分を導入し，それを用いてシュレーディンガー方程式を解いた([10])．ただ，この経路積分は厳密な現代数学として扱える対象ではなく，これを関数空間上の積分(ウィナー(Wiener)積分)に置き換え，それまでに建設された現代数学としての測度論，確率論の範疇でポテンシャルを持つ熱方程式の確率表現を得たのはカッツ(Kac)であった([23])．

　　まず，このファインマン-カッツ公式の離散版を見てみよう．

定理(離散ファインマン-カッツの定理)

$$X_{t+1} - X_t = a(X_t) + b(X_t)\xi_{t+1}, \qquad X_0 = x$$

の解を X_t^x とし，$f : \mathbb{R} \longrightarrow \mathbb{R}$，$g : \mathbb{R} \longrightarrow \mathbb{R}$ をとり，

$$E\left(q^{\sum_{i=0}^{t}g(X_i^x)}f(X_t^x)\right) = u(t, x) \qquad \cdots\cdots④$$

とおく．すると

$$u(t+1, x) = q^{g(x)}\frac{u(t, x+a(x)+b(x))+u(t, x+a(x)-b(x))}{2}$$

$$\qquad \cdots\cdots⑤$$

$$u(0, x) = q^{g(x)}f(x)$$

また，逆に⑤の解はファインマン-カッツ表現④を持つ．

[証明]

$$u(t+1, x) = E(E(q^{\sum_{i=0}^{t+1}g(X_i^x)}f(X_{t+1}^x)|X_1))$$

$$= q^{g(x)}\left(E(q^{\sum_{i=1}^{t+1}g(X_i^x)}f(X_{t+1}^x)|X_1 = x+a(x)+b(x)) \times \frac{1}{2} \right.$$

$$\left. + E(q^{\sum_{i=1}^{t+1}g(X_i^x)}f(X_{t+1}^x)|X_1 = x+a(x)-b(x)) \times \frac{1}{2} \right)$$

$$= q^{g(x)}\frac{u(t, x+a(x)+b(x))+u(t, x+a(x)-b(x))}{2}$$

逆の証明も前と同様である．   (証明終)

とくに Z_t の場合は，

$$u(t, x) = E\left(q^{\sum_{i=0}^{t}g(x+Z_i)}f(x+Z_i)\right)$$

$$\Longleftrightarrow u(t+1, x) = q^{g(x)}\frac{u(t, x+1)+u(t, x-1)}{2},$$

$$u(0, x) = q^{g(x)}f(x)$$

であり，これにスケール変換を施すと

$$u(t, x) = E\left(e^{\int_0^t g(x+W_s)\,ds}f(x+W_t)\right)$$

$$\Longleftrightarrow \frac{\partial u}{\partial t} = \frac{1}{2}\frac{\partial^2 u}{\partial x^2}+g(x)\,u,$$

$$u(0, x) = f(x)$$

となる(これらについては論文[5], [23]参照)．

もちろん，確率微分方程式

$$dX_t = a(X_t)\,dt + b(X_t)\,dW_t, \qquad X_0 = x$$

の場合には

$$u(t, x) = E\!\left(e^{\int_0^t g(X_s^x)\,ds} f(X_t^x) \right)$$

$$\iff \frac{\partial u}{\partial t} = \frac{1}{2}\,b^2(x)\,\frac{\partial^2 u}{\partial x^2} + a(x)\,\frac{\partial u}{\partial x} + g(x)\,u,$$

$$u(0, x) = f(x)$$

となる.

計算例 1　$a(x) \equiv 0,\ b(x) \equiv 1,\ g(x) \equiv x,\ f(x) \equiv 1$ とすると

$$X_t^x = x + Z_t,$$

ここで次のようなランダムウォーク汎関数 $\sum_{i=0}^{t}(x + Z_i)$ の確率母関数を計算してみよう.

$$E\!\left(q^{\sum_{i=0}^{t}(x+Z_i)} \right) = u(t, x)$$

とおくと,

$$u(t+1, x) = \frac{q^x}{2}(u(t, x+1) + u(t, x-1)),$$

$$u(0, x) = q^x$$

であり,

$$u(1, x) = \frac{q^x}{2}(q^{x+1} + q^{x-1}) = q^{2x}\frac{q + q^{-1}}{2},$$

$$u(2, x) = \frac{q^x}{2}\frac{q + q^{-1}}{2}(q^{2(x+1)} + q^{-2(x+1)})$$

$$= q^{3x}\frac{q + q^{-1}}{2}\frac{q^2 + q^{-2}}{2}$$

同様にして

$$u(t, x) = q^{(t+1)x}\prod_{i=1}^{t}\frac{q^i + q^{-i}}{2}$$

となる.

実際

$$E\!\left(q^{\sum_{i=0}^{t} Z_i} \right) = E\!\left(q^{\sum_{i=0}^{t}(t-(i-1))\xi_i} \right) = \prod_{i=1}^{t} E(q^{(t-(i-1))\xi_i})$$

$$= \prod_{i=1}^{t} \frac{q^{(t-(i-1))} + q^{-(t-(i-1))}}{2} = \prod_{i=1}^{t} \frac{q^i + q^{-i}}{2}$$

である.

9.5 離散ギルサノフの定理

ここで $Z_t^{(p)}$ に関する分布の計算を Z_t に関する計算に帰着する方法，同じことであるが $Z_t^{(p)}$ を Z_t を用いて定義する方法を考えてみよう．

定理(離散ギルサノフの定理)　$0 \leq t \leq T$ のとき
$$E[f(\xi_1^{(p)}, \xi_2^{(p)}, \cdots, \xi_t^{(p)})]$$
$$= E\left(\left(\frac{p}{1-p}\right)^{\frac{Z_T}{2}} (4p(1-p))^{\frac{T}{2}} f(\xi_1, \xi_2, \cdots, \xi_t)\right)$$

[証明]　$g(t, x) = \left(\frac{p}{1-p}\right)^{\frac{x}{2}} (4p(1-p))^{\frac{t}{2}}$ とおくと
$$g(t, x) = \frac{1}{2}(g(t+1, x+1) + g(t+1, x-1))$$

がすぐにわかるので，第7章の結果より
$$\left(\frac{p}{1-p}\right)^{\frac{Z_t}{2}} (4p(1-p))^{\frac{t}{2}}$$

は $\xi_1, \xi_2, \cdots, \xi_t$ マルチンゲールである．よって
$$E\left(\left(\frac{p}{1-p}\right)^{\frac{Z_T}{2}} (4p(1-p))^{\frac{T}{2}} f(\xi_1, \xi_2, \cdots, \xi_t)\right)$$
$$= E\left(f(\xi_1, \xi_2, \cdots, \xi_t) E\left(\left(\frac{p}{1-p}\right)^{\frac{Z_T}{2}} (4p(1-p))^{\frac{T}{2}} \middle| \xi_1, \xi_2, \cdots, \xi_t\right)\right)$$
$$= E\left(f(\xi_1, \xi_2, \cdots, \xi_t) \left(\frac{p}{1-p}\right)^{\frac{Z_t}{2}} (4p(1-p))^{\frac{t}{2}}\right)$$

よって，$T = t$ のとき定理が示されればよい．
$$E(f(\xi_1^{(p)}, \xi_2^{(p)}, \cdots, \xi_t^{(p)}))$$

$$
\begin{aligned}
&= \sum_{x_i \in \{-1,1\}} f(x_1, x_2, \cdots, x_t) \, p^{\frac{x_1+1}{2}} (1-p)^{\frac{1-x_1}{2}} \times p^{\frac{x_2+1}{2}} (1-p)^{\frac{1-x_2}{2}} \\
&\qquad\qquad\qquad\qquad\qquad\qquad \times \cdots \times p^{\frac{x_t+1}{2}} (1-p)^{\frac{1-x_t}{2}} \\
&= \sum_{x_i \in \{-1,1\}} f(x_1, x_2, \cdots, x_t) \left(\frac{1}{2}\right)^t \left(\frac{p}{1-p}\right)^{\frac{1}{2}\sum_{i=1}^{t} x_i} (4p(1-p))^{\frac{t}{2}} \\
&= E\!\left(\left(\frac{p}{1-p}\right)^{\frac{Z_t}{2}} (4p(1-p))^{\frac{t}{2}} f(\xi_1, \xi_2, \cdots, \xi_t) \right)
\end{aligned}
$$

（証明終）

詳しくは[29]を参照．また[1]にももう少し一般的な形で紹介がある．(注：同じことであるが，

$$
E(f(Z_i^{(p)}, i \leqq t)) = E\!\left(\left(\frac{p}{1-p}\right)^{\frac{Z_T}{2}} (4p(1-p))^{\frac{T}{2}} f(Z_i, i \leqq t) \right)
$$

と書いてもよい.)　また，適当なスケーリングのもとでの極限で $Z_t^{(p)}$ はドリフト付ブラウン運動 $W_t + \mu t$ に収束し，Z_t はブラウン運動 W_t に収束し，$\left(\frac{p}{1-p}\right)^{\frac{Z_t}{2}} (4p(1-p))^{\frac{T}{2}}$ は $e^{\mu w_T - \frac{1}{2}\mu^2 T}$ に収束することがわかるので，この定理はブラウン運動のカメロン-マルティンの定理となる．

カメロン-マルティンの定理([6]参照)　$0 \leqq t \leqq T$ として

$$
E(f(W_u + \mu u, u \leqq t)) = E\!\left(e^{\mu w_T - \frac{1}{2}\mu^2 T} f(W_u, u \leqq t) \right)
$$

練習問題 9.4 ●定理と逆に $0 \leqq t \leqq T$ のとき

$$
\begin{aligned}
&E(f(\xi_1, \xi_2, \cdots, \xi_t)) \\
&\qquad = E\!\left(\left(\frac{1-p}{p}\right)^{\frac{Z_T^{(p)}}{2}} \left(\frac{1}{2\sqrt{p(1-p)}}\right)^T f(\xi_1^{(p)}, \xi_2^{(p)}, \cdots, \xi_t^{(p)}) \right)
\end{aligned}
$$

を示せ．

この離散ギルサノフの定理を用いて，1次元非対称ランダムウォークにおけ

る以下の分布を求めてみよう.

定理 $M_t^{(p)} = \max_{0 \le i \le t} Z_i^{(p)}$ とおくと $k \ge 0$ として

$$P(M_t^{(p)} \ge k \cap Z_t^{(p)} = a)$$

$$= \begin{cases} P(Z_t^{(p)} = a) & (a \ge k \text{ のとき}) \\ \left(\dfrac{1-p}{p}\right)^{k-a} P(Z_t^{(p)} = 2k-a) & (k \ge a \text{ のとき}) \end{cases}$$

［証明］ $a \ge k$ のときは明らか. $a \le k$ として

$$P(M_t^{(p)} \ge k \cap Z_t^{(p)} = a)$$

$$= E\left(1_{[k,\infty)}(M_t^{(p)}) 1_{\{a\}}(Z_t^{(p)})\right)$$

$$= E\left(\left(\frac{p}{1-p}\right)^{\frac{Z_t}{2}} (4p(1-p))^{\frac{t}{2}} 1_{[k,\infty)}(M_t) 1_{\{a\}}(Z_t)\right)$$

$$= \left(\frac{p}{1-p}\right)^{\frac{a}{2}} (4p(1-p))^{\frac{t}{2}} E\left(1_{[k,\infty)}(M_t) 1_{\{a\}}(Z_t)\right)$$

$$= \left(\frac{p}{1-p}\right)^{\frac{a}{2}} (4p(1-p))^{\frac{t}{2}} P(M_t \ge k \cap Z_t = a)$$

$$= \left(\frac{p}{1-p}\right)^{\frac{a}{2}} (4p(1-p))^{\frac{t}{2}} P(Z_t = 2k-a) \qquad [\because 2.2 \text{節参照}]$$

$$= \left(\frac{p}{1-p}\right)^{a-k} P(Z_t^{(p)} = 2k-a)$$

練習問題 9.5 ● $P(M_t^{(p)} = k \cap Z_t^{(p)} = a)$ を求めよ.

次章ではデリバティブ価格理論の準備として「無裁定とマルチンゲール」について述べる.

第10章

期待値と無裁定

10.1　期待値の意味

X を確率変数とするとき，期待値 $E(X)$ は

$$E(X) = \int_{\Omega} X(w)\,dP(w) = \begin{cases} \sum_k k P(X = k) \\ \qquad (X \text{ は離散確率変数}) \\ \int_{-\infty}^{+\infty} x f_X(x)\,dx \\ \qquad (X \text{ は連続確率変数}) \end{cases}$$

であった．さて，この $E(X)$ の意味であるが，$E(X)$ は確率変数 X をくじや
ギャンブルや契約と見たときの公平な価格と考えられる．その理由であるが，
1つは次の大数の法則から説明できる．

大数の法則　$X_1, X_2, \cdots, X_n$ を独立で同分布な確率変数とし $E(X_i) = \mu$, $V(X_i) = \sigma^2$ とする．このとき

$$\lim_{n \to \infty} \frac{X_1 + X_2 + \cdots + X_n}{n} = \mu$$

(注：この近づき方(トポロジー)にはいろいろ種類が考えられ，確率収束を考えるとき，つま
り任意の $\varepsilon > 0$ について

$$\lim_{n \to \infty} P\left(\left| \frac{X_1 + X_2 + \cdots + X_n}{n} - \mu \right| > \varepsilon \right) = 0$$

を大数の弱法則という．また概収束，つまり

$$P\left(\lim_{n \to \infty} \frac{X_1 + X_2 + \cdots + X_n}{n} = \mu \right) = 1$$

を大数の強法則という．

　中心極限定理

$$X_1 + X_2 + \cdots + X_n \text{ の標準化} = \frac{X_1 + X_2 + \cdots + X_n - n\mu}{\sqrt{n\sigma^2}} \underset{n \to \infty}{\to} N(0,1) \quad （分布収束）$$

つまり任意の a, b について

$$\lim_{n \to \infty} P\left(a < \frac{X_1 + X_2 + \cdots + X_n - n\mu}{\sqrt{n\sigma^2}} < b \right) = \frac{1}{\sqrt{2\pi}} \int_a^b e^{-\frac{x^2}{2}} dx$$

はこの大数の法則の精密化とも考えられる．

$$\frac{X_1 + X_2 + \cdots + X_n}{n} - \mu = \frac{\sigma}{\sqrt{n}} N(0,1) + o\left(\frac{1}{\sqrt{n}} \right)$$

と書けるからである．ただ，分布収束になるのでトポロジーは弱くなってしまうが．）

　　この大数の法則を用いると，$\dfrac{X_1 + X_2 + \cdots + X_n}{n}$ は n 回ギャンブル X_i を行ったときの平均利得なので，その極限として $E(X)$ が得られると考えられる．また，$P(A) = E(1_A)$ なので，事象 A が起こる確率も A が起これば 1，起こらなければ何ももらえないというくじの価値と考えられることを注意する．

　　このように，大数の法則を通して $E(X)$ を X の価値と考えるためには「独立性」と「多数性」($n \to \infty$ とするので)の両方が必要で，実社会において，これらが満たされる場合として保険の価格があげられる．保険会社は多くの人(独立と考えられる)に保険を売り，それらの価格の設定にこの大数の法則を用いるのである．

　　次に，必ずしも「独立性」「多数性」が満たされない場合を考察しよう．

10.2　数理ファイナンスの基本定理と無裁定

　　以下では，不確実性のシナリオの集合として標本空間 Ω を考え，それを定義域とし，$\mathbb{R}$ を値域とする確率変数を考える．つまり不確実性 $\omega \in \Omega$ が起これば $X(\omega)$ というお金を受け取ると考える．またその X(くじやギャンブルや契約を考えるとよい)を買うのに $C_X (\in \mathbb{R})$ というお金が必要だったとすると，X を C_X で買うことによる損益 Y は $Y = X - C_X$ となることに注意する．それを $a (\in \mathbb{R})$ 単位行えば，もちろん損益は

$$aY = aX - aC_X$$

となる．特に $a = -1$ の場合は，$-Y = C_X - X$，つまりこれは C_X というお金を受け取り X を支払うので，契約 X を売ることになる．次に具体的に見てみよう．

計算例 1 $\Omega = \{\omega_1, \omega_2\}$, $\quad P(\{\omega_1\}) = P(\{\omega_2\}) = \dfrac{1}{2}$

$\qquad X_1(\omega_1) = 5, \qquad X_1(\omega_2) = 1,$

つまり ω_1 が出たら 5 受け取り ω_2 が出たら 1 受け取る契約である．

この契約を買うのに 2 支払うとすると，その損益 Y_1 は $Y_1 = X_1 - 2$ つまり $Y_1(\omega_1) = 3$, $Y_1(\omega_2) = -1$ となり，P での期待値

$$E^P(Y_1) = 3 \times \frac{1}{2} + (-1) \times \frac{1}{2} = 1$$

であり，P による期待値の観点からは得であると考えられる．

さらに同じ確率空間の上に別の契約

$\qquad X_2(\omega_1) = 2, \qquad X_2(\omega_2) = 5$

があり，この価格が 4 であったとする．すると X_2 の損益を表す確率変数 Y_2 は $Y_2 = X_2 - 4$ で $Y_2(\omega_1) = -2$, $Y_2(\omega_2) = 1$ となり P での期待値

$$E^P(Y_2) = -2 \times \frac{1}{2} + 1 \times \frac{1}{2} = -\frac{1}{2}$$

であり，P による期待値の観点からは損であると考えられる．

この契約 X_1, X_2 を組み合わせる(ポートフォリオを組む，という)ことを考えてみよう．X_1 を 4 単位，X_2 を 5 単位買うと，その損益は $4Y_1 + 5Y_2$ となり，

$\qquad (4Y_1 + 5Y_2)(\omega_1) = 2, \qquad (4Y_1 + 5Y_2)(\omega_2) = 1$

と ω_1, ω_2 のどちらが出ても利益が出ることになる．つまり確率 1 で利益が出ることになり，このようなことを**裁定**または**裁定機会が生じている**という．数学的には

$\qquad \exists \alpha_1 \in \mathbb{R}, \ \exists \alpha_2 \in \mathbb{R}$

$\qquad P(\alpha_1 Y_1 + \alpha_2 Y_2 \geqq 0) = 1 \quad$ かつ $\quad P(\alpha_1 Y_1 + \alpha_2 Y_1 > 0) > 0$

となることである．また

$\qquad \exists \alpha_1 \in \mathbb{R}, \ \exists \alpha_2 \in \mathbb{R} \quad P(\alpha_1 Y_1 + \alpha_2 Y_1 > 0) = 1$

となるとき強い意味での裁定が存在しているので**強裁定**が生じているということにする．（注：裁定のことを free lotto, 強裁定のことを free lunch ともいう．つまり「強裁定」とは確実に利益が出ることで，タダで昼飯をおごってもらえるようなことであり，「裁定」とは確実に損をしないで，正の確率で利益が出る，つまり宝くじや馬券をタダでもらうようなことである．）

さて，このように $P(4Y_1 + 5Y_2 > 0) = 1$ なので裁定（このケースでは「強裁定」）が生じている場合は期待値による考察より裁定のほうを優先する．確率測度 P' が何であろうと $P'(\{\omega_1\}) > 0,\ P'(\{\omega_2\}) > 0$ である限り

$$P'(4Y_1 + 5Y_2 > 0) = 1$$

が成立しているからで，Y_1 だけでは，ω_1 が出た場合はいいが ω_2 が出た場合は 1 損するからで，Y_2 と組み合わせると利益が確実になる．

（注：100 万倍して考えると 100万 $\times Y_1(\omega_1) = 300$ 万，100 万 $\times Y_1(\omega_2) = -100$ 万となり Y_1 単独では ω_2 が出たとき，危険が大きすぎることがわかるだろう．

テレビ番組の「クイズ・ミリオネア」で 500 万円を確保した解答者が 750 万円に挑戦するとき，100 万円というセーフティネットがあるとはいえ，この場合の損益 Y は $Y(\omega_1) = 250$ 万円，$Y(\omega_2) = Y(\omega_3) = Y(\omega_4) = -400$ 万円というもので，これは「期待値」，「裁定」などどのような観点から見ても損である．確実に答えがわかる場合を除いて降りることが最適選択だと思われるのだが…．）

この $4Y_1 + 5Y_2$ の $4, 5$ という数字は

$$(xY_1 + yY_2)(\omega_1) = 3x - 2y \geqq 0$$
$$(xY_1 + yY_2)(\omega_2) = -x + y \geqq 0$$

となる x, y を見つけたもので，もちろんほかにもある．すると，まったく確率に関係ない議論のように見えるのだが，次の定理で見るようにリスク中立確率測度 ＝ 同値マルチンゲール測度 Q を通して，確率の考え方は依然必要である．

$(\Omega, \mathcal{F}, P)$ を離散確率空間とする．$\Omega = \{\omega_1, \omega_2, \cdots, \omega_n\}$ とする．この上に m 個の確率変数 $X_1, X_2, \cdots, X_m$ があり，それぞれの価格が $C_1, C_2, \cdots, C_m$ であるとする．つまり C_1 を払って X_1 を買って $\omega \in \Omega$ が出たら $X_1(\omega)$ 支払いを受ける（$X_1(\omega)$ というペイオフを受けるともいう）．つまり損益 Y_1 が $Y_1 = X_1 - C_1$ となるのである．これらの $(\Omega, \mathcal{F}, P)$ と $(X_1, C_1), \cdots, (X_m, C_m)$ の組を市場（market）と呼ぶ．すると X_1 に α_1, ……, X_m に α_m を分散投資（ポートフ

ォリオ)する投資家の損益は

$$\alpha_1(X_1-C_1)+\cdots+\alpha_m(X_m-C_m) = \alpha_1 Y_1+\cdots+\alpha_m Y_m$$

である.

定理(数理ファイナンスの基本定理) 市場に裁定が存在しない(無裁定市場であるという),つまり

「$\exists \alpha_j\ (1 \leq j \leq m)$

$P\left(\sum_{j=1}^{m}\alpha_j Y_j \geq 0\right) = 1$ かつ $P\left(\sum_{j=1}^{m}\alpha_j Y_j > 0\right) > 0$」とはならない

$$\cdots\cdots(A)$$

$\Longleftrightarrow (\Omega, \mathscr{F})$ 上にある確率測度 Q が存在して

「$\forall i\ (1 \leq i \leq n)$ $Q(\{\omega_i\}) > 0$

(この条件を「P と Q は同値である」といい,P に関する確率 0 の集合と Q に関する確率 0 の集合が同じであることをいっている)

かつ $\forall j\ (1 \leq j \leq m)$ $E^Q(Y_j) = 0$」 $\cdots\cdots(B)$

この Q を**リスク中立確率測度**または**同値マルチンゲール測度**という.

この定理は数理ファイナンスの基本定理,無裁定の基本定理と呼ばれ,きわめて重要な定理である.これにより裁定のない状態,つまり**無裁定**が数学的に特徴づけられる.

$\Longleftarrow$ の証明は簡単なので証明しておくと,(B)であり,かつ(A)でないとして矛盾を導く.つまり裁定が生じていることより

$$P\left(\sum_{j=1}^{m}\alpha_j Y_j \geq 0\right) = 1 \quad \text{かつ} \quad P\left(\sum_{j=1}^{m}\alpha_j Y_j > 0\right) > 0$$

を満たす $\alpha_j\ (1 \leq j \leq m)$ が取れる.すると任意の $i\ (1 \leq i \leq m)$ について $Q(\{\omega_i\}) > 0$ より

$$Q\left(\sum_{j=1}^{m}\alpha_j Y_i \geq 0\right) = 1 \quad \text{かつ} \quad Q\left(\sum_{j=1}^{m}\alpha_j Y_i > 0\right) > 0.$$

しかしこれは

$$0 = \sum_{j=1}^{m}\alpha_j E^Q(Y_j) = E^Q\left(\sum_{j=1}^{m}\alpha_j Y_j\right)$$

に矛盾する．

　⇒ の証明は，分離定理または線型計画法の双対定理などが必要なので，[36]，[13]参照．また，時間が離散，状態が有限，証券の数が有限個だとこのように比較的簡単であるが，連続時間の設定では技術的な難しさは格段に増す．[6]では関数解析＋確率論の枠組でこの基本定理を調べている．（同様に，市場に「強裁定」が存在しない ⟺ $(\Omega, \mathscr{F})$ 上にある確率測度 Q が存在して $\forall i\,(1 \leqq i \leqq m)\, Q(\{\omega_i\}) \geqq 0$ かつ $\forall j\,(1 \leqq j \leqq m)\, E^Q(Y_j) = 0$ もわかる．)

　この定理で前の例を見てみると，もし同値マルチンゲール測度 Q が Ω 上に存在したとすると $Q(\{\omega_1\}) = q_1$，$Q(\{\omega_2\}) = q_2$ とおいて

$$0 = E^Q(Y_1) = 3q_1 - q_2,$$
$$0 = E^Q(Y_2) = -2q_1 + q_2$$

となるが，$q_1 + q_2 = 1$ なので，これらの3式は矛盾となる．よって，この市場には同値マルチンゲール測度は存在しないので「裁定」が起きている．

　では，X_2 の価格だけを変えて「無裁定」市場にするには $0 = E^Q(Y_1) = 3q_1 - q_2$ とすればよく，また $q_1 + q_2 = 1$ なので $q_1 = \dfrac{1}{4}$，$q_2 = \dfrac{3}{4}$．X_2 の価格を C_2 とすると $E^Q(X_2 - C_2) = 0$ より

$$C_2 = E^Q(X_2) = 2 \times \frac{1}{4} + 5 \times \frac{3}{4} = \frac{17}{4}$$

よって X_2 の価格が $\dfrac{17}{4}$ であれば「裁定」が起こらないことがわかる．このように裁定が起こらないという観点から契約 X_1 の価格がほかの契約 X_2 の価格に影響を与えているのである．

　また，$0 = E^Q(Y_j) = E^Q(X_j - C_j)$ より $C_j = E^Q(X_j)$ であり，契約の価格 C_j は無裁定市場では同値マルチンゲール測度による期待値であることがわかる．このような考え方を**リスク中立化法**という．また同値マルチンゲール測度 Q が1つに決まるなら価格も一意的であることに注意しておく．

　また実際の市場においても「裁定」を得る機会があったとしても，すぐに調整され，なくなってしまうので「無裁定」という仮定をデリバティブ価格付理論の基本的仮定とする．

例1 $\Omega = \{\omega_1, \omega_2, \omega_3\}$,

$$Y_1(\omega_1) = 1, \qquad Y_1(\omega_2) = -1, \qquad Y_1(\omega_3) = -1$$
$$Y_2(\omega_1) = -1, \qquad Y_2(\omega_2) = 2, \qquad Y_2(\omega_3) = -1$$
$$Y_3(\omega_1) = -1, \qquad Y_3(\omega_2) = -1, \qquad Y_3(\omega_3) = 5$$

この場合は $Q(\omega_i) = q_i$ とおき $E^Q(Y_1) = E^Q(Y_2) = E^Q(Y_3) = 0$ を解くと $q_1 = \frac{1}{2}$, $q_2 = \frac{1}{3}$, $q_3 = \frac{1}{6}$ がわかる．よって同値マルチンゲール測度 Q が存在するので，この市場は無裁定．

例2 $\Omega = \{\omega_1, \omega_2, \omega_3\}$，上の例で Y_3 の代りに

$$Y_4(\omega_1) = -1, \qquad Y_4(\omega_2) = -1, \qquad Y_4(\omega_3) = 11$$

とすると，$E^Q(Y_1) = E^Q(Y_2) = E^Q(Y_4) = 0$ を満たす $q_1, q_2, q_4 (q_1 + q_2 + q_4 = 1)$ は存在しないことがすぐにわかる．よってこの市場には裁定が存在する．

実際，$6Y_1 + 4Y_2 + Y_4 \equiv 1$ となる．このような裁定ポートフォリオの求め方は，このケースでは以下の注のように簡単であるが，一般には例えば線形計画法を用いて求めることになる（[13]参照）．

(注：これら2つの例は競馬でいうと，確率変数 Y_1 は2倍の単勝馬券の損益と同じである．つまり，1払って当たれば2戻ってくるのである．すると，例2ではどの馬が勝っても払い戻しの金額が同じになるようにすればよいので，払い戻しが12万円だとすると Y_1 を6万円，Y_2 を4万円，Y_4 を1万円買えばよいことがわかる．しかも購入費用は $6+4+1 = 11$ 万円なので「裁定」が生じているのである．一方，例1ではどう組み合わせてもそのようなことは不可能なことが数学的に証明されたのである．

なお，$\dfrac{1}{\text{単勝倍率}}$ はリスク中立優勝確率ともいうべきもので投票母集団から見た確率である．

それらの和 $= 1 \Longleftrightarrow$ 無裁定

それらの和 $\neq 1 \Longleftrightarrow$ 裁定

とくに「それらの和 < 1」だと馬券を買うだけで上のように裁定が得られる．もちろん JRA の場合，それらの和 $= \dfrac{1}{0.7} > 1$ となっており馬券を売る（これはもちろん違法なのでやってはいけない）ことができないと裁定を得ることはできない．イギリスの競馬場などでのブックメーカーは，上のようにして「裁定」を構成しつつ馬券を売り出しているのである．なお，$n+1$ 倍の単勝馬券のことをオッズを用いて $n \,\mathrm{to}\, 1$；n 対 1 $(n:1)$ といい，英語圏では日常

用語としても定着していると思われる．）

練習問題 10.1 ● 2005年度セ・リーグのペナントレースの優勝オッズをあるブックメーカーは，阪神 $(9:1)$，中日 $(3:1)$，巨人 $(3:1)$，ヤクルト $(7:1)$，広島 $(7:1)$，横浜 $(7:1)$ と付けた．これはうまく配分して購入すれば裁定が生じるのだが，どのようにしたら良いだろうか？

練習問題 10.2 ●上の例3において
$$X_4(\omega_1) = 2, \qquad X_4(\omega_2) = 2, \qquad X_4(\omega_3) = 14$$
であったとき，この価格をいくらにすれば無裁定市場になるか？

練習問題 10.3 ● $\Omega = \{\omega_1, \omega_2, \omega_3\}$ に契約 X の損益 Y だけが
$$Y(\omega_1) = 3, \qquad Y(\omega_2) = -1, \qquad Y(\omega_3) = -4$$
であるとする．この市場を無裁定にするリスク中立確率測度 Q をすべて求めよ．

10.3　株価の2項1期間モデル

これから株価モデルを調べてみよう．初期株価が $S_0 = S$ で，次の日に株価が $S_1 = (1+u)S$ に上がるか，$S_1 = (1+d)S$ に下がるかであるとする．

$(1+u)S$ に上がれば株の損益は S で買って $(1+u)S$ で売れるので $(1+u)S - S = uS$，下がれば $(1+d)S - S = dS$ である．ここに $d < 0 < u$ である．

すると市場は $\Omega = \{\omega_1, \omega_2\}$，$Y(\omega_1) = uS$，$Y(\omega_2) = dS$ なので，この市場が
$$無裁定 \iff 0 = E^Q(Y) = uSq_1 + dSq_2.$$
したがって，$q_1 + q_2 = 1$ と合わせて

$$q_1 = \frac{-d}{u-d}, \qquad q_2 = \frac{u}{u-d}$$

である．これが確率であるためには $d < 0 < u$ という条件が必要であった．また，この条件を満たさなければすでに裁定が起きていることは明らかである．

ここで株価の2乗 S_1^2 をもらうという契約の初期価値 C を求めてみよう．$E^q(S_1^2 - C) = 0$ より

$$
\begin{aligned}
C &= E^q(S_1^2) \\
&= (1+u)^2 S^2 \frac{-d}{u-d} + (1+d)^2 S^2 \frac{u}{u-d} \\
&= S^2(1 - ud)
\end{aligned}
$$

となる．この初期価値が S^2 と異なることは少し驚かれたかもしれない．これは例えば，株価が 10% 上昇または下落したとすると株価の2乗は 21% 上昇，19% 下落する．よって少し上昇する割合が大きく，その分，少し高くなるのである．

練習問題 10.4 ● $u = \dfrac{1}{2}$, $d = -\dfrac{1}{2}$, $S = 4$ のとき，株価の3乗 S_1^3 をもらう契約の初期価値を求めよ．また $\max(S_1 - 5, 0)$ という契約の初期価値を求めよ．

10.4 株価の2項2期間モデル，T 期間モデル

$\varOmega = \{\omega_1 = (u, u), \omega_2 = (u, d), \omega_3 = (d, u), \omega_4 = (d, d)\}$，つまり株価の上がり下がりする期間が2期間あり，例えば $\omega_2 = (u, d)$ は上がって下がることを表している．すると株価は次のように書かれる．

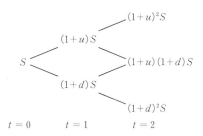

このとき，この株における売買は，$t=0$ で買って(売って) $t=1$ で売る(買う)，$t=0$ から $t=1$ で上がったとき $t=1$ で買って(売って) $t=2$ で売る(買う)，$t=0$ から $t=1$ で下がったとき $t=1$ で買って(売って) $t=2$ で売る(買う)，の3種類あり，それらの損益をそれぞれ Y_1, Y_2, Y_3 とすると，他はそれらの組み合わせ(ポートフォリオ，1次結合)である．

これに $i-1$ 日から i 日にかけて株価が上がれば 1，下がれば -1 という確率変数 ξ_i を導入する．つまり

$$\xi_1(\omega_1) = \xi_1(\omega_2) = 1, \qquad \xi_1(\omega_3) = \xi_1(\omega_4) = -1$$
$$\xi_2(\omega_1) = \xi_2(\omega_3) = 1, \qquad \xi_2(\omega_2) = \xi_2(\omega_4) = -1$$

これを用い，また $\mu+\sigma = u$，$\mu-\sigma = d$ で μ, σ を決めると

$$S_1 = (1+\mu+\sigma\xi_1)S,$$
$$S_2 = (1+\mu+\sigma\xi_2)S_1 = (1+\mu+\sigma\xi_2)(1+\mu+\sigma\xi_1)S$$

となる．すると

$$Y_1 = (1+\mu+\sigma\xi_1)S - S = (\mu+\sigma\xi_1)S$$
$$Y_2 = \left(\frac{\xi_1+1}{2}\right)\{(1+\mu+\sigma\xi_2)S - S\} = \frac{\xi_1+1}{2}(\mu+\sigma\xi_2)S$$
$$\left(\frac{\xi_1+1}{2} = \begin{cases} 1 & (\xi_1 = 1) \\ 0 & (\xi_1 = -1) \end{cases} \text{ による}\right)$$
$$Y_3 = \left(\frac{-\xi_1+1}{2}\right)\{(1+\mu+\sigma\xi_2)S - S\} = \frac{-\xi_1+1}{2}(\mu+\sigma\xi_2)S$$

この市場で無裁定とすると

$$0 = E^Q(Y_1) = E^Q(Y_2) = E^Q(Y_3)$$

これより

$$E^Q(Y_1) = (\mu+\sigma)Q(\xi_1 = 1) + (\mu-\sigma)Q(\xi_1 = -1)$$

なので

$$Q(\xi_1 = 1) = \frac{\sigma-\mu}{2\sigma}, \qquad Q(\xi_1 = -1) = \frac{\sigma+\mu}{2\sigma}$$

また

$$0 = E^Q(Y_2)$$
$$= (\mu+\sigma)Q(\xi_1 = 1 \cap \xi_2 = 1) + (\mu-\sigma)Q(\xi_1 = 1 \cap \xi_2 = -1)$$

よって

$$Q(\xi_1 = 1 \cap \xi_2 = 1) + Q(\xi_1 = 1 \cap \xi_2 = -1) = Q(\xi_1 = 1)$$

と合わせて

$$Q(\xi_1 = 1 \cap \xi_2 = 1) = \left(\frac{\sigma - \mu}{2\sigma}\right)^2,$$

$$Q(\xi_1 = 1 \cap \xi_2 = -1) = \frac{\sigma - \mu}{2\sigma} \frac{\sigma + \mu}{2\sigma}$$

同様に

$$Q(\xi_1 = -1 \cap \xi_2 = 1) = \frac{\sigma + \mu}{2\sigma} \frac{\sigma - \mu}{2\sigma},$$

$$Q(\xi_1 = -1 \cap \xi_2 = -1) = \left(\frac{\sigma + \mu}{2\sigma}\right)^2$$

がわかり，これらを用いて ξ_1, ξ_2 は独立同分布な確率変数であることがすぐにわかる．

練習問題 10.5 ● 上をチェックせよ．

$Q(\{\omega_1\}) = Q(\xi_1 = 1 \cap \xi_2 = 1) = \left(\frac{\sigma - \mu}{2\sigma}\right)^2$ などに注意して Ω 上に同値マルチンゲール測度 Q が存在することがわかり，この市場も無裁定であることがわかる．例えば，2日後に $(S_2)^3$ だけもらう契約の初期価値 C は

$$\begin{aligned}
C &= E^Q((S_2)^3) \\
&= (1 + \mu + \sigma)^6 S^3 \left(\frac{\sigma - \mu}{2\sigma}\right)^2 \\
&\quad + (1 + \mu + \sigma)^3 (1 + \mu - \sigma)^3 S^3 \times 2 \frac{(\sigma - \mu)(\sigma + \mu)}{(2\sigma)^2} \\
&\quad + (1 + \mu - \sigma)^3 S^3 \left(\frac{\sigma + \mu}{2\sigma}\right)^2
\end{aligned}$$

であることがわかる．

同様に2項 T 期間モデルだと

$$\Omega = \{\omega_1 = (u, u, \cdots, u), \omega_2 = (u, u, \cdots, d), \cdots, \omega_{2^T} = (d, d, \cdots, d)\}$$

$$S_0 = S, \quad S_1 = (1 + \mu + \sigma \xi_1) S, \quad \cdots, \quad S_t = S \prod_{i=1}^{T} (1 + \mu + \sigma \xi_i),$$

$$\xi_i \text{ は } \{-1, 1\} \text{ 値確率変数}$$

と株価過程(株の価格推移を表す確率過程)が表され，同値マルチンゲール測度 Q のもとでは $\xi_1, \xi_2, \cdots, \xi_T$ は独立同分布であることがわかる．

もう少し調べると，$S_{t+1} = (1 + \mu + \sigma \xi_{t+1}) S_t$ であり，これを変形すると

$$\frac{S_{t+1}-S_t}{S_t} = \mu + \sigma\xi_{t+1}$$

となり，この $\dfrac{\text{期末の株価}-\text{期首の株価}}{\text{期首の株価}}$ は株価の収益率といい，それが確定的に増える項 μ と不確実に増える項 $\sigma\xi_{t+1}$ の和に分解されていると見ることができる．

また第9章で見たようにこれは幾何的ランダムウォークといわれる確率差分方程式の1つで，

$$1+\mu+\sigma = e^{\mu'+\sigma'}, \qquad e^{\mu'} = A,$$
$$1+\mu-\sigma = e^{\mu'-\sigma'}, \qquad e^{\sigma'} = B$$

とおくことにより

$$S_t = Se^{\mu't+\sigma'Z_t^{(p)}}, \qquad S_t = SA^tB^{Z_t^{(p)}}$$

である．ここで $Z_t^{(p)}$ は $p = \dfrac{\sigma-\mu}{2\sigma}$ となる非対称ランダムウォークである．このモデルを離散ブラック–ショールズ・モデルとも呼ぶ．

10.5 株価の2項 T 期間モデルにおける同値マルチンゲール測度

次に見るように株価の2項モデルでは，同値マルチンゲール測度 Q は株価過程 S_t をマルチンゲールにするような確率測度なのである．簡単のために $T = 3$ とする．

株価が $i-1$ 日から i 日にかけて上昇するときは $1+u\ (=1+\mu+\sigma)$ 倍，下降するときは $1+d\ (=1+\mu-\sigma)$ 倍になるとする．この市場の不確実性は

$$\Omega_3 = \{uuu, uud, udu, udd, duu, dud, ddu, ddd\}$$

である．

$i-1$ 日から i 日にかけて上昇すれば 1，下降すれば -1 という確率変数 ξ_i を導入する．つまり

$$\xi_1(uuu) = \cdots = \xi_1(udd) = 1,$$
$$\xi_1(duu) = \cdots = \xi_1(ddd) = -1$$

であり，これを $\xi_1(u**) = 1,\ \xi_1(d**) = -1$ と書くと，

$$\xi_2(*u*) = 1, \qquad \xi_2(*d*) = -1,$$
$$\xi_3(**u) = 1, \qquad \xi_3(**d) = -1$$

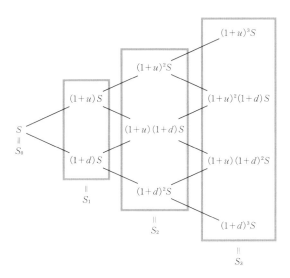

である．すると $\mu+\sigma = u\,(>0)$，$\mu-\sigma = d\,(<0)$ とおき，t 日目における株価を S_t とすると，

$$S_0 = S_1, \qquad S_1 = (1+\mu+\sigma\xi_1)\,S,$$
$$S_2 = (1+\mu+\sigma\xi_2)\,S_1 = (1+\mu+\sigma\xi_2)(1+\mu+\sigma\xi_1)\,S,$$
$$S_3 = (1+\mu+\sigma\xi_3)\,S_2 = \prod_{i=1}^{3}(1+\mu+\sigma\xi_i)\,S$$

である．

この市場で投資家が株を自由に売買するということは，次のようなことである．例えば，2 回上昇した後に株を c 単位買って次の日にそれを売る場合の損益は，株価が 2 回上昇すれば 1，そのほかでは 0 という確率変数が $\dfrac{1+\xi_1}{2}\times$ $\dfrac{1+\xi_2}{2}$ と書けるので，

$$損益 = c\,\frac{1+\xi_1}{2}\times\frac{1+\xi_2}{2}(S_3-S_2)$$

である．同様に 0 日から 1 日目にかけて株価が下降したとき c 単位売って 2 日目に買い戻した場合の損益は，

$$損益 = c\,\frac{1-\xi_1}{2}(S_1-S_2)$$

となる．つまり，株を自由に売買する一般の損益は

$$S_1 - S_0, \qquad \frac{1+\xi_1}{2}(S_2 - S_1), \qquad \frac{1-\xi_1}{2}(S_2 - S_1),$$

$$\frac{(1+\xi_1)(1+\xi_2)}{4}(S_3 - S_2), \qquad \frac{(1+\xi_1)(1-\xi_2)}{4}(S_3 - S_2),$$

$$\frac{(1-\xi_1)(1+\xi_2)}{4}(S_3 - S_2), \qquad \frac{(1-\xi_1)(1-\xi_2)}{4}(S_3 - S_2)$$

の7つの証券の損益の1次結合である.

$$損益 = c_1(S_1 - S_0) + c_2 \frac{1+\xi_1}{2}(S_2 - S_1) + c_3 \frac{1-\xi_1}{2}(S_2 - S_1)$$

$$+ c_4 \frac{(1+\xi_1)(1+\xi_2)}{4}(S_3 - S_2) + c_5 \frac{(1+\xi_1)(1-\xi_2)}{4}(S_3 - S_2)$$

$$+ c_6 \frac{(1-\xi_1)(1+\xi_2)}{4}(S_3 - S_2) + c_7 \frac{(1-\xi_1)(1-\xi_2)}{4}(S_3 - S_2)$$

$$= f_1(S_1 - S_0) + f_2(\xi_1)(S_2 - S_1) + f_3(\xi_1, \xi_2)(S_3 - S_2)$$

とまとめることができる.

ここで $f_3(\xi_1, \xi_2)$ は $f_3 : \{-1, 1\} \times \{-1, 1\} \to \mathbb{R}$ の任意の関数で, それはある c_4, c_5, c_6, c_7 で

$$f_3(\xi_1, \xi_2) = c_4 \frac{(1+\xi_1)(1+\xi_2)}{4} + c_5 \frac{(1+\xi_1)(1-\xi_2)}{4}$$

$$+ c_6 \frac{(1-\xi_1)(1+\xi_2)}{4} + c_7 \frac{(1-\xi_1)(1-\xi_2)}{4}$$

と表される. 例えば, $c_4 = f_3(1, 1)$ である.(注:有限体上の任意の関数が多項式で表されることも同じようなことである.)

この市場における同値マルチンゲール測度 Q は, その市場にある証券のすべての期待損益 $= 0$ とするような確率測度 Q であり, この場合は

$$0 = E^Q(S_1 - S_0) = \cdots = E^Q\left(\frac{(1-\xi_1)(1-\xi_2)}{4}(S_3 - S_2)\right) = 0$$

$$\Longleftrightarrow \forall f_1, \ f_2(\xi_1), \ f_3(\xi_1, \xi_2)$$

$$E^Q(f_1(S_1 - S_0)) = E^Q(f_2(\xi_1)(S_2 - S_1))$$

$$= E^Q(f_3(\xi_1, \xi_2)(S_3 - S_2)) = 0 \qquad \cdots\cdots①$$

となる. すると任意の $f_3(\xi_1, \xi_2)$ について

$$E^Q(f_3(\xi_1, \xi_2)(S_3 - S_2)) = 0 \Longleftrightarrow E^Q(S_3 - S_2 \,|\, \xi_1, \xi_2) = 0$$

がわかる.($\because E^Q(f_3(\xi_1, \xi_2)(S_3 - S_2)) = E^Q(f_3(\xi_1, \xi_2)E^Q(S_3 - S_2 \,|\, \xi_1, \xi_2))$)

つまり

$$① \Longleftrightarrow E^Q(S_1 - S_0) = 0, \qquad E^Q(S_2 - S_1 \mid \xi_1) = 0,$$
$$E^Q(S_3 - S_2 \mid \xi_1, \xi_2) = 0$$

となり,

Q が同値マルチンゲール測度

$\Longleftrightarrow$ 株価過程が Q のもとで $\xi_1, \xi_2, \cdots, \xi_t$ マルチンゲール

がわかる.

前節で調べたように Q のもとでは ξ_1, ξ_2, ξ_3 は独立で同分布

$$Q(\xi_i = 1) = \frac{\sigma - \mu}{2\sigma}, \qquad Q(\xi_i = -1) = \frac{\sigma + \mu}{2\sigma}$$

である. またこのとき

$$E^Q(\xi_i) = 1 \times \frac{\sigma - \mu}{2\sigma} + (-1)\frac{\sigma + \mu}{2\sigma} = -\frac{\mu}{\sigma}$$

であり $E^Q(\mu + \sigma\xi_i) = \sigma\left(\frac{\mu}{\sigma} + E(\xi_i)\right) = 0$ に注意する. すると, マルチンゲール S_t のマルチンゲール表現は

$$S_{t+1} - S_t = (1 + \mu + \sigma\xi_{t+1})S_t - S_t = (\mu + \sigma\xi_{t+1})S_t$$
$$= \sigma S_t(\xi_{t+1} - E(\xi_{t+1})) \qquad\qquad \cdots\cdots ②$$

なので,

$$S_t = S + \sum_{i=0}^{t-1} \sigma S_i(\xi_{i+1} - E(\xi_{i+1}))$$

となる.

これから, この市場で3日後にそれまでの株価 S_0, S_1, S_2, S_3 に依存して(ξ_1, ξ_2, ξ_3 で決まる)支払いが決まる契約(このような契約を株式デリバティブ, 株式派生商品という)$Y = Y(\xi_1, \xi_2, \xi_3)$ を調べてみる.

Y を途中までの $\xi_1, \{\xi_1, \xi_2\}$ で条件付けして,

$$E^Q(Y) = C_0 = C, \qquad E^Q(Y \mid \xi_1) = C_1,$$
$$E^Q(Y \mid \xi_1, \xi_2) = C_2, \qquad E^Q(Y \mid \xi_1, \xi_2, \xi_3) = Y = C_3$$

を考えると, 第6章で述べたように $C_0 (= C), C_1, C_2, C_3$ は $\xi_1, \xi_2, \cdots, \xi_t$ マルチンゲールとなる.

すると, C_t のマルチンゲール表現は

$$C_t = C + \sum_{i=0}^{t-1} g_{i+1}(\xi_1, \xi_2, \cdots, \xi_i)(\xi_{i+1} - E(\xi_{i+1}))$$

$Y = C_3$ は

$$Y = E^Q(Y) + \sum_{i=0}^{2} g_{i+1}(\xi_1, \xi_2, \cdots, \xi_i)(\xi_{i+1} - E(\xi_{i+1}))$$

で，②より $\xi_{i+1} - E(\xi_{i+1}) = \dfrac{1}{\sigma S_i}(S_{i+1} - S_i)$ となるので

$$Y = E^Q(Y) + \sum_{i=0}^{2} \frac{g_{i+1}(\xi_1, \xi_2, \cdots, \xi_i)}{\sigma S_i}(S_{i+1} - S_i)$$

となり，デリバティブ Y の損益は $t = 0$ で資金 $E^Q(Y)$ を準備し，i 日目に株を $\dfrac{g_{i+1}(\xi_1, \xi_2, \cdots, \xi_i)}{\sigma S_i}$ 単位買い，$i+1$ 日にそれを売った累計損益と同じであることがわかる．これは 10.2 節で述べた無裁定の考え方を使うと，未来における損益が同じものは現在価値も同じでなければならないので，デリバティブ Y の現在価格($t = 0$ における価格)は $E^Q(Y)$ である(リスク中立化法)．

$$Y = E^Q(Y) + [\text{平均 } 0 \text{ のマルチンゲール}]$$

であり，平均 0 のマルチンゲールの部分が株の売買のポートフォリオ(ここでは資金を引き上げたり，新たに投入しないと考えているので自己資金調達的ポートフォリオという)で表されるのである．

　平たく言うと，デリバティブといえども株の売買の(複雑な)組み合わせであることが，マルチンゲール表現定理によってわかり，それによりデリバティブの価格決定ができるのである．これは大事なことなので "red and black" に戻って具体的な例で検証してみよう．

第11章

無裁定とマルチンゲール

11.1 "red and black" における裁定

ここからしばらく公平な(0 と 00 がない)"red and black" を考える．ギャンブラー A があなたにこう持ちかけたとしよう．

「これから T 回 "red and black" に 1 ドルずつ賭け，その損益の 2 乗だけあなたに支払うので，先に $T-1$ ドルを私にください」

さて，あなたはこのギャンブラー A の申し出を受けるだろうか？

答えは，ギャンブラー A の損益は対称ランダムウォーク Z_T で表すことができて $E(Z_T^2) = T$ となり，期待値的には $T > T-1$ と有利なので「申し出を受ける」となる．

しかし放っておくと，ギャンブラー A の損益 Z_T が 0 となった場合にあなたは何ももらえず最初に A に払った $T-1$ だけ損をするということになってしまう．そこで，自分も賭けることにより「裁定」を構成してみよう．

この場合の原証券(10.5 節の議論で株価過程に当たるもの)は Z_t で，Z_t そのものは $\xi_1, \xi_2, \cdots, \xi_t$ マルチンゲールなので同値マルチンゲール測度はもともとの確率(測度)と同じものでよい．

第6章で計算したように，$0 \leqq t \leqq T$ として
$$E(Z_T^2 \mid \xi_1, \xi_2, \cdots, \xi_t) = T + Z_t^2 - t$$
であった．さらに $Z_t^2 - t$ は平均0のマルチンゲールで，このマルチンゲール表現も $Z_t^2 - t = \sum_{i=0}^{t-1} 2Z_i \xi_{i+1}$ と計算した．つまり，$t = T$ として

$$Z_T^2 = \underbrace{T}_{\substack{\| \\ Z_T^2 \text{ の現在価格}}} + \underbrace{\sum_{i=0}^{T-1} 2Z_i\,\xi_{i+1}}_{\substack{\| \\ \text{``red and black'' で} \\ \text{実現できる賭け}}}$$

と表現できる．

　つまり，相手と反対に $i+1$ 回目の賭けで $-2Z_i$ 賭ければ不確実部分が消えることになり T と $T-1$ の差額 1 を**確実**に儲けることができ，「裁定」を得ることができる．

　このキャッシュ・フロー（現金の流れ）を具体的に書いてみると

$t = 0$	$-(T-1)$ $\|$ 相手に支払う
$t = 1$	$-(T-1)-2Z_0\xi_1$
$t = 2$	$-(T-1)-2Z_0\xi_1-2Z_1\xi_2$ $\|$ 2 回目の賭けに $-2Z_1$ 賭ける（$Z_1=1$ なら「b」に 2 を賭け，$Z_1=-1$ なら「r」に 2 を賭ける）
$\vdots$	$\vdots$
$t = T$	$-(T-1)-\sum_{i=0}^{T} 2Z_i\xi_{i+1}+(Z_T)^2=1$ $\|$ 相手から支払われる

となり，いかなる場合でも 1 儲けることができるのである．

　例えば $T=3$ だと，最初に 2 を払い，$Z_0=0$ なので 1 回目の賭けは見ているだけ，2 回目の賭けには，相手が 1 回目勝ち（1 回目の目は「r」）なら相手と反対の「b」に 2 を賭け，相手が 1 回目負け（目は「b」）なら相手と同じ「r」に 2 を賭け，さらに相手が勝・負または負・勝なら 3 回目は何も賭けない．相手が勝・勝なら相手と反対の「b」に 4 を賭け，相手が負・負なら相手と同じ「r」に 4 を賭ける．このようにすれば自分の賭けで損をしても相手からの支払いで $+1$ になり，相手からの支払いが少ないときは自分の賭けの儲けでやはり $+1$ となって，確率 1 で $+1$ 儲かるのである．つまり「裁定」が構成されたことになる．

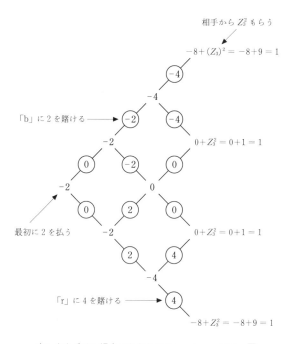

相手から Z_3^2 もらう

$-8+(Z_3)^2 = -8+9 = 1$

「b」に 2 を賭ける

$0+Z_3^2 = 0+1 = 1$

最初に 2 を払う

$0+Z_3^2 = 0+1 = 1$

「r」に 4 を賭ける

$-8+Z_3^2 = -8+9 = 1$

申し出を受けた場合のあなたのキャッシュ・フロー図

これはギャンブラー A が値付けを間違えたからで

$$Z_T^2 = T + \sum_{i=0}^{T-1} 2Z_i \xi_{i+1}, \qquad E(Z_T^2) = T$$

より, ギャンブラー A の値付けが「T」ならどのように工夫しても「裁定」を構成することはできないのである(もちろんギャンブラー A の申し出が, 例えば「$T+1$」と高ければ受けなければよいだけである). もしこの申し出を受けて同じようにやれば確実に 1 損することになるだけである. この設定では相手の申し出を受ける(契約を買う)だけなのだが, 実際には契約を売ることができるので「A の申し出 $\neq T$」なら必ず裁定が起きてしまうのである.

練習問題 11.1 ● ギャンブラーの申し出が Z_T^4 のときのこの無裁定価格 $(E^Q(Z_T^4))$ を求めよ. また, それと異なるとき「裁定」を構成せよ.

11.2 お金の時間的価値と2項 T 期間モデル

　お金には時間的価値を考慮しなければならない．今日もらう 100 万円と 2 年後にもらう 100 万円とでは，今日のほうが価値が高いのである．なぜなら今日もらえばそれを銀行に預ければ 2 年後には利子 R により $100 万 \times (1+R)$ の価値になるからである．逆に 2 年後の 100 万円の現在価値は $\dfrac{100 万}{1+R}$ とも考えられる．以上のようなことも取り入れた，より自然なモデルを考察する．

　例 1　年末ごとに a 円を T 回支払われる契約（年金）の現在価値（現在を年初とする）を利子率 r で求めよ．

　[答]　$\displaystyle \sum_{i=1}^{T} \frac{a}{(1+r)^i} = \frac{\dfrac{a}{1+r} - \dfrac{a}{(1+r)^{T+1}}}{1 - \dfrac{1}{1+r}} = \frac{a}{r}\left(1 - \frac{1}{(1+r)^T}\right)$

（注：等比数列の和の公式 $\displaystyle \sum_{k=1}^{n} ar^{k-1} = \frac{a(1-r^n)}{1-r}$ は 1 ずれたりして間違えるのをよく見るが，

$$\sum_{初}^{末} 等比数列 = \frac{\boxed{初項} - \boxed{末項} \times 公比}{1 - 公比}$$

を用いると間違わなくなるはずである．）

　練習問題 11.2 ● 上の例で $T = \infty$（永久年金）の現在価値を求めよ．また $T \sim \mathrm{Ge}(p)$，$T \sim NB(n, p)$ の場合（第 3 章参照）のそれぞれの年金の期待現在価値（永久年金の現在価値という確率変数の期待値）を求めよ．

　市場には株に付け加えて安全債券もあり，時刻 0 で 1 だった価値が時刻 t では $(1+r)^t$ になるものとする．複利 r の銀行預金と考えてもよい．これに基づき，すべて現在価値に割り引いて考えるのである．つまり，時刻 t で A もらう契約の現在価値は $\dfrac{A}{(1+r)^t}$ である．厳密にいうとその値でなければ，その契約と安全債券の組み合わせで裁定が起きてしまうからである．

　すると，時刻 t で株を 1 単位買い，時刻 $t+1$ でその株を売ったときの損益の現在価値は

$$\frac{S_{t+1}}{(1+r)^{t+1}} - \frac{S_t}{(1+r)^t}$$

となる．株を売って得られる支払いの時刻 t における価値は $\frac{S_{t+1}}{1+r}$ なので損益の時刻 t における価値を現在価値に割り引くと考え，

$$\frac{1}{(1+r)^t}\left(\frac{S_{t+1}}{1+r} - S_t\right)$$

と考えても同じことである．すると 10.5 節と同様に考えて

Q が同値マルチンゲール測度

$$\iff \forall\, t\, E^Q\left(\frac{S_{t+1}}{(1+r)^{t+1}} - \frac{S_t}{(1+r)^t} \,\middle|\, \xi_1, \xi_2, \cdots, \xi_t\right) = 0$$

となり，割引株価過程 $S_t' = \frac{S_t}{(1+r)^t}$ を導入すれば，Q が同値マルチンゲール測度であるとは割引株価過程 S_t' をマルチンゲールにするような確率測度であることがわかる．

(注：$\frac{S_{t+1}}{1+r} - S_t = \frac{S_t}{1+r}(\mu - r + \sigma\xi_{t+1})$ となるので 10.5 節と同様にして，Q のもとでは ξ_1, $\xi_2, \cdots, \xi_t$ は独立で同分布，

$$Q(\xi_i = 1) = \frac{\sigma - \mu + r}{2\sigma}, \qquad Q(\xi_i = -1) = \frac{\sigma + \mu - r}{2\sigma}$$

で $\frac{S_{t+1}}{1+r} - S_t = \frac{\sigma S_t}{1+r}(\xi_{t+1} - E(\xi_{t+1}))$，つまり $E(\xi_i) = \frac{r - \mu}{\sigma}$ となり

$$S_{t+1}' - S_t' = \frac{\sigma}{1+r} S_t'(\xi_{t+1} - E(\xi_{t+1}))$$

となることに注意する．)

同様に，満期に支払い（ペイオフ）$Y = Y(\xi_1, \xi_2, \cdots, \xi_T)$ を受けるデリバティブ Y の現在価値 C は

$$C = E^Q\left(\frac{Y}{(1+r)^T}\right) \qquad (\text{リスク中立化法})$$

つまり，現在価格 ＝「割引ペイオフの同値マルチンゲール測度による期待値」となるのである．

なぜなら，$C_t = E^Q\left(\frac{Y}{(1+r)^T} \,\middle|\, \xi_1, \xi_2, \cdots, \xi_t\right)$ とおくと C_t は $\xi_1, \xi_2, \cdots, \xi_t$ マルチンゲールで，マルチンゲール表現定理を適用して

$$C_{t+1} - C_t = g_{t+1}(\xi_1, \xi_2, \cdots, \xi_t)(\xi_{t+1} - E(\xi_{t+1}))$$

となるので，割引株価過程のマルチンゲール表現とあわせて

$$C_{t+1} - C_t = \frac{1+r}{\sigma S'_t} g_{t+1}(\xi_1, \xi_2, \cdots, \xi_t)(S'_{t+1} - S'_t)$$

$$= \phi_{t+1}(\xi_1, \xi_2, \cdots, \xi_t)(S'_{t+1} - S'_t),$$

ここで

$$\phi_{t+1} = \frac{1+r}{\sigma S'_t} g_{t+1}(\xi_1, \xi_2, \cdots, \xi_t)$$

とおくと ϕ_t は可予測過程である．すると，

$$Y = (1+r)^T \frac{Y}{(1+r)^T}$$

$$= (1+r)^T E\left(\frac{Y}{(1+r)^T} \,\middle|\, \xi_1, \xi_2, \cdots, \xi_T\right)$$

であることに注意して

$$\frac{Y}{(1+r)^T} - E^Q\left(\frac{Y}{(1+r)^T}\right) = \sum_{i=0}^{T-1}(C_{i+1} - C_i)$$

$$= \sum_{i=0}^{T-1} \phi_{i+1}(\xi_1, \xi_2, \cdots, \xi_i)(S'_{i+1} - S'_i)$$

が得られ，デリバティブ Y の現在価値(現在価格) C は $C = E^Q\left(\dfrac{Y}{(1+r)^T}\right)$ であることがわかる．

「時刻 0 で C 払い，かつ時刻 T で Y もらった場合の損益の現在価値」

=「時刻 i で ϕ_{i+1} 単位株を買い，時刻 $i+1$ でそれを売った損益の累計の現在価値」

となる．前節で見たように(数理ファイナンスの基本定理からでもよい) C が上の値と異なれば「裁定」が構成されてしまうからである．

少し別の言い方をしてみると，$\psi_t = C_{t-1} - \phi_t S'_{t-1}$ とし，最初に資金 $C = E^Q\left(\dfrac{Y}{(1+r)^T}\right)$ を用意してそれで株 ϕ_1 単位，安全債券 ψ_1 単位に投資する．次の時刻では，そのポートフォリオの価値は $\phi_1 S_1 + \psi_1(1+r)$ となり，これを処分して $(1+r)C_1$ の現金を得る．それで ϕ_2 単位の株と ψ_2 単位の安全債券を買う．……．これを繰り返すと，最終的($t = T$)には

$$\phi_T S_T + \psi_T(1+r)^T = (1+r)^T C_T$$

$$= (1+r)^T E^Q\left(\frac{Y}{(1+r)^T} \,\middle|\, \xi_1, \xi_2, \cdots, \xi_T\right) = Y$$

と，デリバティブ Y のペイオフと完全に一致するので「無裁定」より，デリバ

ティブ Y とこの複製ポートフォリオは完全に一致しなければならない. よってデリバティブの現在価値 $= C$ である(詳しくは[11],[13]参照).

計算例1 パワー・オプション $(S_T)^2$ の現在価格 C は

$$p = \frac{\sigma + r - \mu}{2\sigma}, \qquad 1 - p = \frac{\sigma - r + \mu}{2\sigma}, \qquad S_t = Se^{\sigma' Z_t^{(p)} + \mu' t},$$

$$e^{\sigma'} = \left(\frac{1 + \mu + \sigma}{1 + \mu - \sigma}\right)^{\frac{1}{2}}, \qquad e^{\mu'} = ((1 + \mu + \sigma)(1 + \mu - \sigma))^{\frac{1}{2}}$$

に注意して

$$C = E((1+r)^{-T}(S_T)^2) = \frac{S^2}{(1+r)^T} E(e^{2\sigma' Z_T^{(p)} + 2\mu' T})$$

$$= \cdots = S^2 \left(\frac{1 + \sigma^2 + 2(1 + \mu)\, r - \mu^2}{1 + r}\right)^T$$

となる.

実際, σ を $\sigma\sqrt{\Delta t}$, μ を $\mu\Delta t$, r を $r\Delta t$ にスケール変換し, $\Delta t \to 0$ とすると

$$\lim_{\Delta t \to 0} S^2 \left(\frac{1 + \sigma^2 \Delta t + 2(1 + \mu\Delta t)\, r\Delta t - \mu^2 (\Delta t)^2}{1 + r\Delta t}\right)^{\frac{T}{\Delta t}} = S^2 e^{(r + \sigma^2)T}$$

となり, ブラック-ショールズ・モデルにおけるパワー・オプション価格とも一致する([11]).

11.3 デリバティブ

株式デリバティブとは株を原証券としてそこから派生した(新しく作られた)金融商品のことで, 一般的にはすでに見たように, 満期 T のデリバティブとは時刻 0 から時刻 T までの株価のパス(履歴)によって支払いが決まる契約である. ここでは, 実際に取引されているデリバティブのいくつかを紹介しよう. 以下に挙げる例はすべて満期が T でそのときの支払い(ペイオフ)を Y とする, つまり時刻 T で Y を受け取る契約である.

例2(先物) 受け渡し価格 K の先物(買)契約(**先物ロング**という)のペイオフ Y は

$$Y = S_T - K$$

である．これを少し説明すると，時刻 0 における契約内容は「満期時 T において株を K で買う」ということで，株価 S_T が上がれば契約を行使して K で買って S_T で売れるので $S_T - K$ の儲け，株価 S_T が下がっても契約を行使しなければならない(先物契約は義務である)K で買って S_T でしか売れないので $|K - S_T|$ の損 $= S_T - K$ の儲け，つまり合わせて「ペイオフ $= S_T - K$」となるのである．

同様に，先物(売)契約(**先物ショート**という)のペイオフ $Y = K - S_T$ である．

例 3(オプション)　行使価格 K のコール・オプションのペイオフは

$$Y = \max(S_T - K, 0) = \begin{cases} S_T - K, & S_T \geqq K \\ 0, & S_T \leqq K \end{cases}$$

である．これは前にも述べたように選択権付きの先物買契約で，自分が損をするときは契約を破棄してもよいという付帯条件(オプション)が付いているので，ペイオフが上式のようになる．もちろんそのほうが契約は有利になるので最初にその対価として払う価格が高くなる．

同様に，行使価格 K のプット・オプションのペイオフ

$$Y = \max(K - S_T, 0) = \begin{cases} 0, & S_T \geqq K \\ K - S_T, & S_T \leqq K \end{cases}$$

これは選択権付きの先物売契約である．

これら先物，オプションはデリバティブのなかでも上場されている標準的なもの(プレイン・バニラという)である．また，すべてのペイオフ $= f(S_T)$ と，満期時の株価 S_T のみにペイオフが依存していることに注意しておく．

以下に挙げるオプションは，上場されておらず相対取引で取引される標準的ではないオプションで，エキゾティック・オプションといわれる．現代のようなリスク・マネジメントが複雑化している時代ではエキゾティック・オプションの重要度は高くなっている．

例 4（ルック・バック・オプション）　$M_t = \max_{0 \leq t \leq T} S_t$ として
$$Y = \max(M_T - K, 0)$$
株価の最大値や最小値に関するオプションである．

例 5（バリア・オプション）　$\tau_A = \inf\{t \mid S_t = A\}$ として，例えば
$$Y = 1_{\tau_A > T} \max(S_T - K, 0)$$
$\tau_A \leq T$，つまり株価が満期 T までに A に 1 回でも到達すれば契約停止となるようなオプションである．（もっといろいろな種類のエキゾティック・オプションについては [11]，http://www.global-derivatives.com/ などを参照．）

　次に，プレイン・バニラの価格をリスク中立化法で求めると，先物，コール，プットのペイオフをまとめて $f(S_T)$ と考えると
$$\text{現在価格} = E^Q((1+r)^{-T} f(S_T))$$
$$= (1+r)^{-T} \sum_{\substack{-T \leq k \leq T, \\ \frac{T+k}{2} \in \mathbf{Z}}} f(Se^{\sigma' k + \mu' T}) P(Z_T^{(p)} = k)$$
となる．

　ここで時間間隔 1 を $\varDelta t$ に変更し，刻み幅を小さくすると，σ を $\sigma\sqrt{\varDelta t}$（σ^2 を $\sigma^2 \varDelta t$），μ を $\mu \varDelta t$，r を $r \varDelta t$ に，T を $\dfrac{T}{\varDelta t}$ にスケール変換することになるので
$$e^{\frac{\sigma'}{\varDelta t}} = \left(\frac{1 + \mu \varDelta t + \sigma\sqrt{\varDelta t}}{1 + \mu \varDelta t - \sigma\sqrt{\varDelta t}}\right)^{\frac{1}{2\varDelta t}} \xrightarrow[\varDelta t \to 0]{} e^{\sigma}$$
$$e^{\frac{\mu'}{\varDelta t}} = ((1 + \mu \varDelta t + \sigma\sqrt{\varDelta t})(1 + \mu \varDelta t - \sigma\sqrt{\varDelta t}))^{\frac{1}{2\varDelta t}} \xrightarrow[\varDelta t \to 0]{} e^{\mu - \frac{1}{2}\sigma^2}$$
$$(1 + r\varDelta t)^{\frac{T}{\varDelta t}} \xrightarrow[\varDelta t \to 0]{} e^{rT}$$
また
$$p = \frac{\sigma\sqrt{\varDelta t} + r\varDelta t - \mu \varDelta t}{2\sigma\sqrt{\varDelta t}}, \qquad 1 - p = \frac{\sigma\sqrt{\varDelta t} - r\varDelta t + \mu \varDelta t}{2\sigma\sqrt{\varDelta t}},$$
$$E\left(Z_{\frac{t}{\varDelta t}}^{(p)}\right) = (2p - 1)\frac{t}{\varDelta t} = \frac{r - \mu}{\sigma} \times \frac{t}{\sqrt{\varDelta t}},$$
$$V\left(Z_{\frac{t}{\varDelta t}}^{(p)}\right) = \left(1 - \left(\frac{r - \mu}{\sigma}\right)^2 \varDelta t\right)\frac{t}{\varDelta t}$$
よって中心極限定理より

$$Z^{(p)}_{\frac{t}{\Delta t}} \text{ の標準化} = \frac{Z^{(p)}_{\frac{t}{\Delta t}} - \dfrac{r-\mu}{\sigma}\dfrac{t}{\sqrt{\Delta t}}}{\sqrt{\dfrac{t}{\Delta t}}} \xrightarrow[\Delta t \to 0]{} N(0,1)$$

すると，

$$S^{\Delta t}_T = Se^{\sigma\sqrt{\Delta t}Z^{(p)}_{\frac{t}{\Delta t}} + \mu'\frac{T}{\Delta t}}$$

$$= Se^{\sigma\left(\sqrt{\Delta t}Z^{(p)}_{\frac{t}{\Delta t}} + \frac{r-\mu}{\sigma}T\right) + \frac{\sigma'}{\sigma}(r-\mu)t + \mu'\frac{T}{\Delta t}} \xrightarrow[\Delta t \to 0]{} Se^{\sigma\sqrt{T}N(0,1) + \left(r - \frac{1}{2}\sigma^2\right)T}$$

となり，ペイオフ $f(S_T)$ を持つデリバティブの現在価格は

$$E(e^{-rT}f(S_T)) = E\left(e^{-rT}f\left(e^{\sigma\sqrt{T}N(0,1) + \left(r - \frac{1}{2}\sigma^2\right)T}\right)\right)$$

$$= e^{-rT}\int_{-\infty}^{+\infty} f\left(e^{\sigma\sqrt{T}x + \left(r - \frac{1}{2}\sigma^2\right)T}\right)\frac{1}{\sqrt{2\pi}}e^{-\frac{1}{2}x^2}dx$$

となる．とくにコール・オプションの場合 $f(S_T) = \max(S_T - K, 0)$ であり，さらに計算を進めると([11]参照)，

$$\text{コール・オプションの現在価格} = S\Phi(d_1) - Ke^{-rT}(d_1 - \sigma\sqrt{T})$$

ここで

$$d_1 = \frac{\log\dfrac{S}{K} + \left(r + \dfrac{1}{2}\sigma^2\right)}{\sigma\sqrt{T}},$$

$$\Phi(x) = P(N(0,1) \leqq x) \text{ は標準正規分布の分布関数}$$

となり，これは有名なブラック–ショールズ式である．

練習問題 11.3 ● 受け渡し価格 K の先物買契約の現在価格 $= E(e^{-rT}(S_T - K))$ を計算せよ．

11.4 ブラック–ショールズ偏差分方程式, 偏微分方程式

1973 年，ブラックとショールズは前節で見たコール・オプションの価格公式を発見した．これがデリバティブ理論の始まりといえる(これにより 1997 年度ノーベル経済学賞を受賞している)．彼らはマルチンゲール的手法で価格を求めたのではなく，伊藤の確率解析と無裁定を用い，株とデリバティブから作られる無リスク・ポートフォリオの収益率 = 安全債券の収益率からブラック–シ

ョールズ偏微分方程式を導出し，それを解くことにより価格式を導出した．ここでは 2 項 T 期間モデルで同じようなことをやってみよう．

満期 T のデリバティブのペイオフを $f(S_T)$ とすると時刻 $t\,(<T)$ におけるデリバティブの価格を $C(t,S_t)$ とする．

デリバティブ 1 単位と株 x 単位から無リスク・ポートフォリオを作ると

$$C(t,S_t)+x\,S_t \begin{cases} C(t+1,S_t+\mu S_t+\sigma S_t)+x(S_t+\mu S_t+\sigma S_t) & \text{（株価が上昇）} \\ C(t+1,S_t+\mu S_t-\sigma S_t)+x(S_t+\mu S_t-\sigma S_t) & \text{（株価が下降）} \end{cases}$$

となるが，無リスク・ポートフォリオなので右辺が等しくなるような x を求めると

$$x=\frac{C(t+1,(1+\mu+\sigma)S_t)-C(t+1,(1+\mu-\sigma)S_t)}{-2\sigma S_t}$$

である．すると「無裁定」よりこのポートフォリオは安全債券と同じものになるので，このポートフォリオの収益率＝安全債券の収益率＝ r とならなければならない．

整理すると

$$C(t+1,S_t)-C(t,S_t)$$
$$+\frac{r-\mu}{2\sigma}\{C(t+1,(1+\mu+\sigma)S_t)-C(t+1,(1+\mu-\sigma)S_t)\}$$
$$+\frac{1}{2}\{C(t+1,(1+\mu+\sigma)S_t)-2C(t+1,S_t)$$
$$+C(t+1,(1+\mu-\sigma)S_t)\}$$
$$-r\,C(t,S_t)=0 \qquad\qquad \cdots\cdots(\bigstar)$$

となり，これを境界条件(いまの場合は満期条件)

$$C(T,S_T)=\begin{cases} S_T-K & \text{（先物の場合）} \\ \max(S_T-K,0) & \text{（コールの場合）} \\ S_T^n & \text{（パワー・オプションの場合）} \\ f(S_T) & \text{（一般の } f(S_T) \text{ の場合）} \end{cases}$$

のもとで，この離散ブラック-ショールズ偏差分方程式($\bigstar$)を解けば，現在価値

$C(0, S)$ や時刻 t における価値 $C(t, S_t)$ が求められる.

最後に，これを連続モデルで考える．

μ を $\mu \Delta t$，σ を $\sigma \sqrt{\Delta t}$ にスケール変換する．すると株価過程 S_t は

$$S_{t+\Delta t} - S_t = \mu S_t \Delta t + \sigma S_t \xi_{t+1} \sqrt{\Delta t}$$

を満たすことになる．安全債券は $(1 + r\Delta t)^t$ である．すると（★）は

$$C(t + \Delta t, S_t) - C(t, S_t)$$
$$+ \frac{(r - \mu) \Delta t}{2 \sigma \sqrt{\Delta t}} \{ C(t + \Delta t, (1 + \mu \Delta t + \sigma \sqrt{\Delta t}) S_t)$$
$$- C(t + \Delta t, (1 + \mu \Delta t - \sigma \sqrt{\Delta t}) S_t) \}$$
$$+ \frac{1}{2} \{ C(t + \Delta t, (1 + \mu \Delta t + \sigma \sqrt{\Delta t}) S_t) - 2 C(t + \Delta t, S_t)$$
$$+ C(t + \Delta t, (1 + \mu \Delta t - \sigma \sqrt{\Delta t}) S_t) \}$$
$$- r \Delta t \, C(t, S_t) = 0$$

ここでテーラー展開

$$C(t + \Delta t, S + \Delta S) \fallingdotseq C(t, S) + \frac{\partial C}{\partial t} \Delta t + \frac{\partial C}{\partial S} \Delta S$$
$$+ \frac{1}{2} \left(\frac{\partial^2 C}{\partial t^2} (\Delta t)^2 + 2 \frac{\partial^2 C}{\partial t \partial S} \Delta t \Delta S + \frac{\partial^2 C}{\partial S^2} (\Delta S)^2 \right)$$

を用い，$(\Delta t)^2$ 以上の小さい項は無視できるので

$$C(t + \Delta t, S_t) \fallingdotseq C(t, S_t) + \frac{\partial C}{\partial t} \Delta t,$$

$$C(t + \Delta t, (1 + \mu \Delta t + \sigma \sqrt{\Delta t}) S_t)$$
$$\fallingdotseq C(t, S_t) + \frac{\partial C}{\partial t} \Delta t + \frac{\partial C}{\partial S} (\mu S_t \Delta t + \sigma S_t \sqrt{\Delta t})$$
$$+ \frac{1}{2} \frac{\partial^2 C}{\partial S^2} \left(\mu S_t \Delta t + \sigma S_t \sqrt{\Delta t} \right)^2,$$

$$C(t + \Delta t, (1 + \mu \Delta t - \sigma \sqrt{\Delta t}) S_t)$$
$$\fallingdotseq C(t, S_t) + \frac{\partial C}{\partial t} \Delta t + \frac{\partial C}{\partial S} (\mu S_t \Delta t - \sigma S_t \sqrt{\Delta t})$$
$$+ \frac{1}{2} \frac{\partial^2 C}{\partial S^2} (\mu S_t \Delta t - \sigma S_t \sqrt{\Delta t})^2$$

これを代入して整理すると

$$\varDelta t \left(\frac{\partial C}{\partial t} + \frac{r-\mu}{2\sigma}(2\sigma)S\frac{\partial C}{\partial S} + \frac{1}{2}\left(2\mu S\frac{\partial C}{\partial S} + \sigma^2 S^2\frac{\partial^2 C}{\partial S^2} \right) - rC \right) = 0$$

つまり

$$\frac{\partial C}{\partial t} + rS\frac{\partial C}{\partial S} + \frac{1}{2}\sigma^2 S^2\frac{\partial^2 C}{\partial S^2} - rC = 0$$

を境界条件(満期条件) $C(T, S_T) = f(S_T)$ のもとで解けばよい.

これは，いわゆるブラック-ショールズ偏微分方程式である．また，株価の期待収益率 μ が消え安全債券の収益率 r のみが現われていることを注意しておく.

例6(先物)　$S_T - K$ のとき
$$C(t, S) = S - Ke^{-r(T-t)}$$
(境界条件 $C(T, S) = S - K$)

例7(コール・オプション)　$\max(S_T - K, 0)$ のとき
$$C(t, S) = S\varPhi\left(\frac{\log\dfrac{S}{K} + \left(r+\dfrac{\sigma^2}{2} \right)(T-t)}{\sigma\sqrt{T-t}} \right)$$
$$- Ke^{-r(T-t)}\varPhi\left(\frac{\log\dfrac{S}{K} + \left(r-\dfrac{\sigma^2}{2} \right)(T-t)}{\sigma\sqrt{T-t}} \right)$$
(境界条件 $C(T, S) = \max(S - K, 0)$)

例8(プット・オプション)　$\max(K - S_T, 0)$ のとき
$$P(t, S) = -S\varPhi\left(-\frac{\log\dfrac{S}{K} + \left(r+\dfrac{\sigma^2}{2} \right)(Tt)}{\sigma\sqrt{T-t}} \right)$$
$$+ Ke^{-r(T-t)}\varPhi\left(-\frac{\log\dfrac{S}{K} + \left(r-\dfrac{1}{2}\sigma^2 \right)(T-t)}{\sigma\sqrt{T-t}} \right)$$
(境界条件 $P(T, S) = \max(K - S, 0)$)

例9(パワー・オプション) S_T^n のとき

$$C(t, S) = e^{-r(T-t)} S^n e^{\left(r - \frac{1}{2}\sigma^2\right) n (T-t)} e^{\frac{1}{2}\sigma^2 n^2 (T-t)}$$

(境界条件 $C(T, S) = S^n$)

　以上はすべてブラック-ショールズ偏微分方程式の解である．また当り前ではあるが，株の現物だけ $C(t, S) = S$，安全債券だけ $C(t, S) = Ke^{-r(T-t)}$ もブラック-ショールズ偏微分方程式の解である．

　練習問題 11.4 ●具体的に計算し，以上がブラック-ショールズ偏微分方程式の解であることを確かめよ．

第12章

賭け方を変えることのできる
ギャンブラーの破産問題

12.1 不利なときは大胆に(Bold Strategy)

8.1節でギャンブラーの破産問題を取り上げた(勝つ確率が p の「不公平な "red and black"」で,所持金 x ドルのギャンブラーが1ドルずつ賭けて目標金額 A に到達する確率 $P_A^{(p)}$,ギャンブルを止めるまでの回数 $T_x^{(p)}$,平均持続時間 $h^{(p)}(x) = E(T_x^{(p)})$ として

$$P_A^{(p)}(x) = \frac{\left(\frac{1-p}{p}\right)^x - 1}{\left(\frac{1-p}{p}\right)^A - 1},$$

$$h^{(p)}(x) = \frac{x}{1-2p} - \frac{A}{1-2p}\frac{\left(\frac{1-p}{p}\right)^x - 1}{\left(\frac{1-p}{p}\right)^A - 1}$$

であった).

しかし,$p < \frac{1}{2}$(ギャンブラーが不利)の場合は,1ドルずつチョビチョビ賭けたのでは賭ける時間が長くなり,大数の法則が働いてギャンブラーは圧倒的に不利になることは明らかである.そこで次のようなことを考えてみよう.

1万ドルを10万ドルに絶対に増やさなければならない状況(例えば会社が倒産するかもしれない状況で,1万ドルしか資金が準備できなかったが不渡りを防ぐには10万ドル必要というような状況;「How to Gamble If You Must」)では「大胆な賭け」(Bold Strategy, Bold Play)に出る必要がある.(注:このような「Bold Strategy」は,サッカーでは負けているときの終盤に全員攻撃をすることや,囲碁将棋などのゲームでのダメもとでの捨て身の攻撃など具体例はいくつもあるし,勝負の世界では常識であろう.)

　さて，この場合は最初に1万ドルを全額賭け，負ければそれで終わり，勝てば2万ドルを全額賭け，…，ということを繰り返していくが，8万ドルになったとき8万ドルを全額賭けてはいけない．つまり10万ドルが最終目標なので，2万ドルを賭ければ十分で，たとえ負けても6万ドルを元手にまた出発できるからである．以上のような考察を元に数学としてモデル化してみよう．

　この設定では手持ちの金額はいくらでも賭けられるので，破産金額 $= 0$，目標金額 $= 1$，ギャンブラーの最初の所持金 $= x$ $(0 \leqq x \leqq 1)$ と設定しても一般性は失われない．また，1回，1回の賭けに勝つ確率 $= p$，負ける確率 $= 1 - p$ とする．所持金 x のギャンブラーが目標金額に到達する確率を $F^{(p)}(x)$ とおき，まずこれを求めてみよう．

●──ド・ラームの関数方程式

　この $F^{(p)}(x)$ は驚くべきことに，2進法とも関連し，フラクタルとも関連し，また任意の点で連続だが，稠密な点で微分不可能な関数なのである．コホモロジーで有名なド・ラームが最初に研究した（[8]）ので，ド・ラーム関数と呼ばれている．

　すると，$p < \dfrac{1}{2}$（ギャンブラー不利）では賭けの回数ができる限り小さいほうがいいことは明らかなので「Bold Strategy」を採用することにより

　（ド・ラームの関数方程式）

$$
F^{(p)}(x) = \begin{cases} (1-p) \times 0 + p \times F^{(p)}(2x) & \left(0 \leqq x \leqq \dfrac{1}{2}\right) \\ (1-p) \times F^{(p)}(2x-1) + p \times 1 & \left(\dfrac{1}{2} \leqq x \leqq 1\right) \end{cases}
$$

となる．例えば，$\dfrac{1}{2} \leqq x \leqq 1$ では賭け金は $1-x$ で，勝てば財産が1に到達し，負ければ資金が $x - (1-x) = 2x-1$ となるからである．

　このド・ラーム関数 $F^{(p)}(x)$ の基本的性質を調べてみよう．

　$F^{(p)}(0) = 0$，$F^{(p)}(1) = 1$ や，$x_1 \leqq x_2$ なら $F^{(p)}(x_1) \leqq F^{(p)}(x_2)$ は意味から考えて明らか．すると，2進有理数 $\left(x = \dfrac{n}{2^m}\right)$ のときの関数の値は以下のようにしてわかる．

$$F^{(p)}\left(\frac{1}{2}\right) = pF^{(p)}(1) = p,$$

$$F^{(p)}\left(\frac{1}{4}\right) = pF^{(p)}\left(\frac{1}{2}\right) = p^2,$$

$$F^{(p)}\left(\frac{3}{4}\right) = p + (1-p)\,F^{(p)}\left(\frac{1}{2}\right) = p + p(1-p),$$

$$F^{(p)}\left(\frac{1}{8}\right) = p^3,$$

$$F^{(p)}\left(\frac{3}{8}\right) = pF^{(p)}\left(\frac{3}{4}\right) = p^2 + p^2(1-p),$$

$$F^{(p)}\left(\frac{5}{8}\right) = p + (1-p)\,F^{(p)}\left(\frac{1}{4}\right) = p + p^2(1-p),$$

$$F^{(p)}\left(\frac{7}{8}\right) = p + (1-p)\,F^{(p)}\left(\frac{3}{4}\right) = p + p(1-p) + p(1-p)^2,$$

……

また，これらの考察と

$$F^{(p)}\left(\frac{3}{8}\right) - F^{(p)}\left(\frac{1}{4}\right) = p^2(1-p),$$

$$F^{(p)}\left(\frac{7}{8}\right) - F^{(p)}\left(\frac{3}{4}\right) = p(1-p)^2$$

などのように，長さ 2^{-n} の 2 進有理区間 $(a_n, b_n) = \left(\frac{m}{2^n}, \frac{m+1}{2^n}\right)$ に対して

$$|F^{(p)}(b_n) - F^{(p)}(a_n)| \le (\max\{p, 1-p\})^n$$

がわかり，これから $F^{(p)}(x)$ は連続関数であることがわかる．つまり，ド・ラーム関数方程式は，解が一意的に存在して，その解は連続である．

この考察より，ド・ラーム関数 $F^{(p)}(x)$ は次のような表現を持つことがわかる．

$X_1, X_2, \cdots, X_n, \cdots$ を独立で同分布な確率変数で

$$P(X_i = 1) = 1 - p, \qquad P(X_i = 0) = p$$

とし，$G^{(p)}(x) = P\left(\sum_{i=1}^{\infty} \frac{X_i}{2^i} \le x\right)$ を考える．すると

$0 \le x \le \frac{1}{2}$ のとき

$$G^{(p)}(x) = P\left(\sum_{i=2}^{\infty} \frac{X_i}{2^i} \le x \cap X_1 = 0\right)$$

$$= pP\Big(\sum_{i=2}^{\infty}\frac{X_i}{2^{i-1}} \leqq 2x\Big) = pG^{(p)}(2x)$$

$\dfrac{1}{2} \leqq x \leqq 1$ のとき

$$G^{(p)}(x) = P\Big(\sum_{i=1}^{\infty}\frac{X_i}{2^i} \leqq x\Big) = P(X_1 = 0) + P\Big(\sum_{i=1}^{\infty}\frac{X_i}{2^i} \leqq x \cap X_1 = 1\Big)$$

$$= p + (1-p)\,P\Big(\sum_{i=2}^{\infty}\frac{X_i}{2^i} \leqq x - \frac{1}{2}\Big)$$

$$= p + (1-p)\,P\Big(\sum_{i=2}^{\infty}\frac{X_i}{2^{i-1}} \leqq 2x - 1\Big)$$

$$= p + (1-p)\,G^{(p)}(2x-1)$$

と，ド・ラーム関数方程式の解となるので，$G^{(p)}(x) = F^{(p)}(x)$，つまり

$$F^{(p)}(x) = P\Big(\sum_{i=1}^{\infty}\frac{X_i}{2^i} \leqq x\Big)$$

となることがわかる．

これを用いると，例えば x を 2 進法展開して，

$$x = \frac{1}{2^{i_0}} + \frac{1}{2^{i_1}} + \frac{1}{2^{i_2}} + \cdots + \frac{1}{2^{i_n}} \qquad (i_0 < i_1 < \cdots < i_n)$$

としたとき

$$F^{(p)}(x) = p^{i_0} + \frac{1-p}{p}p^{i_1} + \Big(\frac{1-p}{p}\Big)^2 p^{i_2} + \cdots + \Big(\frac{1-p}{p}\Big)^n p^{i_n}$$

であることがわかる．

練習問題 12.1 ● $F^{(p)}\Big(\dfrac{2i-1}{16}\Big)\,(1 \leqq i \leqq 8)$，$F^{(p)}\Big(1 - \dfrac{1}{2^n}\Big)$ の値を求めよ．

例 1　$F^{(p)}\Big(\dfrac{1}{3}\Big)$ の値を求めてみよう．

$\dfrac{1}{3}$ を 2 進法展開すると

$$\frac{1}{3} = \frac{1}{4} \times \frac{1}{1 - \dfrac{1}{4}} = \frac{1}{4} + \frac{1}{4^2} + \frac{1}{4^3} + \cdots = \frac{1}{2^2} + \frac{1}{2^4} + \frac{1}{2^6} + \cdots$$

より

$$F^{(p)}\Big(\frac{1}{3}\Big) = p^2 + \frac{1-p}{p}p^4 + \Big(\frac{1-p}{p}\Big)^2 p^6 + \cdots$$

$$= \sum_{k=0}^{\infty} p^2 \left(\frac{1-p}{p} p^2 \right)^k = \frac{p^2}{1 - p(1-p)}$$

例えば，ラスベガスの(不公平な) "red and black" では $p = \dfrac{9}{19}$, $1-p = \dfrac{10}{19}$ なので

$$F^{\left(\frac{9}{19}\right)}\left(\frac{1}{3} \right) = \frac{81}{280}$$

となり，1ドルずつチョビチョビ賭けるストラテジー(戦略)に比べて圧倒的に確率が改善されていることがわかる(数値例は 8.1 節参照).

練習問題 12.2 ● $F^{(p)}\left(\dfrac{2}{3} \right)$, $F^{(p)}\left(\dfrac{1}{5} \right)$ の値を求めよ.

また，以下のような自己相似的フラクタルとの関連性もある.

$0 \leqq x \leqq \dfrac{1}{2}$ のとき，$F^{(p)}(x) = p F^{(p)}(2x)$ とは p 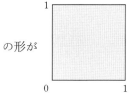 のグラフ

の形が （四角形のグラフ） のグラフの形に同じ，つまり変換

$$S_1 : (x, y) \longrightarrow \left(2x, \frac{1}{p} y \right)$$

でグラフが重なり，$\dfrac{1}{2} \leqq x \leqq 1$ のとき，$F^{(p)}(x) = p + (1-p) F^{(p)}(2x-1)$ と

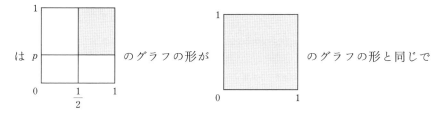

は p （四角形のグラフ） のグラフの形が （四角形のグラフ） のグラフの形と同じで

あること，つまり変換

$$S_2 : (x, y) \longrightarrow \left(2x-1, \ \frac{y-p}{1-p}\right)$$

でグラフが重なることを示している．

また，これは

$$S_1^{-1} = V_1, \qquad S_2^{-1} = V_2$$

とおくと，V_1 は $[0,1] \times [0,1] \longrightarrow [0,1] \times [0,1]$ の写像(縮小写像)で，ド・ラーム関数のグラフ $= \{(x, F^{(p)}(x)) \,|\, 0 \leq x \leq 1\} = K_p$ は

$$K_p = V_1(K_p) \cup V_2(K_p)$$

を満たす．K_p は $[0,1] \times [0,1]$ のコンパクト集合全体からそれ自身に写す縮小変換 $V : K \longrightarrow V_1(K) \cup V_2(K)$ の不動点であることがわかる．(ハウスドルフ距離を入れるとコンパクト集合全体が完備距離空間となり，変換 V は完備距離空間上での縮小写像となる．[45]参照)

すると完備距離空間の縮小写像の不動点定理より，不動点は一意的で

$$K_p = \lim_{n \to \infty} V^n([0,1] \times [0,1])$$

となるので

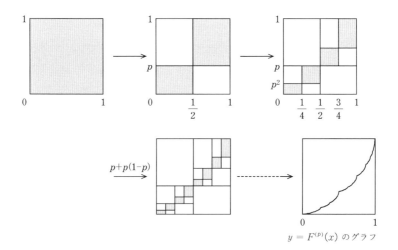

$y = F^{(p)}(x)$ のグラフ

となることがわかる．同じことであるが，シャウダー展開との関連を考えると

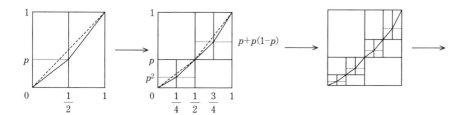

のように折れ線をつないでいった曲線の極限と理解してもよい．高木関数も同じように考えられる．また，当たり前であるが $p = \dfrac{1}{2}$ のときは $F^{(p)}(x) = x$ であることに注意しておく．

　この節の最後に $F^{(p)}(x)$ の微分可能性について調べておく．

$$F^{(p)}\left(\frac{1}{3}\right) = p^2 + \frac{1-p}{p}p^4 + \left(\frac{1-p}{p}\right)^2 p^6 + \cdots$$

で

$$F^{(p)}\left(\frac{1}{3} + \frac{1}{2^{2n+1}}\right)$$

$$= F^{(p)}\left(\frac{1}{2^2} + \frac{1}{2^4} + \cdots + \frac{1}{2^{2n}} + \frac{1}{2^{2n+1}} + \frac{1}{2^{2n+2}} + \frac{1}{2^{2n+4}} + \cdots\right)$$

$$= p^2 + \frac{1-p}{p}p^4 + \left(\frac{1-p}{p}\right)^2 p^6 + \cdots + \left(\frac{1-p}{p}\right)^{n-1}p^{2n} + \left(\frac{1-p}{p}\right)^n p^{2n+1}$$

$$\qquad + \left(\frac{1-p}{p}\right)^{n+1}p^{2n+2} + \left(\frac{1-p}{p}\right)^{n+2}p^{2n+4} + \cdots$$

ゆえに $F^{(p)}\left(\dfrac{1}{3} + \dfrac{1}{2^{2n+1}}\right) - F^{(p)}\left(\dfrac{1}{3}\right)$ を整理すると

$$F^{(p)}\left(\frac{1}{3} + \frac{1}{2^{2n+1}}\right) - F^{(p)}\left(\frac{1}{3}\right) = \frac{p(1-p)(2+p)}{1-p(1-p)}(p(1-p))^n$$

すると

$$\lim_{n \to \infty} \frac{F^{(p)}\left(\dfrac{1}{3} + \dfrac{1}{2^{2n+1}}\right) - F^{(p)}\left(\dfrac{1}{3}\right)}{\dfrac{1}{2^{2n+1}}} = \frac{2p(1-p)(2-p)}{1-p(1-p)}\lim_{n \to \infty}(4p(1-p))^n$$

$$= 0 \qquad \left(\because \ p \neq \frac{1}{2} \ \text{なら} \ 4p(1-p) < 1\right)$$

となり

$$F^{(p)\prime}\left(\frac{1}{3}\right) = 0$$

がわかる.

　同様に $x \neq 2$ 進有理数なら $F^{(p)\prime}(x) = 0$ がわかる.

　また, $x = 2$ 進有理数なら, $p < \dfrac{1}{2}$ として

$$D_+ F^{(p)}(x) = \lim_{h \downarrow 0} \frac{F^{(p)}(x+h) - F^{(p)}(x)}{h} = 0,$$

$$D_- F^{(p)}(x) = \lim_{h \uparrow 0} \frac{F^{(p)}(x+h) - F^{(p)}(x)}{h} = +\infty$$

もわかる. つまり $[0,1]$ で稠密な2進有理数上では微分不可能であることがわかる. $\{x \mid x \neq 2$ 進有理数$\}$ のルベーグ測度が1なので, $F^{(p)}(x)$ はルベーグ測度1の集合上で, つまりほとんどいたるところ(almost everywhere)で, 微分可能で微分係数 $= 0$, つまりカントール関数のような特異連続関数の一つである.

　また, これは $[0,1]$ 上の単調増加関数ならルベーグ測度1の集合上で微分係数が存在するという定理の面白い一例であることを注意しておく.

12.2 ギャンブルの平均持続時間

　Dubins & Savage の本 *How to gamble if you must* ([7]) は, このド・ラーム関数を数理ギャンブル論として研究したことで有名である(新しい数理ギャンブル論の本としては[31]が面白い)が, そこには前節で見た Bold Play のケースでの平均持続時間を求める問題が Open Probrem として挙げられている. 筆者は, 未公表の研究で, ド・ラーム関数を用いてこれを求めることに成功したので, ここで紹介しておこう.

$$T_x^{(p)} = \left[\begin{array}{l}\text{所持金 } x \text{ の「Bold Strategy」を用いるギャンブラーが,} \\ \text{ギャンブルを止めるまでの時間}\end{array}\right]$$

つまり, $T_x^{(p)}$ を最初に目標金額に到達するか, 破産するまでの時間としたとき, $H^{(p)}(x) = E(T_x^{(p)})$ を求める問題である. (この問題は $p \neq \dfrac{1}{2}$ のときに

は，2進有理点で不連続，つまり不連続点が稠密にある面白い関数である．)

定理 $H^{(p)}(x)$ は以下のように 2 進有理数で不連続点を持つような関数である．

$x = 2$ 進有理数 $(= \sum_{i=1}^{N} \dfrac{\varepsilon_i}{2^i}$, ここで $\varepsilon_i \in \{0, 1\})$ のとき（1 が無限に続かない表現で書く）

$$H^{(p)}(x) = 1 + (1-p)^{\varepsilon_1} p^{1-\varepsilon_1} + (1-p)^{\varepsilon_1+\varepsilon_2} p^{2-(\varepsilon_1+\varepsilon_2)} + \cdots$$
$$+ (1-p)^{\varepsilon_1+\varepsilon_2+\cdots+\varepsilon_{N-1}} p^{N-1-(\varepsilon_1+\varepsilon_2+\cdots+\varepsilon_{N-1})}$$

$x \neq 2$ 進有理数のとき

$$H^{(p)}(x) = \frac{1}{p} F^{(p)}(x) + \frac{1}{1-p} F^{(1-p)}(1-x)$$

[証明] 「Bold Strategy」により，勝ったときと負けたときを考えて，どちらの場合でも持続時間数は 1 増えるので $H^{(p)}(x) = E(T_x^{(p)})$ とすると

$$H^{(p)}(x) = \begin{cases} (1-p)\times 1 + p(1+H^{(p)}(2x)) = 1 + pH^{(p)}(2x) & \left(0 \leqq x \leqq \dfrac{1}{2}\right) \\[2mm] (1-p)\times(1+H^{(p)}(2x-1)) + p\times 1 = 1 + (1-p)H^{(p)}(2x-1) \\[2mm] \hspace{6cm} \left(\dfrac{1}{2} \leqq x \leqq 1\right) \end{cases}$$

また，意味を考えて $H^{(p)}(0) = H^{(p)}(1) = 0$ である．ここで離散力学系の考え方を用い，$T : [0, 1) \longrightarrow [0, 1)$ で

$$T(x) = \begin{cases} 2x & \left(0 \leqq x < \dfrac{1}{2}\right) \\[2mm] 2x-1 & \left(\dfrac{1}{2} \leqq x < 1\right) \end{cases}$$

とする．するとまた，

$$g(x) = \begin{cases} p & \left(0 \leqq x < \dfrac{1}{2}\right) \\[2mm] 1-p & \left(\dfrac{1}{2} \leqq x < 1\right) \end{cases}$$

$0 \leqq x < 1$ で

$$H^{(p)}(x) = 1 + g(x)H^{(p)}(Tx)$$

これを繰り返し考えて

$$H^{(p)}(x) = 1 + g(x)(1 + g(Tx)H^{(p)}(T^2x)) \qquad [\text{ただし}, \ T^2x = T(Tx)]$$
$$= 1 + g(x) + g(x)g(Tx)(1 + g(T^2x)H^{(p)}(T^3x))$$
$$\cdots\cdots$$
$$= 1 + g(x) + g(x)g(Tx) + g(x)g(Tx)g(T^2x) + \cdots$$
$$+ g(x)g(Tx)\cdots g(T^{N-2}x)(1 + g(T^{N-1}x)H^{(p)}(T^Nx))$$

ここで

$$x \ \text{が} 2 \text{進有理数} = \sum_{i=1}^{N}\frac{\varepsilon_i}{2^i} \Longleftrightarrow T^Nx = 0$$

はすぐにわかるので, $x = \sum_{i=1}^{N}\frac{\varepsilon_i}{2^i}$ なら

$$H^{(p)}(x) = 1 + g(x) + g(x)g(Tx) + \cdots + g(x)g(Tx)\cdots g(T^{N-2}x)$$

また

$$\varepsilon_i = 0 \Longleftrightarrow 0 \le T^{i-1}x < \frac{1}{2},$$
$$\varepsilon_i = 1 \Longleftrightarrow \frac{1}{2} \le T^{i-1}x < 1$$

もすぐにわかり, これを用いると

$$g(x) = p^{1-\varepsilon_1}(1-p)^{\varepsilon_1},$$
$$g(Tx) = p^{1-\varepsilon_2}(1-p)^{\varepsilon_2},$$
$$\cdots\cdots,$$
$$g(T^{i-1}x) = p^{1-\varepsilon_i}(1-p)^{\varepsilon_i}$$

つまり

$$H^{(p)}(x) = 1 + p^{1-\varepsilon_1}(1-p)^{\varepsilon_1} + p^{2-(\varepsilon_1+\varepsilon_2)}(1-p)^{\varepsilon_1+\varepsilon_2} + \cdots$$
$$+ p^{N-1-(\varepsilon_1+\varepsilon_2+\cdots+\varepsilon_{N-1})}(1-p)^{\varepsilon_1+\varepsilon_2+\cdots+\varepsilon_{N-1}}$$

次に, $x \ne 2$ 進有理数のときは

$$I^{(p)}(x) = \frac{1}{p}F^{(p)}(x) + \frac{1}{1-p}F^{(1-p)}(1-x)$$

とおくと, $0 \le x \le \frac{1}{2}$ のとき

$$1 + pI^{(p)}(2x) = 1 + p\left(\frac{1}{p}F^{(p)}(2x) + \frac{1}{1-p}F^{(1-p)}(1-2x)\right)$$

$$= 1+\frac{1}{p}F^{(p)}(x)+\frac{p}{1-p}\cdot\frac{1}{p}\Big(F^{(1-p)}(1-2x)-(1-p)\Big)$$
$$= I^{(p)}(x)$$

$\dfrac{1}{2}\leqq x \leqq 1$ のとき

$$1+(1-p)\,I^{(p)}(2x-1)$$
$$= 1+(1-p)\Big(\frac{1}{p}F^{(p)}(2x-1)+\frac{1}{1-p}F^{(1-p)}(2x)\Big)$$
$$= 1+\frac{1-p}{p}\Big(\frac{1}{1-p}(F^{(p)}(x)-p)+\frac{1}{1-p}F^{(1-p)}(x)\Big)$$
$$= I^{(p)}(x)$$

となり，$I^{(p)}(x)$ は $H^{(p)}(x)$ と同じ関数方程式を満たす．$L(x)=H^{(p)}(x)$ $-I^{(p)}(x)$ とおくと $L(x)$ の満たす関数方程式は

$$L(x)=\begin{cases} pL(2x) & \left(0\leqq x\leqq\dfrac{1}{2}\right)\\[2mm] (1-p)\,L(2x-1) & \left(\dfrac{1}{2}\leqq x\leqq 1\right)\end{cases}$$

つまり

$$L(x)=g(x)L(Tx)$$

である．すると

$$L(x)=g(x)g(Tx)\cdots g(T^{N-1}x)L(T^Nx),$$
$$|L(x)|\leqq (\max\{p,1-p\})^{N-1}\,|L(T^Nx)|$$

また，$\sup\limits_{0\leqq x\leqq1}I^{(p)}(x)<+\infty$ は明らかで，次に示すように

$$\sup_{0\leqq x\leqq1}H^{(p)}(x)<+\infty$$

もわかり，$x\neq2$進有理数 $\Longleftrightarrow \forall N,\,T^Nx\neq0$ なので，ここで $N\to\infty$ として，$L(x)=0$．したがって

$$H^{(p)}(x)=I^{(p)}(x).$$

また $\sup\limits_{0\leqq x\leqq1}H^{(p)}(x)<\infty$ の証明は以下の通り．

「Bold Strategy」を用いているので，$0\leqq x\leqq\dfrac{1}{2}$，$\dfrac{1}{2}\leqq x\leqq 1$ どちらの場合も，あと1回でギャンブルが終わる可能性がある．よって，$T^{(p)}(x)>k$ と

は，最初からギャンブルが最低 k 回続くということなので

$$P(T_x^{(p)} > k) < \max\{p, 1-p\}^k$$

すると

$$H^{(p)}(x) = E(T_x^{(p)}) = \sum_{k=0}^{\infty} P(T_x^{(p)} > k)$$
$$< \frac{1}{1-\max\{p, 1-p\}}$$

である．（例えば

$$P(T_{\frac{3}{8}}^{(p)} > 1) = p, \quad P(T_{\frac{3}{8}}^{(p)} > 2) = p(1-p), \quad P(T_{\frac{3}{8}}^{(p)} > 3) = 0,$$
$$P(T_{\frac{1}{3}}^{(p)} > 1) = p, \quad P(T_{\frac{1}{3}}^{(p)} > 2) = p(1-p),$$
$$P(T_{\frac{1}{3}}^{(p)} > 3) = p^2(1-p), \quad P(T_{\frac{1}{3}}^{(p)} > 4) = p^2(1-p)^2, \quad \cdots\cdots$$
$$P(T_{\frac{1}{\sqrt{2}}}^{(p)} > 1) = 1-p, \quad P(T_{\frac{1}{\sqrt{2}}}^{(p)} > 2) = p(1-p),$$
$$P(T_{\frac{1}{\sqrt{2}}}^{(p)} > 3) = p(1-p)^2, \quad \cdots\cdots$$

などを注意しておく．）

ここで

$$H^{(p)}\left(\frac{1}{2}\right) = 1, \quad H^{(p)}\left(\frac{1}{4}\right) = 1+p, \quad H^{(p)}\left(\frac{3}{4}\right) = 2-p,$$
$$H^{(p)}\left(\frac{1}{8}\right) = 1+p+p^2, \quad H^{(p)}\left(\frac{3}{8}\right) = 1+p+p(1-p),$$
$$H^{(p)}\left(\frac{5}{8}\right) = 1+(1-p)+p(1-p), \quad H^{(p)}\left(\frac{7}{8}\right) = 1+(1-p)+(1-p)^2$$

このように，2進有理数 $\frac{m}{2^n}$ の点で不連続な関数となる．

練習問題 12.3 ● $H^{(p)}\left(\dfrac{2i-1}{16}\right)$ $(1 \leq i \leq 8)$ を求めよ．

練習問題 12.4 ● 2進有理数で不連続であることに注意して，$p = 0.3$ のとき $y = H^{(p)}(x)$ の概形を描け．

とくに $p = \dfrac{1}{2}$（公平な "red and black"）で「Bold Strategy」を採用した場合でも

$$F^{\left(\frac{1}{2}\right)}(x) = x$$

なので

$x \neq 2$ 進有理数；

$$H^{\left(\frac{1}{2}\right)}(x) = 2x + 2(1-x) = 2,$$

$x = \sum\limits_{i=1}^{N} \dfrac{\varepsilon_i}{2^i}$ (2 進有理数)；

$$H^{\left(\frac{1}{2}\right)}(x) = 1 + \frac{1}{2} + \left(\frac{1}{2}\right)^2 + \cdots + \left(\frac{1}{2}\right)^{N-1} = 2 - \left(\frac{1}{2}\right)^{N-1}$$

つまり

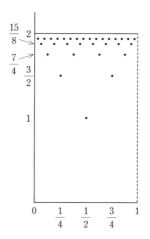

となる．このように，2 進有理数のみで不連続となるようなエキゾティックな関数がある自然な問題の解となるのは面白いのではないだろうか．

また最後に，もちろんギャンブラーが有利な場合はできるだけ小さく賭ける (Timid Play) が有効であることを注意しておく．「不利なときは大胆に，有利なときは慎重に」である．

第13章

再生性と確率・期待値の計算

13.1 再生性

　再生性とは，言ってみれば無限を有限に帰着する方法の１つである．たぶん，いちばん最初に再生性に出会うのは次のような無限等比級数の計算であろう．

　例1　$|x| < 1$ のとき $S = 1 + x + x^2 + \cdots\cdots$ を求めよ．
　　[答]　$S = 1 + x(\underbrace{1 + x + x^2 + \cdots\cdots}_{S \text{と同じ}}) = 1 + xS$

　　$\therefore$　$S = \dfrac{1}{1-x}$

(注：これはこれでよいのだが，$|x| < 1$ を仮定しないとただの形式的な計算になって意味がないか，または別の p 進位相などのトポロジーで議論するか，または総和法を工夫するとかいろいろと必要になる．ここではそういうことは考えず，$|x| < 1$ を課し，S が有限の値を持つことを確認したうえで上の解答が正当化されるのである．$x > 1$ なら $S = 1 + xS$ は $\infty = 1 + \infty$ ということを言っているに過ぎず，そこからは何も生まれないのである．)

　さて，このような発散・収束の問題にさえ注意すれば，「再生性」(renewal)の考え方は確率論のみならず，すべての数学理論において有効なはずである．ここでは，確率論で再生性を使う例をいくつか挙げてみよう．

　例2　$X \sim \mathrm{Ge}(p)$ のとき $E(X)$ を求めよ．
　[答]　成功確率 p のベルヌーイ試行(成功と失敗しかない試行)を何度も繰り返すとき，最初に成功するまでに要した失敗の回数を X とすると，$X \sim$

Ge(p)（Ge は幾何分布を表す）であり，
$$P(X = k) = p(1-p)^k \qquad (k = 0, 1, 2, \cdots)$$
である．

さて，1 回目の試行を無視し，その後成功するまでの失敗回数を X' とすると
$$X = \begin{cases} 0 & （最初が成功（S）） \\ 1+X' & （最初が失敗（F）） \end{cases}$$
ここで X' は X と同じ分布で 1 回目の試行と独立である．なぜなら，最初が F だったもとでの 2 回目以降は，最初から始めるのと（失敗回数が 1 加算されることを除いて）同じとなるからである．よって

$$\begin{aligned} E(X) &= E(0, 最初が S) + E(1+X', 最初が F) \\ &= E(0 \mid 最初が S)\, P(最初が S) \\ &\quad + E(1+X' \mid 最初が F)\, P(最初が F) \\ &= 0 \times p + E(1+X') \times (1-p) \\ &= 1-p+(1-p)E(X) \end{aligned}$$

したがって
$$E(X) = \frac{1-p}{1-(1-p)} = \frac{1-p}{p}.$$

練習問題 13.1 ● X は成功確率 p のベルヌーイ試行を何度も繰り返すとき最初に成功するまでの回数とする．このとき，$X \sim \mathrm{Fs}(p)$ と表し（Fs は first succes の意味），よって $X-1 \sim \mathrm{Ge}(p)$ であり，つまり
$$P(X = k) = p(1-p)^{k-1} \qquad (k = 1, 2, \cdots)$$
である．このとき $E(X)$ を求めよ．

（注：この例でもわかるように，最初に失敗したならリセットされ，2 回目があたかも最初の回に戻ってしまうことを認識すればよいのである．双六で「あがり」に到達せず，ふりだしに戻ってしまうと，今までのことは忘れてリセットされ，そこから再出発となるのと同じである．また本来なら先ほどの例のように $E(X) < \infty$ の証明が必要だが，この議論は以下ではすべて省略する．

確率分布の再生性（reproducing property）は少し異なった概念で，例えば 2 項分布の再生

性は

$$X \sim B(n, p), \quad Y \sim B(m, p), \quad X \text{ と } Y \text{ は独立} \Longrightarrow X + Y \sim B(m+n, p)$$

をいっている．その他，この意味でポアソン分布，負の2項分布，正規分布，ガンマ分布は再生性を持つ（[15]参照）．）

このような再生性の考え方は確率・期待値の計算に大切なので，ほかにもいろいろ示してみよう．

例3 不公平な "red and black"，つまり各回に独立に「r」か「b」が出て，「r」が出る確率を p，「b」が出る確率を $1-p$ としたとき，最初に rr が出るまでにかかる回数を T_{rr} とし，$E(T_{rr})$ を求めてみよう．

［答］ 最初に r が出たあと最初に rr が出るまでにかかる回数を T_{rr}^r とすると

$$T_{rr} = \begin{cases} 1 + T_{rr}^r & \text{（最初が r）} \\ 1 + T_{rr}' & \text{（最初が b）} \end{cases}$$

ここで $T_{rr} \sim T_{rr}'$，つまり T_{rr} と T_{rr}' は同分布，かつ1回目の試行と T_{rr}' は独立である．

同様に

$$T_{rr}^r = \begin{cases} 1 & \text{（2回目が r）} \\ 1 + T_{rr}'' & \text{（2回目が b）} \end{cases}$$

すると，期待値として

$$\begin{aligned} E(T_{rr}) &= p(1 + E(T_{rr}^r)) + (1-p)(1 + E(T_{rr}')) \\ &= 1 + pE(T_{rr}^r) + (1-p)E(T_{rr}') \end{aligned}$$

また

$$\begin{aligned} E(T_{rr}^r) &= p \times 1 + (1-p)(1 + E(T_{rr}'')) \\ &= 1 + (1-p)E(T_{rr}) \end{aligned}$$

$$\therefore \quad E(T_{rr}) = 1 + p(1 + (1-p)E(T_{rr})) + (1-p)E(T_{rr})$$

したがって

$$E(T_{rr}) = \frac{1+p}{1 - (1-p) - p(1-p)} = \frac{1+p}{p^2}$$

練習問題 13. 2 ●最初に rb が出るまでにかかる回数を T_{rb} とするとき

$$E(T_{\mathrm{rb}}) = \frac{1}{p} + \frac{1}{1-p}$$

を示せ.

例 4　最初に rbr が出るまでにかかる回数を T_{rbr} とするとき $E(T_{\mathrm{rbr}})$ を求めよう.

［答］　$T_{\mathrm{rbr}} = \begin{cases} 1 + T_{\mathrm{rbr}}^{\mathrm{r}} & \text{（最初が r）} \\ 1 + T_{\mathrm{rbr}}' & \text{（最初が b）} \end{cases}$

$\qquad T_{\mathrm{rbr}}^{\mathrm{r}} = \begin{cases} 1 + T_{\mathrm{rbr}}^{\mathrm{r}\,''} & \text{（最初が r）} \\ 1 + T_{\mathrm{rbr}}^{\mathrm{rb}} & \text{（最初が b）} \end{cases}$

$\qquad T_{\mathrm{rbr}}^{\mathrm{rb}} = \begin{cases} 1 & \text{（最初が r）} \\ 1 + T_{\mathrm{rbr}}''' & \text{（最初が b）} \end{cases}$

となり

$$E(T_{\mathrm{rbr}}) = 1 + pE(T_{\mathrm{rbr}}^{\mathrm{r}}) + (1-p)E(T_{\mathrm{rbr}})$$

$$E(T_{\mathrm{rbr}}^{\mathrm{r}}) = 1 + (1-p)E(T_{\mathrm{rbr}}^{\mathrm{rb}}) + pE(T_{\mathrm{rbr}}^{\mathrm{r}})$$

$$E(T_{\mathrm{rbr}}^{\mathrm{rb}}) = 1 + (1-p)E(T_{\mathrm{rbr}})$$

これらを解いて

$$E(T_{\mathrm{rbr}}) = \frac{1}{p} + \frac{1}{p^2} + \frac{1}{p(1-p)}.$$

練習問題 13. 3 ●上の例 4 と同じように $E(T_{\mathrm{rrr}}) = \frac{1}{p} + \frac{1}{p^2} + \frac{1}{p^3}$, $E(T_{\mathrm{rrb}}) = \frac{1}{p} + \frac{1}{1-p} + \frac{1}{p^2}$, $E(T_{\mathrm{rbb}}) = \frac{1}{p} + \frac{1}{1-p} + \frac{1}{(1-p)^2}$ を示せ.

上の例題は次のようなマルコフ連鎖の推移図式によっても説明できる.

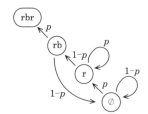

この図の意味は，⊘ (つまり前に何もない状態)から出発し，次にrが出れば
rのあとrbrが出るまで続ける状態ⓡに移り，次にbが出ればリセットされ
(再生され) ⊘ に移る．また同様に，ⓡから確率 p で ⓡ に戻り，確率 $1-p$ で
ⓡⓑに移動，状態ⓡⓑⓡはそこで終わる状態(吸収状態)である．

同様に「rbが最初に出るまで」の場合は

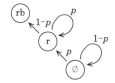

となり，先ほどの例では $E(T_{\mathrm{rb}}), E(T_{\mathrm{rb}}^{\mathrm{r}})$ などを計算したが，実はその確率母
関数も計算できる．

$$E\left(t^{T_{\mathrm{rb}}}\right) = pE\left(t^{1+T_{\mathrm{rb}}^{\mathrm{r}}}\right) + (1-p)\,E\left(t^{1+T_{\mathrm{rb}}}\right)$$
$$E\left(t^{T_{\mathrm{rb}}^{\mathrm{r}}}\right) = (1-p)\,E\left(t^{1}\right) + pE\left(t^{1+T_{\mathrm{rb}}^{\mathrm{r}}}\right)$$
$$\therefore \quad E\left(t^{T_{\mathrm{rb}}^{\mathrm{r}}}\right) = \frac{(1-p)\,t}{1-pt}$$

したがって

$$E\left(t^{T_{\mathrm{rb}}}\right) = \frac{p(1-p)\,t^{2}}{(1-(1-p)\,t)\,(1-pt)}$$

などとなる．まったく同様に，少し面倒だが $E\left(t^{T_{\mathrm{rbr}}}\right), E\left(t^{T_{\mathrm{rrb}}}\right), E\left(t^{T_{\mathrm{rrr}}}\right)$ など
が求められ，それらの確率分布が母関数の形で求められるのである．ほかにも
いろいろな問題があるので少し挙げておこう．

練習問題 13.4 ●相撲の巴戦で，まず A と B が戦い，勝ったほうが C と戦
い，以下，誰かが2連勝するまで行ない，2連勝した人が優勝とする．A, B, C
が優勝する確率をそれぞれ求めよ．

練習問題 13.5 ●テニスのジュース以降，A が勝つ確率を求めよ．またゲー
ムが決まるまでのポイントの期待回数を求めよ．ただし A がポイントを取る
確率を p とする．

◉── 仮想ギャンブラー法（マルチンゲール法）による $E(T_\mathrm{rbr})$ の求め方

例えば $E(T_\mathrm{rbr})$ を求めるのに，次のようなギャンブラーを想定するとわかりやすい．

不公平な "red and black" は $P(\mathrm{r})=p$，$P(\mathrm{b})=1-p$ だが，これを「r」に1ドルを賭け，「r」が出れば $\frac{1}{p}$ ドルに増えるものとすると損益期待値としては

$$\left(\frac{1}{p}-1\right)\times p+(-1)\times(1-p)=0$$

となり「公平」となる．

さて賭け方を次のようにする．基本は「r」に1ドルずつずっと賭けるのであるが，「r」に賭け，「b」が出たらそれで終わり，「r」が出ると資金が $\frac{1}{p}$ ドルになるが，それを全部次に「b」に賭け，「r」が出たら終わり，「b」が出たらそれを全部次に「r」に賭け，「b」が出たら終わり，「r」が出ると資金が $\frac{1}{p(1-p)p}$ ドルになって，ここで止める．ここで注意しておくが，毎回「r」に1ドルは必ず賭けるのである．すると，「b」に $\frac{1}{p}$ ドルを賭け，同時に「r」に1ドルを賭けることもある．例えば

        rbbrbr

と出たとすると，

$$1\to\frac{1}{p}\to 0$$
$$1\to 0$$
$$1\to 0$$
$$1\to\frac{1}{p}\to\frac{1}{p(1-p)}\to\frac{1}{p(1-p)p}$$
$$1\to 0$$
$$1\to\frac{1}{p}$$

となってトータルで6ドル使って，もらえるお金は

$$\frac{1}{p^2(1-p)}+\frac{1}{p}\ \text{ドル}$$

となっている．

これを一般化すると，T_rbr 回目ではじめて「rbr」が出たとすると，それまでにトータルで T_rbr ドル使ったが戻ったお金は $\frac{1}{p^2(1-p)}+\frac{1}{p}$ ドルである．前

にも述べたように，どんな工夫をしても公平な賭けは公平な賭けにしかならず，損益の期待値 $= 0$，つまり $E\left(-T_{\mathrm{rbr}}+\dfrac{1}{p^2(1-p)}+\dfrac{1}{p}\right)=0$ となり

$$E(T_{\mathrm{rbr}})=\frac{1}{p}+\frac{1}{p^2(1-p)}$$

である．同じことだが，この戦略を用いるギャンブラーの t 回目までの損益を M_t とすると，M_t はマルチンゲールであり，T で止めるから $M_{T\wedge t}$ を考えるが，第8章で述べたように $M_{T\wedge t}$ もマルチンゲールとなり，$0=E(M_{T\wedge t})$，また Optional Stopping Theorem を使って $t\to\infty$ のとき $0=E(M_T)$．

上の議論より

$$M_T=-T_{\mathrm{rbr}}+\frac{1}{p^2(1-p)}+\frac{1}{p}$$

となるので

$$E(T_{\mathrm{rbr}})=\frac{1}{p}+\frac{1}{p^2(1-p)}$$

となる．

同様に考えて，例えば「rbrrbr」がはじめて出るまでの時間を T とすると

rbrrbr,　rbrrbr

という2つのオーバーラップ（[3]参照）があるので，

$$M_T=-T+\frac{1}{p^4(1-p)^2}+\frac{1}{p^2(1-p)}+\frac{1}{p}$$

となり，$0=E(M_T)$ より

$$E(T)=\frac{1}{p}+\frac{1}{p^2(1-p)}+\frac{1}{p^4(1-p)^2}$$

がわかる．（上の議論を厳密にしたものに[44]とその訳者による補足があり，[3]にも関連した論題が書かれている．）

練習問題13.6 ● これまでの平均期待時間 $E(T)$ を，すべてこのマルチンゲール法で求めよ．

練習問題13.7 ● サルがタイプライターでアルファベットを1文字ずつ打つとき「HITOTSUBASHI」が出てくるまでの平均期待時間 $E(T)$ は，$E(T)=26^{12}+26^2$ であることを示せ．

13.2 どちらが先に出る？

これらに関して面白いゲームがあるので紹介しよう．A, B が n 文字の r, b からなる word を A, B の順番で指定し，指定した word が先に出れば，それを指定した方が勝ちというゲームを考えてみよう．例えば，$n=1$ で A が「r」を指定すると，B は「b」を指定せざるを得ないが，例えば最初に b が出れば B の勝ち，$n=2$ で A が「rr」を指定し，B が「br」を指定し，例えば bbbr と出たら B の勝ち，となる．以下，公平な場合の "red and black" に限定，つまり $p=1-p=\dfrac{1}{2}$ として考える．

$n=1$ では，A が勝つ確率 = B が勝つ確率 = $\dfrac{1}{2}$ は明らかである．$n=2$ においては A が「rr」を指定した場合，B は「br」を指定すべきである．例えば，B が「rb」を指定すると明らかに A が勝つ確率 = B が勝つ確率 = $\dfrac{1}{2}$ となってしまい，後手 B に選択の有利さがいかせなくなってしまう．

例5 A が「rr」を指定し，B が「br」を指定した場合，B が勝つ確率 p^{B}，A が勝つ確率 p^{A} を求めよ．

[答] r が出たあと，B が勝つ確率 = $p_{\mathrm{r}}^{\mathrm{B}}$ とすると，

$$p^{\mathrm{B}} = \frac{1}{2}\times 1 + \frac{1}{2}p_{\mathrm{r}}^{\mathrm{B}}, \qquad p_{\mathrm{r}}^{\mathrm{B}} = \frac{1}{2}\times 0 + \frac{1}{2}\times 1$$

(r のあと r が出れば A の勝ち，b が出ればその後はどうなっても B が確率 1 で勝つことは明らか．) したがって $p^{\mathrm{B}} = \dfrac{1}{2} + \dfrac{1}{2}\times\dfrac{1}{2} = \dfrac{3}{4}$，$p^{\mathrm{A}} = \dfrac{1}{4}$ もすぐにわかる．これをマルコフ連鎖で書くと下図のようになる．

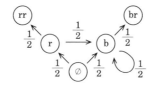

また，前に見たように

$$E(T_{\mathrm{rr}}) = \frac{1}{\dfrac{1}{2}} + \frac{1}{\left(\dfrac{1}{2}\right)^2} = 2+4 = 6,$$

$$E(T_{\mathrm{rb}}) = \dfrac{1}{\dfrac{1}{2}} + \dfrac{1}{\dfrac{1}{2}} = 4$$

と，平均期待時間で見ても rb の方が rr より早く出そうであることは明らかであろう．

$n = 3$ のケースを調べてみよう．前に求めたように

$$E(T_{\mathrm{rrr}}) = E(T_{\mathrm{bbb}}) = 2+4+8 = 14$$
$$E(T_{\mathrm{rbr}}) = E(T_{\mathrm{brb}}) = 2+4+4 = 10$$
$$E(T_{\mathrm{rrb}}) = E(T_{\mathrm{brr}}) = E(T_{\mathrm{bbr}}) = E(T_{\mathrm{rbb}}) = 2+2+4 = 8$$

となるので，「X より Y が有利」を $X < Y$ と書くことにすると，平均時間で見ると，

$$T_{\mathrm{rrr}}, \ T_{\mathrm{bbb}} < T_{\mathrm{rbr}}, \ T_{\mathrm{brb}} < T_{\mathrm{rrb}}, \ T_{\mathrm{brr}}, \ T_{\mathrm{bbr}}, \ T_{\mathrm{rbb}}$$

であり，例えば $T_{\mathrm{rrb}}, T_{\mathrm{brr}}, T_{\mathrm{rbb}}$ に優劣はないような気がするが，不思議なことに

$$T_{\mathrm{bbr}} < T_{\mathrm{bbb}} < T_{\mathrm{rrb}} < T_{\mathrm{brr}} < T_{\mathrm{bbr}}$$

と四つ巴の状態になってしまうのである．つまり A が「bbr」を選択すれば B は「rbb」を選択し，A が「rbb」を選択すれば B は「rrb」を選択することで，B が有利となってしまうのである．以下の例でこれを示してみよう．

例 6 A が「bbr」を選択し，B が「rbb」を選択したとき，B がゲームに勝つ確率 p^{B} を求めよ．

［答］ 推移図式を書くと

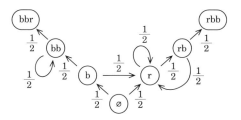

となって，

$$p^{\mathrm{B}} = \frac{1}{2}\,p_{\mathrm{r}}^{\mathrm{B}} + \frac{1}{2}\,p_{\mathrm{b}}^{\mathrm{B}},$$

$$p_{\mathrm{r}}^{\mathrm{B}} = \frac{1}{2}\,p_{\mathrm{rb}}^{\mathrm{B}} + \frac{1}{2}\,p_{\mathrm{r}}^{\mathrm{B}}, \qquad p_{\mathrm{rb}}^{\mathrm{B}} = \frac{1}{2} \times 1 + \frac{1}{2}\,p_{\mathrm{r}}^{\mathrm{B}},$$

$$p_{\mathrm{b}}^{\mathrm{B}} = \frac{1}{2}\,p_{\mathrm{r}}^{\mathrm{B}} + \frac{1}{2}\,p_{\mathrm{bb}}^{\mathrm{B}}, \qquad p_{\mathrm{bb}}^{\mathrm{B}} = \frac{1}{2}\,p_{\mathrm{bb}}^{\mathrm{B}} + \frac{1}{2} \times 0$$

を解いて $p_{\mathrm{r}}^{\mathrm{B}} = 1$, $p_{\mathrm{b}}^{\mathrm{B}} = \frac{1}{2}$, よって $p^{\mathrm{B}} = \frac{3}{4}$ である. A が勝つ確率 $p^{\mathrm{A}} = \frac{1}{4}$. つまり 3：1 の割合で B が有利となる.

例7 A が「rbb」を選択し, B が「rrb」を選択したとき, B がゲームに勝つ確率を求めよ.

[答] 推移図式を書くと(注：このケースでは最初に b が出ても意味がないので ⊘ → ⊘ にとどまる, とした)

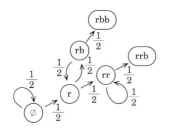

$$p^{\mathrm{B}} = \frac{1}{2}\,p_{\mathrm{r}}^{\mathrm{B}} + \frac{1}{2}\,p^{\mathrm{B}}, \quad \text{つまり} \quad p_{\mathrm{r}}^{\mathrm{B}} = p^{\mathrm{B}}.$$

$$p_{\mathrm{r}}^{\mathrm{B}} = \frac{1}{2}\,p_{\mathrm{rr}}^{\mathrm{B}} + \frac{1}{2}\,p_{\mathrm{rb}}^{\mathrm{B}}, \qquad p_{\mathrm{rr}}^{\mathrm{B}} = \frac{1}{2} + \frac{1}{2}\,p_{\mathrm{rr}}^{\mathrm{B}}, \qquad p_{\mathrm{rb}}^{\mathrm{B}} = \frac{1}{2} \times 0 + \frac{1}{2}\,p_{\mathrm{r}}^{\mathrm{B}}.$$

これらより B が勝つ確率 $p^{\mathrm{B}} = \frac{2}{3}$ であり, $p^{\mathrm{A}} = \frac{1}{3}$ となり, B：A は 2：1 の割合で B が有利となる.

練習問題 13.8 ●A が「rbr」を選択し, B が「rrb」を選択したとき, B が勝つ確率, また A が「rrr」を選択し, B が「brr」を選択したとき, B が勝つ確率をそれぞれ求めよ.

以上により強弱関係をまとめると

brr $<$ bbr $<$ rbb $<$ rrb $<$ brr

∨　　∨　　∨　　∨

rrr　　brb　　bbb　　rbr

のようになる．また A が ω_1 を選んだとき，B が最も有利になる ω_2 を選び

$$\omega_1 < \omega_2$$
$$1\ :\ x$$

のように，下に有利さを表すオッズを $1:x$ と書くことにすると

bbb $<$ rbb $<$ rrb $<$ brr $<$ bbr $<$ rbb

　1　：　7

　　　　1　：　2

　　　　　　　1　：　3

　　　　　　　　　1　：　2

　　　　　　　　　　　1　：　3

となる．ここで強調したいことは $<$ の関係は推移律は成立しないことである．
例えば，上で rbb $<$ bbr とはならず

rbb $>$ bbr

　3　：　1

となってしまうことに注意しよう．

　この節の議論も先ほどのマルチンゲール法でできると思われるが，著者はまだ確かめていないので試みられたい．

13.3　幾何分布・指数分布の無記憶性

　$T \sim \mathrm{Ge}(p)$，つまり $P(T=k) = pq^k$ $(k=0,1,2,\cdots)$，$q=1-p$ は次のような無記憶性を持つ．

定理(幾何分布の無記憶性)　任意の $m, n \in \mathbb{N} \cup \{0\}$ に対して，
$$P(T \geqq m+n \mid T \geqq m) = P(T \geqq n)$$

[証明]　$P(T \geq n) = \sum_{k=n}^{\infty} P(T = k)$

$$= \sum_{k=n}^{\infty} pq^k = \frac{pq^n}{1-q} = q^n$$

また

$$P(T \geq m+n \mid T \geq m) = \frac{P(T \geq m+n \cap T \geq m)}{P(T \geq m)}$$

$$= \frac{P(T \geq m+n)}{P(T \geq m)}$$

$$= \frac{q^{m+n}}{q^m} = q^n \qquad \text{(証明終)}$$

この意味は T が waiting time（待ち時間；何かが起こるまでに，それが起こらなかった時間，例えば，事故が起こるまでに安全だった時間）と考えると $T \geq m$ は時刻 m では安全だったということで，その条件のもとでさらに n 時間安全である確率は最初から n 時間安全な確率に等しいことで，T は m 時間安全であったということを忘れて（その記憶を持たず），常にリセットされ最初の状態に戻る確率変数なのである．この性質から幾何分布，指数分布は再生性において非常に相性が良いのである．

この逆も成立し，$\mathbb{N} \cup \{0\}$ に値をとる確率変数 T が無記憶性

$$P(T \geq m+n \mid T \geq m) = P(T \geq n)$$

を持てば $T \sim \text{Ge}(p)$ となる．

[略証]　$f(n) = P(T \geq n)$ とおくと無記憶性より $f(m+n) = f(m)f(n)$ となり $f : \mathbb{N} \cup \{0\} \to \mathbb{R}$ なので $f(n) = (f(1))^n = q^n$．したがって

$$P(T = n) = P(T \geq n) - P(T \geq n+1)$$

$$= q^n - q^{n+1} = (1-q)q^n \qquad \text{(証明終)}$$

同様に $T \sim \text{Fs}(p)$ なら

$$P(T > m+n \mid T > m) = P(T > n)$$

という形での無記憶性を持つ（実質的にも $\text{Ge}(p)$ の場合とまったく同じことを

言っている).

$T \sim \mathrm{Exp}(\lambda)$（平均 $\frac{1}{\lambda}$ の指数分布），つまり T の確率密度関数 $f_T(x)$ が

$$f_T(x) = \begin{cases} \lambda e^{-\lambda x} & (x > 0) \\ 0 & (x \leq 0) \end{cases}$$

となる確率分布に対しては，すべての $t \geq 0,\ s \geq 0\ (t, s \in \mathbb{R})$ について，

$$P(T > t + s \mid T > t) = P(T > s)$$

という形の無記憶性を持っている（$\because\ P(T > s) = \int_s^\infty \lambda e^{-\lambda x} dx = \left[-e^{-\lambda x} \right]_s^\infty$
$= e^{-\lambda s}$）

幾何分布の極限が指数分布である．それは

$$\lim_{\Delta t \to 0} P\left(T^{\Delta t} \geq \frac{t}{\Delta t} \right) = \lim_{\Delta t \to 0} (1 - \lambda \Delta t)^{\frac{t}{\Delta t}} = e^{-\lambda t}$$

からわかる，ここで $T^{\Delta t}$ は

$$P(T^{\Delta t} = k \Delta t) = (\lambda \Delta t)(1 - \lambda \Delta t)^k$$

となる幾何分布．

以下，この無記憶性を用いる例題をいくつか挙げてみよう．

例8 $T \sim \mathrm{Ge}(p)$ のとき $E(T \mid T \geq k)$ を求めよ．

[答] $T = k + T - k$ で，無記憶性より $T \geq k$ の条件のもとで $T - k \sim$ $T' \sim \mathrm{Ge}(p)$ である．したがって

$$E(T \mid T \geq k) = E(k \mid T \geq k) + E(T') = k + \frac{1-p}{p}.$$

練習問題 13.9 ● $E(T^2 \mid T \geq k)$ を求めよ．

例9 M, N は $\mathbb{N} \cup \{0\}$ に値をとる確率変数で，T, M, N は独立とするとき

$$P(T \geq M + N \mid T \geq M) = P(T \geq N)$$

を示せ．

[答]

$$P(T \geq M + N \mid T \geq M)$$

$$= \frac{P(T \geq M+N \cap T \geq M)}{P(T \geq M)}$$

$$= \frac{P(T \geq M+N)}{P(T \geq M)}$$

$$= \frac{\sum\limits_{m,n} P(T \geq m+n)\, P(M=m)\, P(N=n)}{P(T \geq M)} \qquad [\because \ T, M, N \text{ の独立性}]$$

$$= \frac{\sum\limits_{m,n} P(T \geq m)\, P(T \geq n)\, P(M=m)\, P(N=n)}{P(T \geq M)}$$

$$\qquad\qquad\qquad\qquad [\because \ T \text{ の無記憶性}]$$

$$= \frac{\sum\limits_{m} P(T \geq m)\, P(M=m) \sum\limits_{n} P(T \geq n)\, P(N=n)}{P(T \geq M)}$$

$$= \frac{P(T \geq M)\, P(T \geq N)}{P(T \geq M)}$$

$$= P(T \geq N)$$

これは，M, N, T が独立なら時間が確率変数でも無記憶性が成立することを示している．

例 10　X が $\mathbb{N} \cup \{0\}$ に値をとり，X, T が独立のとき $P(T \geq X)$ を X の確率母関数 $g_X(t) = E(t^X)$ で表せ．

　［答］　$P(T \geq k) = q^k$ より

$$P(T \geq X) = \sum_{k=0}^{\infty} P(T \geq k \mid X=k)\, P(X=k)$$

$$= \sum_{k=0}^{\infty} P(T \geq k)\, P(X=k) \qquad [\because \ X, T \text{ は独立}]$$

$$= \sum_{k=0}^{\infty} q^k P(X=k) = E(q^X)$$

$$= g_X(q)$$

つまり $T \sim \mathrm{Ge}(p)$ のとき $q = 1-p$ として $P(T \geq X)$ は X の確率母関数の t のところに q を代入したもの，もっと簡単にいうと，q を変数とする確率母関数となるのである．（注：確率母関数（離散ラプラス変換）はこのように確率として解釈できるのである．）

この例 9, 10 を併せて考えると, $T, X_1, X_2, \cdots, X_n$ は独立で, $X_1, X_2, \cdots, X_n$ は X と同分布とするとき

$$P(T \geq X_1 + \cdots + X_n) = P(T \geq X_1) \cdots P(T \geq X_n) = (g_X(q))^n$$

と計算される. また, これは

$$P(T \geq X_1 + \cdots + X_n) = E(q^{X_1 + \cdots + X_n})$$
$$= E(q^{X_1}) \cdots E(q^{X_n})$$
$$= (g_X(q))^n$$

と計算してもよい.

13.4 ランダムウォークの分布計算への応用

このような再生性はランダムウォークやブラウン運動の分布計算にも応用できる. 一例を示してみよう.

$$M_t = \max_{0 \leq s \leq t} Z_s \quad \begin{pmatrix} \text{ランダムウォーク } Z_s \text{ の} \\ \text{時刻 } 0 \text{ から } t \text{ までの最大値} \end{pmatrix}$$

とし, t のところに T ($T \sim \mathrm{Ge}(p)$ で, T と Z. は互いに独立)を代入した M_T を考える. つまり, ランダムな時間 T までの Z_t の最大値を M_T とすると

> **定理** M_T も幾何分布で
> $$M_T \sim \mathrm{Ge}\left(1 - \frac{1 - \sqrt{1 - q^2}}{q}\right)$$

［証明］ $T \sim \mathrm{Ge}(p)$ の確率母関数 $g_T(t)$ は

$$g_T(t) = \sum_{k=0}^{\infty} t^k P(T = k) = \sum_{k=0}^{\infty} t^k p q^k$$
$$= \frac{p}{1 - qt} \quad \left(= \frac{p}{1 - (1-p)t}\right)$$

であることに注意する.

$x \in \mathbb{N} \cup \{0\}$ として

$$P(M_T \geqq x) = P(T \geqq \tau_x) \qquad [\because \text{ 時刻 } T \text{ までの最大値が } x \text{ 以上ということに}$$
$$\text{なり，到達する最初の時間 } \tau_x \text{ が } T \text{ 以下}]$$

$$= E(q^{\tau_x}) \qquad [\because Z \text{ と } T \text{ が独立なので，} \tau_x \text{ と } T \text{ も独立}]$$

$$= E\Big(\overbrace{q^{\tau_1 + \tau_1' + \tau_1'' + \cdots}}^{x \text{ 個}}\Big) \qquad [\because x \text{ に到達するまでに } 0 \sim 1,\ 1 \sim 2,\ \cdots\cdots,$$
$$x-1 \sim x \text{ と，} x \text{ 段階上がらないといけないし，}$$
$$\text{それらは独立}]$$

$$= (E(q^{\tau_1}))^x = \Big(\frac{1-\sqrt{1-q^2}}{q}\Big)^x \qquad [\because \text{ 第4章，第8章参照}]$$

したがって，M_T は幾何分布で，

$$M_T \sim \mathrm{Ge}\Big(1 - \frac{1-\sqrt{1-q^2}}{q}\Big) \qquad\qquad\qquad\qquad\text{（証明終）}$$

最後に，$\theta \sim \mathrm{Ge}(p)$，$\theta$ と Z が独立のときの Z_θ の分布も求めておく．

定理

$$P(Z_\theta = k) = \sqrt{\frac{1-q}{1+q}}\Big(\frac{1-\sqrt{1-q^2}}{q}\Big)^{|k|}$$

（Z_θ の確率分布は離散ラプラス分布）

[証明]

$$E(t^{Z_\theta}) = \sum_{k=0}^{\infty} E(t^{Z_k},\ \theta = k) = \sum_{k=0}^{\infty} E(t^{Z_k}) pq^k$$

$$= \sum_{k=0}^{\infty} (E(t^{z_1}))^k pq^k = \sum_{k=0}^{\infty} \Big(\frac{t+t^{-1}}{2}\Big)^k pq^k$$

$$= p\frac{1}{1 - \dfrac{t+t^{-1}}{2}q} \qquad\qquad [\because \Big|\frac{t+t^{-1}}{2}q\Big| < 1 \text{ となる } t \text{ のみで考える}]$$

$$= p\frac{t}{-\dfrac{q}{2}(t-\alpha)\Big(t - \dfrac{1}{\alpha}\Big)} \qquad\qquad [\text{ここで } \alpha \text{ は } \frac{q}{2}t^2 - t + \frac{q}{2} = 0 \text{ の解}$$
$$\text{で，} |\alpha| < 1 \text{ となるもの，つまり}$$
$$\alpha = \frac{1-\sqrt{1-q^2}}{q}]$$

$$= -\frac{2p}{q}\Big(\frac{\alpha^2}{\alpha^2-1}\frac{1}{t-\alpha} + \frac{\alpha}{1-\alpha^2}\frac{1}{\alpha t-1}\Big)$$

$$= \frac{2p}{q} \left\{ \frac{\alpha^2}{1-\alpha^2} \right\} \left(\frac{\frac{1}{t}}{1-\frac{\alpha}{t}} + \frac{1}{\alpha} \frac{1}{1-\alpha t} \right)$$

$$= \frac{2p}{q} \frac{\alpha^2}{1-\alpha^2} \sum_{k=0}^{\infty} \frac{1}{t} \left(\frac{\alpha}{t} \right)^k + \frac{2p}{q} \frac{\alpha}{1-\alpha^2} \sum_{k=0}^{\infty} (\alpha t)^k \qquad \text{[ローラン展開]}$$

したがって

$$P(Z_\theta = k) = \begin{cases} \dfrac{2p}{q} \dfrac{\alpha}{1-\alpha^2} \, \alpha^k & (k \geqq 0) \\[2ex] \dfrac{2p}{q} \dfrac{\alpha^2}{1-\alpha^2} \, \alpha^{-k-1} & (k \leqq 0) \end{cases}$$

となり，さらに整理して定理を得る． (証明終)

　ここで紹介した2つの定理のブラウン運動バージョンは，$\theta \sim \mathrm{Exp}\left(\dfrac{\lambda^2}{2} \right)$ で W と θ は独立とし，$M_t = \max_{0 \leqq s \leqq t} W_s$ とすると

$$M_\theta \sim \mathrm{Exp}(\lambda)$$

となる．W_θ はラプラス分布（両側指数分布）で，その確率密度関数 $f_{W_\theta}(x)$ は

$$f_{W_\theta}(x) = \frac{\lambda}{2} e^{-\lambda |x|}$$

となる．これらは幾何分布の極限からもわかるし，離散分布での類似の計算をブラウン運動の場合に置き換えても同様にできる．

第14章
逆正弦法則

14.1 離散逆正弦分布 DA$(2n)$

確率変数 X がパラメータ $2n$ の離散逆正弦分布(discrete arcsine law)であるとは, $X \sim \mathrm{DA}(2n)$ と書き,

$$P(X = 2k) = \frac{1}{2^{2n}} \binom{2k}{k} \binom{2(n-k)}{n-k} \qquad (2k = 0, 2, 4, \cdots, 2n)$$

のときをいう(注:離散逆正弦分布という呼び方や $\mathrm{DA}(2n)$ という表記法は, 正規分布やポアソン分布のように一般的に周知されているわけではないことに注意しよう).

例えば, $X \sim \mathrm{DA}(4)$ ならその確率分布は

X	0	2	4
確率	$\frac{6}{16}$	$\frac{4}{16}$	$\frac{6}{16}$

$X \sim \mathrm{DA}(6)$ なら

X	0	2	4	6
確率	$\frac{20}{64}$	$\frac{12}{64}$	$\frac{12}{64}$	$\frac{20}{64}$

となる.

練習問題 14.1 ● $X \sim \mathrm{DA}(8)$, $X \sim \mathrm{DA}(10)$ の確率分布(表)を書け.

練習問題 14.2 ● $X \sim \mathrm{DA}(2n)$ のとき, X のモード(すなわち $P(X = k)$ が最大となる k)は $2k = 0, 2n$ であることを示せ.

$X \sim \mathrm{DA}(2n)$ はこのように両極端に近ければ近いほど確率が高くなる確率分布である。この離散逆正弦分布やその極限である逆正弦分布は，ランダムウォークやブラウン運動に関する確率分布として，よく現れる確率分布なのである。

定義 t 以前でランダムウォークが最後にゼロとなる時間 g_t を次のように定義する。

$$g_t \underset{\mathrm{def}}{=\!=} \sup\{s \,|\, Z_s = 0, \ s \leqq t\}$$

この g_t を英語で last zero-before t ともいう。

例えば Z_t のパスが 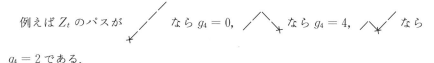 なら $g_4 = 0$, なら $g_4 = 4$, なら $g_4 = 2$ である。

定理（g_t に対する逆正弦法則）

$$g_{2n} \sim \mathrm{DA}(2n)$$

つまり

$$P(g_{2n} = 2k) = \frac{1}{2^{2n}} \binom{2k}{k} \binom{2(n-k)}{n-k} \qquad (2k = 0, 2, 4, \cdots, 2n)$$

である。

[証明] $g_{2n} = 2k$ であるとは，$Z_{2k} = 0$ で，その後 Z_t がゼロとならないことであるから，独立増分性に注意して，

$$
\begin{aligned}
P(g_{2n} = 2k) &= P(Z_{2k} = 0 \cap Z_{2k+1} \neq 0 \cap \cdots \cap Z_{2n} \neq 0) \\
&= P(Z_{2k} = 0 \cap Z_{2k+1} - Z_{2k} \neq 0 \cap \cdots \cap Z_{2n} - Z_{2k} \neq 0) \\
&= P(Z_{2k} = 0) P(Z_{2k+1} - Z_{2k} \neq 0 \cap \cdots \cap Z_{2n} - Z_{2k} \neq 0) \\
&\qquad\qquad \text{[∵ 独立増分性より Z_{2k} と $Z. -Z_{2k}$ は独立]} \\
&= P(Z_{2k} = 0) P(\widehat{Z}_1 \neq 0 \cap \cdots \cap \widehat{Z}_{2(n-k)} \neq 0) \\
&\qquad\qquad \text{[∵ $\widehat{Z}_t = Z_{t+2k} - Z_{2k}$ とすると，$Z.$ と $\widehat{Z}.$ は独立で同じ分布]}
\end{aligned}
$$

$$= P(Z_{2k} = 0)\, P(Z_{2(n-k)} = 0) \qquad [\because \text{第4章の結果}]$$

$$= \frac{1}{2^{2k}} \binom{2k}{k} \frac{1}{2^{2(n-k)}} \binom{2(n-k)}{n-k}$$

$$= \frac{1}{2^{2n}} \binom{2k}{k} \binom{2(n-k)}{n-k} \qquad \text{(証明終)}$$

練習問題 14.3 ● $2n = 4,\ 2n = 6$ のとき，$g_{2n} \sim \mathrm{DA}(2n)$ を具体的に（パスを全部調べることにより）確かめよ．

また $Z_{2k+1} \neq 0$ なので $g_{2n+1} \sim g_{2n}$（つまり $P(g_{2n+1} = 2k) = P(g_{2n} = 2k)$）で，$g_t$ は奇数の値を取らないことに注意しよう．次節では，ランダムウォークと独立な幾何分布 θ までの g_θ を調べるための準備を行なう．

14.2 離散カイ二乗分布 DC(q)

まず，次のべき級数を調べよう．

定理

$$\sum_{n=0}^{\infty} \binom{2n}{n} q^n = (1-4q)^{-\frac{1}{2}} \qquad \left(|q| < \frac{1}{4}\right)$$

［証明］ 負の2項定理より，

$$(1-4q)^{-\frac{1}{2}} = \sum_{n=0}^{\infty} \binom{-\frac{1}{2}}{n} (-4q)^n$$

$$= \sum_{n=0}^{\infty} \frac{\left(-\frac{1}{2}\right)\left(-\frac{1}{2}-1\right)\cdots\left(-\frac{1}{2}-n+1\right)}{n!} (-4q)^n$$

$$= \sum_{n=0}^{\infty} \frac{1 \cdot 3 \cdots (2n-1)}{2^n n!} (4q)^n$$

$$= \sum_{n=0}^{\infty} \frac{(2n)!}{n!\,n!}\,(q)^n \qquad\qquad \text{(証明終)}$$

この定理より $\sum_{n=0}^{\infty} \binom{2n}{n} (1-4q)^{\frac{1}{2}} q^n = 1$ となるので

$$P(X=k) = (1-4q)^{\frac{1}{2}} \binom{2k}{k} q^k \qquad (k=0,1,2,\cdots)$$

はある確率変数 X の確率分布となり，これを $X \sim \mathrm{DC}(q)$（パラメータ q の離散カイ二乗分布；discrete chi-square distribution)とする．(注：この理由は後述するが，これも著者独自の呼び方と思われるので注意しておこう．)

　ここで，なぜこれを離散カイ二乗分布と呼ぶかを説明しておこう．パラメータ n, p の負の2項分布 $NB(n, p)$ について復習をしておくと，

$$X \sim NB(n, p)$$

であるとは，$q = 1-p$ として

$$P(X=k) = \binom{n+k-1}{k} p^n q^k \qquad (k=0,1,2,\cdots)$$

であった．

　$n=1$ とすると，$X \sim NB(1, p)$ は $P(X=k) = pq^k\ (k=0,1,2,\cdots)$ なので，$NB(1, p) = \mathrm{Ge}(p)$ である．また $n \in \mathbb{N}$ で，独立にベルヌーイ試行を何回も行なうとき

初めて n 回成功するまでに失敗した回数 $= X$

とすると $X \sim NB(n, p)$ であるが，負の2項展開(ニュートン展開) $(1+x)^\alpha$ の α は必ずしも自然数である必要はなく，実数でよい．よって $X \sim NB(\alpha, p)$ の α は $(\alpha > 0,\ \alpha \in \mathbb{R})$ と，少し一般化して考えられる．

　$\alpha = \dfrac{1}{2}$ のときは

$$P(X=k) = \binom{k-\dfrac{1}{2}}{k} p^{\frac{1}{2}} q^k = \frac{(2k)!}{k!\,k!}\, p^{\frac{1}{2}} \left(\frac{q}{4}\right)^k,$$

つまり $X \sim \mathrm{DC}\left(\dfrac{q}{4}\right)$ であることに注意し，また

$$Y \sim NB(\alpha, p),\ \ Y' \sim NB(\beta, p),\ \ Y \text{ と } Y' \text{ は独立}$$

のとき

$$Y + Y' \sim NB(\alpha+\beta, p)$$

なので $(\because\ E(t^{Y+Y'}) = E(t^Y) E(t^{Y'})$

$$= \left(\frac{p}{1-qt}\right)^{\alpha}\left(\frac{p}{1-qt}\right)^{\beta} = \left(\frac{p}{1-qt}\right)^{\alpha+\beta} = E(t^{NB(\alpha+\beta,p)})$$

となるからで，それは負の 2 項分布の再生性である（[15]））

$$X \sim X' \sim NB\left(\frac{1}{2}, p\right), \ \ X \ と \ X' \ は独立$$

とすると

$$X + X' \sim NB(1, p) = \mathrm{Ge}(p)$$

がわかる．

　一方，連続分布で $N \sim N(0,1)$ のとき，N^2 の分布のことを自由度 1 のカイ二乗分布 (χ_1^2) と呼ぶが $\left(f_{N^2}(x) = \dfrac{1}{\sqrt{2\pi x}}\, e^{-\frac{1}{2}x}\ (x > 0)\ である\right)$，ガンマ分布 $\Gamma(p, a)$ $\left(f_{\Gamma(p,a)}(x) = \dfrac{1}{\Gamma(p)\, a^p}\, x^{p-1} e^{-\frac{x}{a}}\ (x > 0) である\right)$ を考えると

$$\chi_1^2 \sim \Gamma\left(\frac{1}{2}, 2\right)$$

となる．するとガンマ分布の再生性（[15]）より，$N' \sim N(0, 1)$（N と N' は独立）とすると

$$N^2 + (N')^2 \sim \Gamma\left(\frac{1}{2} + \frac{1}{2}, 2\right) = \Gamma(1, 2)$$

$$= 平均 2 \ の指数分布$$

がわかる．指数分布の離散版が幾何分布なので，独立な $\mathrm{DC}(q)$ を 2 つ加えると幾何分布となり，これが $\mathrm{DC}(q)$ を離散カイ二乗分布と呼ぶ理由である．

　θ を Z と独立な幾何分布 $\theta \sim \mathrm{Ge}(p)$ とすると

定理

$$\frac{1}{2} g_{\theta} \sim \mathrm{DC}\left(\frac{q^2}{4}\right)$$

つまり

$$P(g_{\theta} = 2k) = (1 - q^2)^{\frac{1}{2}} \binom{2k}{k} \left(\frac{q^2}{4}\right)^k \qquad (k = 0, 1, 2, \cdots)$$

[証明]

$$P(g_\theta = 2k) = \sum_{l=k}^{\infty} P(g_{2l} = 2k \cap \theta = 2l)$$

$$+ \sum_{l=k}^{\infty} P(g_{2l+1} = 2k \cap \theta = 2l+1)$$

$$= \sum_{l=k}^{\infty} P(g_{2l} = 2k)\, pq^{2l} + \sum_{l=k}^{\infty} P(g_{2l+1} = 2k)\, pq^{2l+1}$$

$$= \sum_{l=k}^{\infty} \frac{1}{2^{2l}} \binom{2k}{k}\binom{2(l-k)}{l-k}(pq^{2l}+pq^{2l+1})$$

$$= p(1+q)\binom{2k}{k}\sum_{l=k}^{\infty}\binom{2(l-k)}{l-k}\left(\frac{q^2}{4}\right)^l$$

$$= p(1-q)\binom{2k}{k}\sum_{l'=0}^{\infty}\binom{2l'}{l'}\left(\frac{q^2}{4}\right)^{l'+k}$$

$$= p(1+q)\binom{2k}{k}\left(\frac{q^2}{4}\right)^k(1-q^2)^{-\frac{1}{2}}$$

$$= (1-q^2)^{\frac{1}{2}}\binom{2k}{k}\left(\frac{q^2}{4}\right)^k \qquad \text{(証明終)}$$

また g_θ の確率母関数 $E(t^{g_\theta})$ は

$$E(t^{g_\theta}) = \sum_{k=0}^{\infty} P(g_\theta = 2k)\, t^{2k} = (1-q^2)^{\frac{1}{2}}\sum_{k=0}^{\infty}\binom{2k}{k}\left(\frac{q^2}{4}\right)^k t^{2k}$$

$$= \left(\frac{1-q^2}{1-q^2t^2}\right)^{\frac{1}{2}}$$

となることに注意しておく.

14.3 正の側の滞在時間

対称ランダムウォーク Z_t が正の側にいる滞在時間も離散逆正弦法則に従う. この節では，この事実を示してみよう.

ここで，ランダムウォークが時刻 n までに正の側にいる滞在時間 A_n の正確な定義を行なう.

定義

$$A_n = \begin{pmatrix} i = 1 \sim n \ \text{で} \ Z_i > 0 \ \text{となるか，または} \\ Z_{i-1} = 1 \cap Z_i = 0 \ \text{となる} \ i \ \text{の個数} \end{pmatrix}$$

$$= \#\{i \,|\, 1 \le i \le n, \ Z_i > 0 \cup (Z_{i-1} = 1 \cap Z_i = 0)\}$$

また，指示関数を用いると，

$$A_n = \sum_{i=1}^{n} \left(1_{(0,+\infty)}(Z_i) + 1_{\{1\}}(Z_{i-1})1_{\{0\}}(Z_i)\right)$$

とも書けることに注意する.

例えば，$n = 4$ で ／／／／ のとき $A_4 = 4$，／＼＼／ のとき $A_4 = 2$，＼／＼／

や ＼＼／＼ のとき $A_4 = 0$ である．具体的に調べてみると，$A_4 = 0, 2, 4$ となる
パスの個数はそれぞれ $6, 4, 6$ となり，第1節で見た離散逆正弦分布になること
が予想され，実際それは成立する.

練習問題 14.4 ● A_6 を具体的に調べてみよ.

定理（A_n に関する逆正弦法則）

　　$A_{2n} \sim \mathrm{DA}(2n)$

つまり，

$$P(A_{2n} = 2k) = \frac{1}{2^{2n}}\binom{2k}{k}\binom{2(n-k)}{n-k} \qquad (2k = 0, 2, 4, \cdots, 2n)$$

[証明]　フェラー（[9]）では帰納法を用いて証明されているが，ここではま
ったく別の，母関数と離散ファインマン-カッツの定理を用いる方法で証明し
てみよう.

x から出発するランダムウォーク $Z_t^x = x + Z_t$ を考え，Z_t^x が正の側にいる
滞在時間を

$$A_n^x = \sum_{i=1}^n \left(1_{(0,+\infty)}(Z_i^x) + 1_{\{1\}}(Z_{i-1}^x) 1_{\{0\}}(Z_i^x) \right)$$

とおき，A_n^x の確率母関数 $u(n,x) = E(t^{A_n^x})$ を考える．すると，離散ファインマン-カッツの定理とまったく同様にして

$x \geqq 1$ のとき

$$u(n+1,x) = E(t^{A_{n+1}^x}) = E(E(t^{A_{n+1}^x}|Z_1^x))$$

$$= \frac{1}{2} E(t^{A_{n+1}^x}|Z_1^x = x+1) + \frac{1}{2} E(t^{A_{n+1}^x}|Z_1^x = x-1)$$

$$= \frac{1}{2} t\, u(n,x+1) + \frac{1}{2} t\, u(n,x-1)$$

同様に

$x = 0$ のとき

$$u(n+1,0) = \frac{1}{2} t\, u(n,1) + \frac{1}{2} u(n,-1)$$

$x \leqq -1$ のとき

$$u(n+1,x) = \frac{1}{2} u(n,x+1) + \frac{1}{2} u(n,x-1)$$

$\cdots\cdots$①

となる．

また

$$u(1,x) = \begin{cases} t & (x \geqq 1) \\ \dfrac{t+1}{2} & (x = 0) \\ 1 & (x \leqq -1) \end{cases}$$

は定義から明らかなので，$u(0,x) \equiv 1$ と定めておくと，①は $n \geqq 0$ で成立することになる．

ここで $Z_.$ と独立な θ ($\theta \sim \mathrm{Ge}(p)$) を取ってきて

$$\hat{u}(q,x) = E(u(\theta,x)) = \sum_{n=0}^\infty u(n,x) p q^n$$

($u(n,x)$ の確率母関数，離散ラプラス変換(p が付いているが))を考えると

$$\sum_{n=0}^\infty u(n+1,x) p q^n = p q^{-1} \sum_{m=1}^\infty u(m,x) q^m$$

$$= q^{-1}(\hat{u}(q,x) - p u(0,x))$$

$$= q^{-1}(\hat{u}(q,x) - p)$$

に注意して①を変形すれば

$$\frac{1}{q}\left(\widehat{u}\left(q,x\right)-p\right) = \begin{cases} \dfrac{t}{2}\,\widehat{u}\left(q,x+1\right)+\dfrac{t}{2}\,\widehat{u}\left(q,x-1\right) & (x \geqq 1 \text{ のとき}) \\[2mm] \dfrac{t}{2}\,\widehat{u}\left(q,1\right)+\dfrac{1}{2}\,\widehat{u}\left(q,-1\right) & (x = 0 \text{ のとき}) \\[2mm] \dfrac{1}{2}\,\widehat{u}\left(q,x+1\right)+\dfrac{1}{2}\,\widehat{u}\left(q,x-1\right) & (x \leqq -1 \text{ のとき}) \end{cases}$$

となり，q を固定して考えると x の差分方程式（隣接3項間の漸化式）となる．これを解くと，$x-1 \geqq 0$ のとき特殊解は $\dfrac{p}{1-qt}$，特性方程式は $\dfrac{qt}{2}\lambda^2-\lambda+\dfrac{qt}{2}=0$ となるので，

$$\widehat{u}\left(q,x\right) = \frac{p}{1-qt}+C_1\left(\frac{1-\sqrt{1-q^2t^2}}{qt}\right)^x+C_2\left(\frac{1+\sqrt{1-q^2t^2}}{qt}\right)^x$$

となる定数 C_1, C_2 が存在するが，$|t|<1$ として，$x \to \infty$ のとき $\widehat{u}\left(q,x\right)$ は有界でなければならないので，$C_2 = 0$．

よって $x \geqq 0$ のとき

$$\widehat{u}\left(q,x\right) = \frac{p}{1-qt}+C_1\left(\frac{1-\sqrt{1-q^2t^2}}{qt}\right)^x$$

同様に $x \leqq 0$ のとき

$$\widehat{u}\left(q,x\right) = 1+C_3\left(\frac{1+\sqrt{1-q^2}}{q}\right)^x$$

となる定数 C_3 が存在する．すると

$$\widehat{u}\left(q,0\right) = \frac{p}{1-qt}+C_1 = 1+C_3 \qquad\qquad \cdots\cdots②$$

が得られ

$$\frac{1}{q}\left(\widehat{u}\left(q,0\right)-p\right) = \frac{t}{2}\,\widehat{u}\left(q,1\right)+\frac{1}{2}\,\widehat{u}\left(q,-1\right)$$

より

$$\frac{1}{q}\left(1+C_3-p\right)$$

$$= \frac{t}{2}\left(\frac{p}{1-qt}+C_1\frac{1-\sqrt{1-q^2t^2}}{qt}\right)+\frac{1}{2}\left(1+C_3\left(\frac{1+\sqrt{1-q^2}}{q}\right)^{-1}\right)$$

$$\cdots\cdots ③$$

も得られる.

③より

$$\left(1-\sqrt{1-q^2t^2}\right)C_1-\left(1+\sqrt{1-q^2}\right)C_3=\frac{q\left(1-t\right)}{\left(1-qt\right)}$$

となり，これと②を合わせて C_3 を求めると

$$C_3=-\frac{q\left(1-t\right)}{\left(1-qt\right)}\times\frac{\sqrt{1-q^2t^2}}{\sqrt{1-q^2}+\sqrt{1-q^2t^2}}$$

したがって

$$\widehat{u}\left(q,0\right)=1+C_3$$

$$=\frac{\sqrt{1-q^2}}{\sqrt{1-q^2}+\sqrt{1-q^2t^2}}+\frac{1-q}{1-qt}\times\frac{\sqrt{1-q^2t^2}}{\sqrt{1-q^2}+\sqrt{1-q^2t^2}}$$

よって，これは $\sum\limits_{n,l}t^lq^nP(A_n=l)$ を表していて，2変数の母関数として原理的には $P(A_n=l)$ がわかる.

しかし，このままだと複雑なので，n が偶数のときのみを考える．一般的に母関数 $f(q)=\sum\limits_{n=0}^{\infty}a_nq^n$ から偶数次の項だけを取り出すには $\frac{f(q)+f(-q)}{2}=\sum\limits_{n=0}^{\infty}a_{2n}q^{2n}$ を考えればよいので

$$\sum_{n=0}^{\infty}q^{2n}u\left(2n,0\right)=\frac{\dfrac{1}{p}\,\widehat{u}\left(q,0\right)+\dfrac{1}{1+q}\,\widehat{u}\left(-q,0\right)}{2}$$

$$=\frac{1}{\sqrt{1-q^2}}\times\frac{1}{\sqrt{1-q^2}+\sqrt{1-q^2t^2}}$$

$$+\frac{1}{\sqrt{1-q^2t^2}}\times\frac{1}{\sqrt{1-q^2}+\sqrt{1-q^2t^2}}$$

$$=\left(\left(1-q^2\right)\left(1-q^2t^2\right)\right)^{-\frac{1}{2}}\qquad\cdots\cdots(A)$$

また前節の最後より

$$\left(\frac{1-q^2}{1-q^2t^2}\right)^{\frac{1}{2}}=E\left(t^{g_\theta}\right)$$

$$=\sum_{k=0}^{\infty}P\left(g_\theta=2k\right)t^{2k}$$

$$=\sum_{k=0}^{\infty}\left(\sum_{n=0}^{\infty}P\left(g_{2n}=2k\right)pq^{2n}+\sum_{n=0}^{\infty}P\left(g_{2n+1}=2k\right)pq^{2n+1}\right)t^{2k}$$

$$= \sum_{k=0}^{\infty} \sum_{n=0}^{\infty} P(g_{2n} = 2k)(1-q^2)q^{2n}t^{2k}$$

よって

$$\sum_{n=0}^{\infty} \left(\sum_{k=0}^{\infty} P(g_{2n} = 2k)t^{2k} \right) q^{2n} = ((1-q^2)(1-q^2t^2))^{-\frac{1}{2}} \qquad \cdots\cdots (B)$$

(A), (B) より

$$u(2n,0) = \sum_{k=0}^{\infty} P(g_{2n} = 2k)t^{2k}$$

つまり $E(t^{A_{2n}}) = E(t^{g_{2n}})$ となり $A_{2n} \sim g_{2n}$ が示せた. (証明終)

注意 1 このように A_{2n} の確率分布はきれいな離散逆正弦分布となるが, A_{2n+1} の分布の方は g_{2n+1} と異なり, 複雑になってしまうことに注意する.

注意 2 この証明は少し難しかったように思えるかも知れないが, ブラウン運動の場合の1つのスタンダードな証明(正の滞在時間のモーメント母関数のファインマン-カッツ解のラプラス変換を常微分方程式を用いて解き, それを逆ラプラス変換する方法, [11])の離散版である. 最後の章で述べるが, この離散版の極限としてもいわゆるブラウン運動の正の滞在時間の逆正弦法則が得られる([11]).

注意 3 論文[18]ではさらに関連するいろいろなランダムウォークやブラウン運動に関する確率分布を調べている.

第15章

ランダムウォークの局所時間，レヴィの定理

15.1 対称ランダムウォークの特徴づけ

第6章で見たように，対称ランダムウォーク Z_t に関するマルチンゲール，つまり $\xi_1, \xi_2, \cdots, \xi_t$ マルチンゲール $U_t\,(U_0 = 0)$ は

$$U_t = f_1 \xi_1 + f_2(\xi_1)\xi_2 + \cdots + f_t(\xi_1, \xi_2, \cdots, \xi_{t-1})\xi_t$$

というマルチンゲール表現（離散確率積分表現）を持ち，また，そのように表されるものは $\xi_1, \xi_2, \cdots, \xi_t$ マルチンゲールであった．ここで，$f_i(\xi_1, \xi_2, \cdots, \xi_{i-1})$ の意味は i 回目の賭けへの賭け金で，それはインチキのないように時刻 $i-1$ までの情報 $\xi_1, \xi_2, \cdots, \xi_{i-1}$ で決まるもので，$f_i > 0$ のときには「r」に $|f_i|$ を賭け，$f_i < 0$ のときには「b」に $|f_i|$ を賭け，$f_i = 0$ のときには i 回目の賭けはスキップするということであった．

さて，$\xi_1, \xi_2, \cdots, \xi_t$ マルチンゲール U_t が実は対称ランダムウォークであること，つまり

$$U_1, U_2 - U_1, \cdots, U_t - U_{t-1} \text{ は独立で同分布,}$$

$$\text{任意の } i \text{ について } P(U_{i+1} - U_i = 1) = P(U_{i+1} - U_i = -1) = \frac{1}{2}$$

となるための条件を調べてみよう．つまり，「マルチンゲールがいつランダムウォークなのか」ということを調べていく．

> **定理** $U_t\,(U_0 = 0)$ が $\xi_1, \xi_2, \cdots, \xi_t$ マルチンゲールとするとき
>
> U_t が対称ランダムウォーク $\Longleftrightarrow \forall i \in \{0, 1, 2, \cdots\}\,(U_{i+1} - U_i)^2 = 1$

[⇒ の証明] $P(U_{i+1} - U_i = \pm 1) = 1$ より明らか．

[⇐ の証明] 多次元モーメント母関数（t の代りに $t = e^{\alpha}$ とおいた $E(e^{\alpha X})$ を X のモーメント母関数と呼び，$E(e^{\alpha_1 X_1 + \alpha_2 X_2})$ を (X_1, X_2) の 2 次元モーメント母関数と呼ぶ．）

$$E\left(e^{\alpha_1 U_1 + \alpha_2(U_2 - U_1) + \cdots + \alpha_{n-1}(U_{n-1} - U_{n-2}) + \alpha_n(U_n - U_{n-1})}\right)$$

$$= E\left(e^{\alpha_1 U_1 + \alpha_2(U_2 - U_1) + \cdots + \alpha_{n-1}(U_{n-1} - U_{n-2})} E\left(e^{\alpha_n(U_n - U_{n-1})} \mid \xi_1, \xi_2, \cdots, \xi_{n-1}\right)\right)$$

ここで $U_n - U_{n-1} = f_n(\xi_1, \xi_2, \cdots, \xi_{n-1})\xi_n$ とおけば，$(U_n - U_{n-1})^2 = 1$ より $f_n \in \{-1, 1\}$ である．すると，任意の $x_i \in \{-1, 1\}$ に対して

$$E\left(e^{\alpha_n f_n(x_1, x_2, \cdots, x_{n-1})\xi_n} \mid \xi_1 = x_1 \cap \xi_2 = x_2 \cap \cdots \cap \xi_{n-1} = x_{n-1}\right)$$

$$= E\left(e^{\alpha_n f_n(x_1, x_2, \cdots, x_{n-1})\xi_n}\right) \qquad [\because \xi_1, \xi_2, \cdots, \xi_{n-1} \text{ と } \xi_n \text{ は独立}]$$

$$= \frac{e^{\alpha_n f_n(x_1, x_2, \cdots, x_{n-1})} + e^{-\alpha_n f_n(x_1, x_2, \cdots, x_{n-1})}}{2}$$

$$= \frac{e^{\alpha_n} + e^{-\alpha_n}}{2} \qquad [\because f_n(x_1, x_2, \cdots, x_{n-1}) \in \{-1, 1\}]$$

よって

$$E\left(e^{\alpha_1 U_1 + \alpha_2(U_2 - U_1) + \cdots + \alpha_n(U_n - U_{n-1})}\right)$$

$$= \frac{e^{\alpha_n} + e^{-\alpha_n}}{2} E\left(e^{\alpha_1 U_1 + \alpha_2(U_2 - U_1) + \cdots + \alpha_{n-1}(U_{n-1} - U_{n-2})}\right)$$

$$= \frac{e^{\alpha_n} + e^{-\alpha_n}}{2} \times \frac{e^{\alpha_{n-1}} + e^{-\alpha_{n-1}}}{2} \times \cdots \times \frac{e^{\alpha_2} + e^{-\alpha_2}}{2} \times \frac{e^{\alpha_1} + e^{-\alpha_1}}{2}$$

$$= E\left(e^{\alpha_1 U_1}\right) E\left(e^{\alpha_2(U_2 - U_1)}\right) \cdots E\left(e^{\alpha_n(U_n - U_{n-1})}\right)$$

となり $U_1, U_2 - U_1, \cdots, U_n - U_{n-1}$ は独立で

$$P(U_n - U_{n-1} = 1) = P(U_n - U_{n-1} = -1) = \frac{1}{2}$$

つまり U_t は対称ランダムウォークであることがわかる． （証明終）

（注：任意の i に対して $U_{i+1} - U_i = \pm 1$，つまり $f_{i+1}(\xi_1, \xi_2, \cdots, \xi_i) \in \{-1, 1\}$ ということは，「r」か「b」のどちらに賭けるのかはそれまでの情報によって決め，賭け金は常に 1 ドル，ということである．これは直観的にも明らかなように対称ランダムウォークにほかならない．）

また，次の定理も成立する．

定理 $U_t\,(U_0=0)$ を $\xi_1,\,\xi_2,\,\cdots,\,\xi_t$ マルチンゲールとするとき

  U_t^2-t も $\xi_1,\,\xi_2,\,\cdots,\,\xi_t$ マルチンゲール

  $\Longleftrightarrow U_t$ は対称ランダムウォーク

[$\Rightarrow$ の証明] $U_{t+1}-U_t=f_{t+1}(\xi_1,\,\xi_2,\,\cdots,\,\xi_t)\xi_{t+1}$ とおけるので

$$U_{t+1}^2-(t+1)-(U_t^2-t)=(U_t+f_{t+1}(\xi_1,\,\xi_2,\,\cdots,\,\xi_t)\xi_{t+1})^2-U_t^2-1$$

$$=2U_tf_{t+1}(\xi_1,\,\xi_2,\,\cdots,\,\xi_t)\xi_{t+1}+(f_{t+1}(\xi_1,\,\xi_2,\,\cdots,\,\xi_t))^2-1$$

よって，マルチンゲール表現定理より

$$(f_{t+1}(\xi_1,\,\xi_2,\,\cdots,\,\xi_t))^2-1=2g_{t+1}(\xi_1,\,\xi_2,\,\cdots,\,\xi_t)\xi_{t+1}$$

とおくことができる．左辺には ξ_{t+1} が入っていないので，$f_{t+1}(\xi_1,\,\xi_2,\,\cdots,\,\xi_t)^2=1$ である．したがって，前定理より U_t は対称ランダムウォークである．

[$\Leftarrow$ の証明] U_t は $\xi_1,\,\xi_2,\,\cdots,\,\xi_t$ マルチンゲールより

$$U_{t+1}-U_t=f_{t+1}(\xi_1,\,\xi_2,\,\cdots,\,\xi_t)\xi_{t+1}$$

とおくことができる．U_t が対称ランダムウォークであることから，$f_{t+1}(\xi_1,\,\xi_2,\,\cdots,\,\xi_t)\in\{-1,1\}$．すると

$$U_{t+1}^2-(t+1)-(U_t^2-t)=2U_tf_{t+1}(\xi_1,\,\xi_2,\,\cdots,\,\xi_t)\xi_{t+1}$$

となり，よって U_t^2-t は $\xi_1,\,\xi_2,\,\cdots,\,\xi_t$ マルチンゲールである．   （証明終）

M_t がブラウン運動に関するマルチンゲールのとき

  M_t がブラウン運動

  $\Longleftrightarrow (dM_t)^2=dt$

  $\Longleftrightarrow (M_t)^2-t$ もブラウン運動に関するマルチンゲール

というブラウン運動の特徴づけ（レヴィによる）は，確率解析における基本定理の１つである．

 本来なら $\mathscr{F}_t$ をフィルトレーションとして（フィルトレーション $\mathscr{F}_t$ とは t までの情報によって生成された σ 加法族のことである），

  M_t が $\mathscr{F}_t$ ブラウン運動

  $\Longleftrightarrow M_t,\,(M_t)^2-t$ がともに連続 $\mathscr{F}_t$ マルチンゲール，

$\mathscr{F}_t$ を $t=0,1,2,\cdots$ のフィルトレーションとして

M_t が $\mathscr{F}_t$ 対称ランダムウォーク

$\Longleftrightarrow M_t, (M_t)^2 - t$ がともに $\mathscr{F}_t$ マルチンゲール,

といったほうがより正確である ([22], [24], [38]).

この2つの定理より

$$\xi_1 - \xi_2 + \xi_3 - \cdots + (-1)^{t-1}\xi_t,$$
$$\xi_1 + \xi_1\xi_2 + \xi_2\xi_3 + \cdots + \xi_{t-1}\xi_t,$$
$$\xi_1 + \xi_1\xi_2 + \xi_1\xi_2\xi_3 + \cdots + \xi_1\xi_2\cdots\xi_{t-1}\xi_t$$

はすべて対称ランダムウォークである. また第2章ですでに用いたが

$$\tilde{Z}_t = \begin{cases} Z_t & (t \leq \tau_a = \inf\{t \mid Z_t = a\}) \\ 2a - Z_t & (t \geq \tau_a) \end{cases}$$

も $t \leq \tau_a$ までは「r」に1ドル賭け, それ以降は「b」に1ドル賭けるということなので, これも対称ランダムウォークである. これは, 対称ランダムウォークの鏡像原理や, それから得られる max の分布計算などに用いられた.

また

$$\widehat{Z}_t = \sum_{i=0}^{t-1}\{-1_{(-\infty,0]}(Z_i) + 1_{[1,+\infty)}(Z_i)\}\xi_{i+1}$$

とおくと, これは $i+1$ 回目の賭けは $Z_i \geq 1$ ならば「r」に1ドル賭け, $Z_i \leq 0$ ならば「b」に1ドル賭けるので, 明らかに対称ランダムウォークである. このことは $\widehat{Z}_{i+1} - \widehat{Z}_i = (-1_{(-\infty,0]}(Z_i) + 1_{[1,+\infty)}(Z_i))\xi_{i+1} \in \{-1, 1\}$ からもわかる.

15.2 レヴィの定理

ポール・レヴィ (Paul Lévy, 1886-1971) はコルモゴロフ, フェラー, 伊藤清, …と同じく現代確率論の基礎をつくった巨人の一人で, 著書 *"Processus stochastiques et mouvement brownien"* (Gauthier-Villars, Paris, 1948) は有名である. 彼の主要業績は, レヴィ過程, レヴィ-ヒンチン分解, レヴィの反転公式, ブラウン運動の特徴づけ (前節で述べた), ブラウン運動の逆正弦法則, そしてブラウン運動の局所時間などであろう.

ここで有名なブラウン運動の局所時間に関するレヴィの定理を述べる.

> **定理** W_t：ブラウン運動，$M_t = \max_{0 \leq s \leq t} W_s$,
>
> $\qquad L_t = W_s \, (0 \leq s \leq t)$ の 0 における局所時間
>
> $$= \lim_{\varepsilon \downarrow 0} \frac{1}{2\varepsilon} \int_0^t 1_{(-\varepsilon, \varepsilon)}(W_s)\, ds \quad \left(= \int_0^t \delta_0(W_s)\, ds \right)$$
>
> （つまり，ブラウン運動が時刻 t までに 0 にいる滞在時間）
>
> とするとき
>
> $$(M_. - W_., M_.) \sim (|W_.|, L_.)$$
>
> （つまり，2 次元確率過程として分布が等しい）
>
> が成立する．

これが**レヴィの定理**である（[22], [24], [38]）．とくに t を固定して

$$(M_t - W_t, M_t) \sim (|W_t|, L_t),$$

また周辺分布をとって，$M_t \sim L_t$ である．

いきなりブラウン運動でこの定理を考えるのは難しいので，ここではランダムウォークに置き換えて述べる．

まず，

$$M_t = \max_{0 \leq s \leq t} Z_s,$$

$L_t = Z_s \, (0 \leq s \leq t)$ の 0 における局所時間

$\quad (= \mathop{\mathrm{loc}}_{0 \leq s \leq t} Z_s$ とも書く$)$

$\quad \underset{\text{def}}{=} \#\{i \mid 0 \leq i \leq t-1, (Z_i = 0 \cap Z_{i+1} = 1) \cup (Z_i = 1 \cap Z_{i+1} = 0)\}$

$\quad =$ のように $y = 0$ と $y = 1$ の

帯の間にいるパスの個数

とおく．（注：これは筆者が定義したランダムウォークに関する局所時間で，ハンガリーのグループがよく研究した $\sum_{i=1}^{t} \delta_0(Z_i)$ とは少し異なる量であることに注意しておく．）

すると，まず直観的に $M_t \sim L_t$ がわかる．

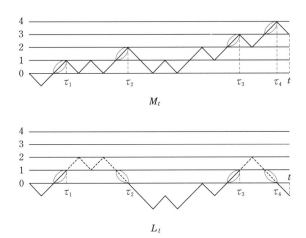

Proof without words for $M_t \sim L_t$

これが $M_t \sim L_t$ の "Proof without words"（見ただけでわかる証明）であるが，どうしても "Proof with words" がほしい読者のために図の説明をすると，上段の図は，ずっと「r」に1ドルずつ賭けるギャンブラーA のランダムウォーク Z_t に関する $M_t = \max_{0 \leq s \leq t} Z_s \ (= 4)$ である．［0〜1, 1〜2, 2〜3, 3〜4 に更新するパスに ○ を付けておいた．］

一方，下段の図は，ギャンブラーA の財産を見ながら自分の賭け方を変えるギャンブラーB を考えるのだが，ギャンブラーB の賭け方は

τ_1 までは A と同じ「r」,

τ_1 から τ_2 までは A と反対の「b」,

τ_2 から τ_3 までは A と同じ「r」,

τ_3 から τ_4 までは A と反対の「b」

というように最初は A と同じ賭け方をし，A の財産が1更新するたびに「r」から「b」，「b」から「r」と賭け方を変えていくとするのである．すると，ギャンブラーB の財産過程 $\tilde{Z}_t$ も対称ランダムウォークとなることは明らかである．

下段の図でわかるように，上段の図の更新パス（○で表示）は下段の図では 0 と1 の帯の間にいるパスとなる．つまり

$$\max_{0 \leq s \leq t}(Z_s) = \mathop{\mathrm{loc}}_{0 \leq s \leq t}(\tilde{Z}_s) \qquad （図の場合はどちらも 4）$$

となり，$Z_. \sim \tilde{Z}_.$ は明らかなので，

$$M_t = \max_{0 \leq s \leq t}(Z_s) = \mathop{\text{loc}}_{0 \leq s \leq t}(\tilde{Z}_s) \sim \mathop{\text{loc}}_{0 \leq s \leq t}(Z_s) = L_t$$

つまり $M_t \sim L_t$（M_t, L_t が同じ分布）がわかる．これはすでに第 1 章で具体的に実験して確かめたことであった．

15.3 離散田中公式

さて，前節で対称ランダムウォークにおいても $M_t \sim L_t$ が成立することを見たのであるが，さらにこれの full version を探っていく．

ブラウン運動の場合のように $|Z_t|$ をそのまま使ったのでは，$M_t - Z_t$ と分布が等しくならないことはすぐにわかる．なぜなら，$|Z_t|$ はいついかなるときでも増分が ± 1 だが，$M_t - Z_t$ の増分は $0, \pm 1$ だからである．そこで少し工夫をして，絶対値関数をモディファイし $|x| = \max(-x, x)$ の代りに

$$\lceil x \rceil \underset{\text{def}}{=} \max(x-1, -x)$$

を考えるとうまくいくことがわかる．

定理（離散レヴィの定理，論文[14]）
$$(M_. - Z_., M_.) \sim (\lceil Z_. \rceil, L_.)$$

［証明］ $f(x) = \lceil x \rceil = \max(x-1, -x)$ に離散伊藤公式

$$f(Z_{t+1}) - f(Z_t) = \frac{f(Z_t+1) - f(Z_t-1)}{2}(Z_{t+1} - Z_t)$$
$$+ \frac{f(Z_t+1) - 2f(Z_t) + f(Z_t-1)}{2}$$

を適用すると

$$\frac{f(x+1) - f(x-1)}{2} = 1_{[2,+\infty)}(x) + \frac{1}{2}1_{\{1\}}(x) - \frac{1}{2}1_{\{0\}}(x) - 1_{(-\infty,-1]}(x)$$

$$\frac{f(x+1) - 2f(x) + f(x-1)}{2} = \frac{1}{2}\left(1_{\{0\}}(x) + 1_{\{1\}}(x)\right)$$

はすぐにわかるので

$$\lceil Z_t \rceil = \sum_{i=0}^{t-1}\Big(1_{[2,+\infty)}(Z_i) + \frac{1}{2}1_{\{1\}}(Z_i) - \frac{1}{2}1_{\{0\}}(Z_i) - 1_{(-\infty,-1]}(Z_i)\Big)(Z_{i+1} - Z_i)$$

$$+ \frac{1}{2}\sum_{i=0}^{t-1}(1_{\{0\}}(Z_i) + 1_{\{1\}}(Z_i))$$

ここで符号関数

$$\mathrm{sgn}(x) = \begin{cases} 1 & (x \geqq 1) \\ -1 & (x \leqq 0) \end{cases}$$

を導入すると

$$\lceil Z_t \rceil = \sum_{i=0}^{t-1}\mathrm{sgn}(Z_i)(Z_{i+1} - Z_i)$$

$$+ \sum_{i=0}^{t-1}\Big(\frac{1}{2}1_{\{0\}}(Z_i) + \frac{1}{2}1_{\{1\}}(Z_i)$$

$$+ \Big(-\frac{1}{2}1_{\{1\}}(Z_i) + \frac{1}{2}1_{\{0\}}(Z_i)\Big)(Z_{i+1} - Z_i)\Big)$$

となり

$$\frac{1}{2}1_{\{0\}}(Z_i) + \frac{1}{2}1_{\{1\}}(Z_i) + \Big(-\frac{1}{2}1_{\{1\}}(Z_i) + \frac{1}{2}1_{\{0\}}(Z_i)\Big)(Z_{i+1} - Z_i) = 1$$

$$\Longleftrightarrow (Z_i = 0 \cap Z_{i+1} = 1) \cup (Z_i = 1 \cap Z_{i+1} = 0)$$

はすぐにわかるので, 0 における局所時間の定義より

$$\lceil Z_t \rceil = \sum_{i=0}^{t-1}\mathrm{sgn}(Z_i)(Z_{i+1} - Z_i) + L_t \qquad (離散田中公式)$$

(証明続く)

ブラウン運動の場合, これにあたるものは

$$f(x) = |x|$$

($f'(x) = \mathrm{sgn}(x)$, $f''(x) = 2\delta_0(x)$ (超関数の意味で)) に伊藤の公式を(少し一般化した形で)適用し

$$|W_t| = \int_0^t \mathrm{sgn}(W_s)\,dW_s + L_t$$

ここで $\mathrm{sgn}(x) = \begin{cases} 1 & (x > 0) \\ -1 & (x \leqq 0) \end{cases}$ となり, これは**田中の公式**として有名であり, 確率解析のいろいろな場面で使われる重要な公式である(田中洋・慶應義塾大名誉教授).

ここで次の補題を考える.

補題(離散スカラホッドの補題) g, f, h は $\mathbf{Z}_+ = \{t \mid t \geqq 0, t \in \mathbf{Z}\}$ 上の $\mathbf{Z}$ 値関数で, $g(0) = f(0) = h(0) = 0$ かつ $g(t) = f(t) + h(t)$ と, $g(t)$ は $f(t)$ と $h(t)$ の和に分解されていると仮定する. さらに任意の $t \in \mathbf{Z}_+$ について次の条件

$$g(t+1) - g(t) = 0, \pm 1,$$
$$f(t+1) - f(t) = \pm 1,$$
$$h(t+1) - h(t) = 0, 1,$$
$$h(t+1) - h(t) = 1 \Longrightarrow g(t) = 0$$
(つまり $h(t)$ は $g(t) = 0$ のときのみ増加する),
$$g(t) \geqq 0$$

がすべて満たされているならば, h, g は

$$h(t) = -\min_{0 \leqq s \leqq t} f(s), \quad g(t) = f(t) - \min_{0 \leqq s \leqq t} f(s)$$

である. いいかえると, h, g は f により一意的にこのように決定される.

[補題の証明] まず, $g(s) \geqq 0$ より,
$$h(s) + f(s) \geqq 0.$$
したがって, $h(s) \geqq -f(s)$ で,

$$\max_{0 \leqq s \leqq t}(-f(s)) \leqq \max_{0 \leqq s \leqq t} h(s) = h(t)$$

$$\therefore \quad -\min_{0 \leqq s \leqq t} f(s) \leqq h(t) \qquad\qquad \cdots\cdots ①$$

一方, $g(t) \equiv 0$ なら $f(t) \equiv -h(t)$ で, かつ $h(t)$ が単調非減少より

$$h(t) = -\min_{0 \leqq s \leqq t} f(s)$$

である. また, $g(t) > 0$ となる t が存在したとすると, $t_1 = \sup\{s \mid 0 \leqq s < t, \ g(s) = 0\}$ となる t_1 が存在し
$$0 = g(t_1) = f(t_1) + h(t_1).$$
また, $t_1 + 1$ では

$$\forall t \ g(t) > 0, \qquad g(t+1) - g(t) = 0, \pm 1$$

と $g(t_1) = 0$ より, $g(t_1+1) = 1$. したがって

$$1 = g(t_1+1) = f(t_1+1) + h(t_1+1)$$

ここで $f(t_1+1) = f(t_1)-1$ とすると, $h(t_1+1) - h(t_1) = 2$ となり条件に矛盾.
よって $f(t_1+1) = f(t_1)+1$ とすると,

$$h(t_1+1) = 1 - f(t_1+1) = -f(t_1).$$

すると $t \geqq s \geqq t_1+1$ では, $g(s) > 0$ より $h(s+1) = h(s)$ なので

$$h(t) = h(t_1+1) = -f(t_1) \leqq -\min_{0 \leqq s \leqq t} f(s) \qquad\qquad \cdots\cdots ②$$

したがって, ①, ② より

$$h(t) = -\min_{0 \leqq s \leqq t} f(s)$$

また,

$$g(t) = f(t) - \min_{0 \leqq s \leqq t} f(s). \qquad\qquad\qquad\qquad (証明終)$$

(注:これはスカラホッドが連続時間のケースで示した補題([22], [24], [33]参照)を筆者が
離散バージョンに変形したものである([14]).)

[レヴィの定理の証明の続き] すると前の証明に戻って, 1節より

$$\sum_{i=0}^{t-1} \mathrm{sgn}(Z_i)(Z_{i+1} - Z_i) = \widehat{Z}_t$$

がまた対称ランダムウォークとなることと併せ, 離散スカラホッドの補題が適
用されて

$$L_t = -\min_{0 \leqq s \leqq t}(\widehat{Z}_s), \quad \lceil Z_t \rceil = \widehat{Z}_t - \min_{0 \leqq s \leqq t} \widehat{Z}_s$$

となる.
　ゆえに,

$$(\lceil Z_\cdot \rceil, L_\cdot) \sim (\widehat{Z}_\cdot - \min_{0 \leqq s \leqq \cdot} \widehat{Z}_s, \ -\min_{0 \leqq s \leqq \cdot} \widehat{Z}_s)$$

$$\sim \left(\max_{0 \leqq s \leqq \cdot}(-\widehat{Z}_s) - (-\widehat{Z}_\cdot), \ \max_{0 \leqq s \leqq \cdot}(-\widehat{Z}_s)\right)$$

で $-\widehat{Z}_\cdot$ も明らかに対称ランダムウォークなので, $(\lceil Z_\cdot \rceil, L_\cdot) \sim (M_\cdot - Z_\cdot,$

$M_\cdot$) が証明された. 　　　　　　　　　　　　　　　　　　　（証明終）

　もちろん証明を見ればわかるように

$$(\lceil Z_\cdot \rceil, L_\cdot) \sim (M_\cdot - Z_\cdot, M_\cdot) \sim (Z_\cdot - m_\cdot, -m_\cdot)$$

ここで $m_t = \min_{0 \le s \le t} Z_s$ である. とくに $(\lceil Z_t \rceil, L_t) \sim (M_t - Z_t, M_t) \sim (Z_t - m_t, -m_t)$ である.

　具体的に確かめてみると, 例えば

$$P(M_4 - Z_4 = 1 \cap M_4 = 1) = P(M_4 = 1 \cap Z_4 = 0)$$
$$= P(Z_4 = 2) - P(Z_4 = 4)$$
$$= \frac{3}{16} \qquad \text{[第2章参照]}$$
$$\left(= P\left(\diagup\diagdown\diagup\diagdown, \diagdown\diagup\diagdown\diagup, \diagdown\diagup\diagup\diagdown \right) \right)$$

そして

$$P(\lceil Z_4 \rceil = 1 \cap L_4 = 1) = P\left(\diagup\diagup\diagup, \diagup\diagdown\diagup, \diagdown\diagup\diagup \right) = \frac{3}{16}$$

となる.

　練習問題 15.1 ●いろいろな k, l で具体的に $P(M_4 - Z_4 = k \cap M_4 = l) = P(\lceil Z_4 \rceil = k \cap L_4 = l)$ を確かめてみよ. また, 他の t や m に関するものも考えてみよ.

15.4　非対称ランダムウォークとレヴィの定理

　最後に, 非対称ランダムウォークに関するレヴィの定理について述べておく. 前節の離散田中公式とまったく同じようにして

$$\lceil Z_t^{(p)} \rceil = \sum_{i=0}^{t-1} \mathrm{sgn}(Z_i^{(p)})(Z_{i+1}^{(p)} - Z_i^{(p)}) + L_t^{(p)}$$

が得られる.

　ここで注意したいのは, $\sum_{i=0}^{t-1} \mathrm{sgn}(Z_i^{(p)})(Z_{i+1}^{(p)} - Z_i^{(p)})$ は分布が $Z_t^{(p)}$ とは異なるということである. しかし, 次の推移図式をもつ離散 Bang Bang 過程 $J_t^{(p)}$ に

対して離散田中公式を用いれば良いことがすぐにわかる.

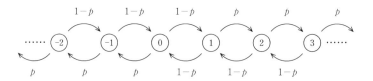

よって, 離散スカラホッドの補題を適用して, 次の定理が得られる.

定理(非対称ランダムウォークのレヴィの定理, 論文[14]を参照)

$$\left(Z^{(p)}_{\cdot} - \min_{0 \leq s \leq \cdot} Z^{(p)}_{s}, \ -\min_{0 \leq s \leq \cdot} Z^{(p)}_{s} \right) \sim \left(\lceil J^{(p)}_{\cdot} \rceil, \ \operatorname*{loc}_{0 \leq s \leq \cdot} J^{(p)}_{s} \right)$$

ここで, $Z^{(p)}_{\cdot}$ は 1 次元非対称ランダムウォークであり, $J^{(p)}_{\cdot}\,(J^{(p)}_{0}=0)$ は離散 Bang Bang 過程, つまり推移確率 $p(x,y)$ が

$x \geq 1$ のとき

$$p(x,y) = \begin{cases} p & (y = x+1) \\ 1-p & (y = x-1) \end{cases}$$

$x \leq 0$ のとき

$$p(x,y) = \begin{cases} 1-p & (y = x+1) \\ p & (y = x-1) \end{cases}$$

と表される離散確率過程である. $\operatorname*{loc}_{0 \leq s \leq \cdot}$ は 0 における局所時間を表す.

[証明]　確率差分方程式

$$X_{t+1} - X_t = \operatorname{sgn}(X_t)\,(Z^{(p)}_{t+1} - Z^{(p)}_{t}) \qquad (X_0 = 0)$$

を考えると,

$$\operatorname{sgn}(x) = \begin{cases} 1 & (x \geq 1) \\ -1 & (x \leq 0) \end{cases}$$

と $J^{(p)}_{\cdot}$ の定義より, X_t は離散 Bang Bang 過程 $J^{(p)}_{t}$ と一致する.

$\lceil J^{(p)}_{t} \rceil$ に対して離散伊藤公式を用いると, 前節とまったく同様に

$$\lceil J_t^{(p)} \rceil = \sum_{i=0}^{t-1} \mathrm{sgn}(J_i^{(p)})\,(J_{i+1}^{(p)} - J_i^{(p)}) + \mathop{\mathrm{loc}}_{0\le s\le t} J_s^{(p)}$$

ここで

$$\mathrm{sgn}(J_i^{(p)})\,(J_{i+1}^{(p)} - J_i^{(p)}) = (\mathrm{sgn}(J_i^{(p)}))^2 (Z_{i+1}^{(p)} - Z_i^{(p)}) = Z_{i+1}^{(p)} - Z_i^{(p)}$$

よって，$\lceil J_t^{(p)} \rceil = Z_t^{(p)} + \mathop{\mathrm{loc}}_{0\le s\le t} J_s^{(p)}$，ここで離散スカラホッドの補題より

$$\left(\lceil J_{\boldsymbol{\cdot}}^{(p)} \rceil,\ \mathop{\mathrm{loc}}_{0\le s\le \boldsymbol{\cdot}} J_s^{(p)} \right) = \left(Z_{\boldsymbol{\cdot}}^{(p)} - \min_{0\le s\le \boldsymbol{\cdot}} Z_s^{(p)},\ -\min_{0\le s\le \boldsymbol{\cdot}} Z_s^{(p)} \right)$$

（証明終）

第16章

ランダムウォークから作られる
マルコフ過程とピットマンの定理

16.1 ランダムウォークから作られるマルコフ過程

　第9章において，ランダムウォークに基づく確率差分方程式によってマルコフ過程を構成した．本章では，もっと直接的にランダムウォークから作られるマルコフ過程について考察する．

　離散確率過程 X_t $(t = 0, 1, 2, \cdots)$ がマルコフ過程(連鎖)であるとは，任意の $f : \mathbb{R} \to \mathbb{R}$ に対して，すべての t について
$$E(f(X_{t+1}) \mid X_t, X_{t-1}, \cdots, X_1, X_0) = E(f(X_{t+1}) \mid X_t)$$
つまり，すべての x_i $(i = 0, 1, 2, \cdots, t+1)$ について
$$P(X_{t+1} = x_{t+1} \mid X_t = x_t, X_{t-1} = x_{t-1}, \cdots, X_1 = x_1, X_0 = x_0)$$
$$= P(X_{t+1} = x_{t+1} \mid X_t = x_t)$$
$$[条件 X_t = x_t, \cdots, X_0 = x_0 が確率 0 となるような x_t, \cdots, x_0 は考える必要がない]$$
ということで，とくにこの $P(X_{t+1} = y \mid X_t = x)$ が t によらずに
$$P(X_{t+1} = y \mid X_t = x) = p(x, y)$$
とおけるとき，X_t は時間的一様なマルコフ過程，$p(x, y)$ はその推移確率という．（本書では，時間的一様なものしか考えないため，時間的一様性については いちいち断らないことにする．）

　まず例を見てみよう．

　例1　Z_t を対称ランダムウォークとするとき，$|Z_t|$ は $\{0, 1, 2, \cdots\}$ に値をとるマルコフ過程で，その推移確率 $p(x, y)$ は，$x = 0$ で

$$p(0, y) = \begin{cases} 1 & (y = 1) \\ 0 & (y > 1) \end{cases}$$

$x \geqq 1$ に対して

$$p(x, y) = \begin{cases} \dfrac{1}{2} & (y = x+1 \text{ または } x-1) \\ 0 & (\text{その他}) \end{cases}$$

となる.

[証明]　例えば $x \geqq 1$ で $y = x+1$ のとき

$$P(|Z_{t+1}| = x+1 \,|\, |Z_t| = x, |Z_{t-1}| = x_{t-1}, \cdots, |Z_1| = x_1, |Z_0| = x_0)$$

$$= \frac{P(|Z_{t+1}| = x+1, |Z_t| = x, |Z_{t-1}| = x_{t-1}, \cdots, |Z_1| = x_1, |Z_0| = x_0)}{P(|Z_t| = x, |Z_{t-1}| = x_{t-1}, \cdots, |Z_1| = x_1, |Z_0| = x_0)}$$

$$= \frac{\dfrac{1}{2} P(|Z_t+1| = x+1, |Z_t| = x, \cdots, |Z_1| = x_1, |Z_0| = x_0)}{P(|Z_t| = x, |Z_{t-1}| = x_{t-1}, \cdots, |Z_1| = x_1, |Z_0| = x_0)}$$

$$+ \frac{\dfrac{1}{2} P(|Z_t-1| = x+1, |Z_t| = x, \cdots, |Z_1| = x_1, |Z_0| = x_0)}{P(|Z_t| = x, |Z_{t-1}| = x_{t-1}, \cdots, |Z_1| = x_1, |Z_0| = x_0)}$$

$$= \frac{\dfrac{1}{2} P(Z_t = x, |Z_{t-1}| = x-1, \cdots, |Z_1| = x_1, |Z_0| = x_0)}{P(|Z_t| = x, |Z_{t-1}| = x_{t-1}, \cdots, |Z_1| = x_1, |Z_0| = x_0)}$$

$$+ \frac{\dfrac{1}{2} P(Z_t = -x, |Z_{t-1}| = x-1, \cdots, |Z_1| = x_1, |Z_0| = x_0)}{P(|Z_t| = x, |Z_{t-1}| = x_{t-1}, \cdots, |Z_1| = x_1, |Z_0| = x_0)}$$

$$= \frac{\dfrac{1}{2} P(|Z_t| = x, |Z_{t-1}| = x-1, \cdots, |Z_1| = x_1, |Z_0| = x_0)}{P(|Z_t| = x, |Z_{t-1}| = x_{t-1}, \cdots, |Z_1| = x_1, |Z_0| = x_0)} = \frac{1}{2}$$

また同様に

$$P(|Z_{t+1}| = x+1 \,|\, |Z_t| = x) = \frac{1}{2}$$

このほかの場合；$x \geqq 1$ かつ $y = x-1$ や $x = 0$ のときもまったく同様.

(証明終)

この $|Z_t|$ を**反射壁対称ランダムウォーク**という．この推移図式は

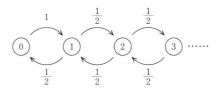

となる.

練習問題 16.1 ● 上の証明で $x \geqq 1$ かつ $y = x-1$ や $x = 0$ のときを考察せよ.

また,例とほとんど同様にして,前章で考察した「Z_t」$= \max(Z_t-1, -Z_t)$ もマルコフ過程であることがわかり,その推移確率 $p(x, y)$ は

$$p(0, y) = \begin{cases} \dfrac{1}{2} & (y = 0 \text{ または } 1) \\ 0 & (\text{その他}) \end{cases}$$

$x \geqq 1$ に対して

$$p(x, y) = \begin{cases} \dfrac{1}{2} & (y = x+1 \text{ または } x-1) \\ 0 & (\text{その他}) \end{cases}$$

がすぐにわかる.この推移図式は

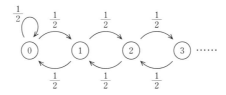

となる.

練習問題 16.2 ● 上を確かめよ.

すると,前章で述べたレヴィの定理より,$M_t = \max_{0 \leqq s \leqq t} Z_s$ として $M_{\cdot} - Z_{\cdot} \sim$ 「$Z_{\cdot}$」より $M_t - Z_t$ もマルコフ過程で,その推移確率は上と同じものであること

がわかる．実は M_t の代りに $2M_t$ としても $2M_t - Z_t$ はやはりマルコフ過程になるのだが，これを対称ランダムウォークに関するピットマンの定理という．ランダムウォークといえどもこれは少し難しい話題となるが，次節ではなるべくやさしい解説を試みよう．

16.2 ピットマンの定理

a を固定したとき，x と $2a-x$ は a に関して対称（$\dfrac{x+(2a-x)}{2} = a$）となるので，Z_t に対して $2M_t - Z_t$ は常に Z_t をそれまでの最大値 M_t に関して折り返した（対称移動した）ものとなる．例えば Z_t のパスが

なら $2M_t - Z_t$ は

となる．

この事実を用いて $t = 4$ のときの表を作ってみると下のようになる．

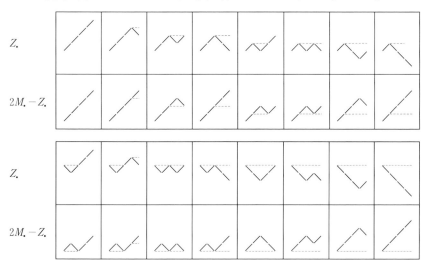

練習問題 16.3 ● $t = 5$ のとき，$Z_\cdot$ と $2M_\cdot - Z_\cdot$ の表を作ってみよ．

すると，この表から，$2M_\cdot - Z_\cdot$ が のものは $Z_\cdot$ が

の 5 つのパスから作られていることがわかるが，この 5 つのパスの違いは M_4 が $4, 3, 2, 1, 0$ と，それぞれ異なることにより表されている．つまり，$2M_s - Z_s$ $(s \leqq 4)$ は Z_s $(s \leqq 4)$ と M_4 によって一意的に決まるのである．これは M_t $(0 \leqq t \leqq 4)$ が

$$M_t = \min \left\{ \min_{t \leqq s \leqq 4} (2M_s - Z_s), M_4 \right\}$$

で決定され，そこから Z_t $(0 \leqq t \leqq 4)$ が決まることからわかる．

例えば $2M_\cdot - Z_\cdot$ が

で $M_8 = 4$ なら，上式より $M_7 = 4$, $M_6 = 4$, $M_5 = 3$, $M_4 = 2$, $M_3 = 1$, $M_2 = 1$, $M_1 = 1$, $M_0 = 0$ となり $Z_\cdot$ は

となる．

練習問題 16.4 ● 上式より $t = 4$ について同様のこと，つまり $2M_\cdot - Z_\cdot$ と M_4 で $Z_\cdot$ が一意的に決定されることを確かめよ．

さらに次の補題を準備する．

補題　$x \geqq 0$ に対して

$$P(M_t = k \,|\, 2M_t - Z_t = x) = \frac{1}{x+1} \qquad (k = 0, 1, 2, \cdots, x)$$

つまり，$2M_t - Z_t = x$ という条件のもとで，M_t の分布は離散一様分布 DU$\{0, 1, \cdots, x\}$ である．

[証明]

$$P(M_t = k \,|\, 2M_t - Z_t = x) = \frac{P(M_t = k \cap Z_t = 2k - x)}{P(2M_t - Z_t = x)}$$

$$= \frac{P(Z_t = x) - P(Z_t = x+2)}{\sum\limits_{k=0}^{x} P(M_t = k \cap 2M_t - Z_t = x)}$$

$$\left[\because 2.5 \text{節より，} k \geqq l, \ k \geqq 0 \text{のとき} \right.$$
$$P(M_t = k \cap Z_t = l)$$
$$\left. = P(Z_t = 2k - l) - P(Z_t = 2k - l + 2) \right]$$

$$= \frac{P(Z_t = x) - P(Z_t = x+2)}{\sum\limits_{k=0}^{x} (P(Z_t = x) - P(Z_t = x+2))}$$

$$= \frac{1}{x+1} \qquad\qquad\qquad (\text{証明終})$$

定理（ピットマンの定理）　$2M_t - Z_t$ は，推移確率 $p(x, y)$ が，$x \geqq 0$ に対して

$$p(x, y) = \begin{cases} \dfrac{x+2}{2(x+1)} & (y = x+1 \text{のとき}) \\[3mm] \dfrac{x}{2(x+1)} & (y = x-1 \text{のとき}) \end{cases}$$

となる $\mathbb{Z}_+ = \{0, 1, 2, \cdots\}$ に値をとるマルコフ過程である．

[証明]

$$P(2M_{t+1} - Z_{t+1} = x+1 \,|\, 2M_t - Z_t = x)$$
$$= \frac{P(2M_{t+1} - Z_{t+1} = x+1 \cap 2M_t - Z_t = x)}{P(2M_t - Z_t = x)}$$

$$= \frac{P(M_t = Z_t = x) + \sum\limits_{k=0}^{x-1} P(\xi_{t+1} = -1 \cap M_t = k \cap 2M_t - Z_t = x)}{P(2M_t - Z_t = x)}$$

$$[\because M_t = Z_t \text{ なら } \xi_{t+1} = \pm 1 \text{ にかかわらず } (2M_{t+1} - Z_{t+1}) - (2M_t - Z_t) = 1]$$

$$M_t > Z_t \text{ なら } \xi_{t+1} = -1 \text{ のときのみ } (2M_{t+1} - Z_{t+1}) - (2M_t - Z_t) = 1]$$

$$= P(M_t = x \mid 2M_t - Z_t = x) + \frac{1}{2} \sum_{k=0}^{x-1} P(M_t = k \mid 2M_t - Z_t = x)$$

$$= \frac{1}{x+1} + \frac{1}{2} \sum_{k=0}^{x-1} \frac{1}{x+1} = \frac{x+2}{2(x+1)}$$

同様に

$$P(2M_{t+1} - Z_{t+1} = x - 1 \mid 2M_t - Z_t = x) = \frac{x}{2(x+1)}$$

である.

ここで $2M_{t-1} - Z_{t-1} = x_{t-1} \cap \cdots \cap 2M_1 - Z_1 = x_1 \cap 2M_0 - Z_0 = x_0$ という事象を A とおく. また $P(2M_t - Z_t = x \cap A) > 0$ のもののみを考える. すると

$$P(2M_{t+1} - Z_{t+1} = x + 1 \mid 2M_t - Z_t = x \cap A)$$

$$= \frac{P(2M_{t+1} - Z_{t+1} = x + 1 \cap 2M_t - Z_t = x \cap A)}{P(2M_t - Z_t = x \cap A)}$$

$$= \frac{P(M_t = Z_t = x \cap A) + \sum\limits_{k=0}^{x-1} P(\xi_{t+1} = 1 \cap M_t = k \cap 2M_t - Z_t = x \cap A)}{\sum\limits_{k=0}^{x} P(M_t = k \cap 2M_t - Z_t = x \cap A)}$$

$$= \frac{\dfrac{1}{2^t} + \sum\limits_{k=0}^{x-1} \dfrac{1}{2} \dfrac{1}{2^t}}{\sum\limits_{k=0}^{x} \dfrac{1}{2^t}} = \frac{x+2}{2(x+1)}$$

$$[\because \text{前の考察より } M_t = k \text{ と } 2M_t - Z_t \text{ から } Z_t \text{ が決まり,}$$

$$Z_. (0 \leqq \cdot \leqq t) \text{ のパス1つが起こる確率は } \frac{1}{2^t}]$$

同様に

$$P(2M_{t+1} - Z_{t+1} = x - 1 \mid 2M_t - Z_t = x \cap A) = \frac{x}{2(x+1)}$$

よって，定理が証明された. (証明終)

実際，計算でも確かめると

$$P\left(2M_{\cdot} - Z_{\cdot} = \;\diagup\diagup\;\right)$$

$$= P(2M_4 - Z_4 = 4 \,|\, 2M_3 - Z_3 = 3, 2M_2 - Z_2 = 2, 2M_1 - Z_1 = 1,$$
$$2M_0 - Z_0 = 0)$$
$$\times P(2M_3 - Z_3 = 3, 2M_2 - Z_2 = 2, 2M_1 - Z_1 = 1, 2M_0 - Z_0 = 0)$$
$$= P(2M_4 - Z_4 = 4 \,|\, 2M_3 - Z_3 = 3) \times P(2M_3 - Z_3 = 3 \,|\, 2M_2 - Z_2 = 2)$$
$$\times P(2M_2 - Z_2 = 2 \,|\, 2M_1 - Z_1 = 1) \times P(2M_1 - Z_1 = 1 \,|\, 2M_0 - Z_0 = 0)$$
$$\times P(2M_0 - Z_0 = 0)$$
$$= \frac{5}{2\cdot 4} \times \frac{4}{2\cdot 3} \times \frac{3}{2\cdot 2} \times \frac{2}{2\cdot 1} \times 1 = \frac{5}{16}$$

同様に

$$P\left(2M_{\cdot} - Z_{\cdot} = \;\diagup\diagdown\diagup\;\right) = \frac{3}{2\cdot 2} \times \frac{2}{2\cdot 3} \times \frac{3}{2\cdot 2} \times \frac{2}{2\cdot 1} \times 1 = \frac{3}{16}$$

などとなる.

練習問題 16.5 ●上と同様にしてほかのパス($t = 5$ など)の確率で具体的にピットマンの定理を確かめよ.

　これの連続バージョンは「$2\max_{0\leq s\leq t} W_s - W_t$ が3次元ベッセル過程(3次元ブラウン運動と原点の距離の表す確率過程)である」というもので,ピットマン(Pitman, [37])により発見された.この節の証明も彼の論文のやさしい解説である.また,以上によりマルコフ過程 $2M_t - Z_t$ を離散ベッセル過程と呼んでもよいと思われる.

　実は $CM_t - Z_t$ が時間的一様なマルコフ過程になるのは $C = 0, 1, 2$ 以外にないことも,この節の類似の計算で示せる.これの連続バージョン,つまり $C\max_{0\leq s\leq t} W_s - W_t$ が拡散過程 $\Longleftrightarrow C = 0, 1, 2$ を示したのは松本-小倉([32]とその参考文献参照)である.

16.3 非対称ランダムウォークの事例

ここでは非対称ランダムウォークのピットマンの定理などを調べてみよう.

まず，非対称ランダムウォーク $Z_t^{(p)}$,

$$Z_t^{(p)} = \xi_1^{(p)} + \xi_2^{(p)} + \cdots + \xi_t^{(p)},$$

$$P(\xi_t^{(p)} = 1) = p, \qquad P(\xi_i^{(p)} = -1) = 1 - p$$

$$\xi_1^{(p)}, \cdots, \xi_t^{(p)} \text{ は独立}$$

を考える．すると $|Z_t^{(p)}|$ は $\{0, 1, 2, \cdots\}$ に値をとるマルコフ過程となり，その推移確率 $p(x, y)$ は

$x = 0$ のとき

$$p(0, y) = \begin{cases} 1 & (y = 1) \\ 0 & (y > 1) \end{cases}$$

$x \geq 1$ のとき

$$p(x, y) = \begin{cases} \dfrac{p^{x+1} + (1-p)^{x+1}}{p^x + (1-p)^x} & (y = x+1) \\[3mm] \dfrac{(1-p)\,p^x + p(1-p)^x}{p^x + (1-p)^x} & (y = x-1) \end{cases}$$

となる．

[証明] $Z_{t-1}^{(p)} = x_{t-1} \cap \cdots \cap Z_1^{(p)} = x_1 \cap Z_0^{(p)} = x_0$ を A, $Z_{t-1} = x_{t-1} \cap \cdots \cap Z_1 = x_1 \cap Z_0 = x_0$ を B とおくと，$x \geq 1$ のとき

$$P(|Z_{t+1}^{(p)}| = x+1, \; |Z_t^{(p)}| = x, A)$$

$$= P(\xi_{t+1}^{(p)} = 1 \cap Z_t^{(p)} = x \cap A) + P(\xi_{t+1}^{(p)} = -1, Z_t^{(p)} = -x \cap A)$$

$$= pP(Z_t^{(p)} = x \cap A) + (1-p)P(Z_t^{(p)} = -x \cap A)$$

$$= pE\!\left(\left(\frac{p}{1-p}\right)^{\frac{Z_t}{2}} (4p(1-p))^{\frac{t}{2}} 1_{\{x\}}(Z_t) 1_B\right)$$

$$\qquad + (1-p)E\!\left(\left(\frac{p}{1-p}\right)^{\frac{Z_t}{2}} (4p(1-p))^{\frac{t}{2}} 1_{\{-x\}}(Z_t) 1_B\right)$$

[∵ 第9章の離散ギルサノフの定理より]

$$= p\left(\frac{p}{1-p}\right)^{\frac{x}{2}}(4p(1-p))^{\frac{t}{2}}P(Z_t = x \cap B)$$

$$+ (1-p)\left(\frac{p}{1-p}\right)^{-\frac{x}{2}}(4p(1-p))^{\frac{t}{2}}P(Z_t = -x \cap B)$$

$$= (4p(1-p))^{\frac{t}{2}}\left(\frac{1}{2}\right)^t\left(p\left(\frac{p}{1-p}\right)^{\frac{x}{2}} + (1-p)\left(\frac{p}{1-p}\right)^{-\frac{x}{2}}\right)$$

同様に

$$P(|Z_t^{(p)}| = x, A) = (4p(1-p))^{\frac{t}{2}}\left(\frac{1}{2}\right)^t\left(\left(\frac{p}{1-p}\right)^{\frac{x}{2}} + \left(\frac{p}{1-p}\right)^{-\frac{x}{2}}\right)$$

したがって

$$P(|Z_{t+1}^{(p)}| = x+1 \,|\, |Z_t^{(p)}| = x, A) = \frac{p\left(\frac{p}{1-p}\right)^{\frac{x}{2}} + (1-p)\left(\frac{p}{1-p}\right)^{-\frac{x}{2}}}{\left(\frac{p}{1-p}\right)^{\frac{x}{2}} + \left(\frac{p}{1-p}\right)^{-\frac{x}{2}}}$$

$$= \frac{p^{x+1} + (1-p)^{x+1}}{p^x + (1-p)^x}$$

同様に

$$P(|Z_{t+1}^{(p)}| = x-1 \,|\, |Z_t^{(p)}| = x, A) = \frac{(1-p)\left(\frac{p}{1-p}\right)^{\frac{x}{2}} + p\left(\frac{p}{1-p}\right)^{-\frac{x}{2}}}{\left(\frac{p}{1-p}\right)^{\frac{x}{2}} + \left(\frac{p}{1-p}\right)^{-\frac{x}{2}}}$$

$$= \frac{(1-p)p^x + p(1-p)^x}{p^x + (1-p)^x}$$

$x = 0$ のときは明らかである. (証明終)

練習問題 16.6 ● 「$Z_t^{(p)}$」もマルコフ過程になるが, その推移確率 $p(x, y)$ を求めよ.

定理(非対称ランダムウォーク $Z_t^{(p)}$ のピットマンの定理)

$$M_t^{(p)} = \max_{0 \le s \le t} Z_s^{(p)}$$

とおくと $2M_t^{(p)} - Z_t^{(p)}$ は，推移確率 $p(x, y)$ が $x \geqq 0$ に対して

$$p(x, y) = \begin{cases} \dfrac{(1-p)^{x+2} - p^{x+2}}{(1-p)^{x+1} - p^{x+1}} & (y = x+1) \\[3ex] \dfrac{p(1-p)\left((1-p)^x - p^x\right)}{(1-p)^{x+1} - p^{x+1}} & (y = x-1) \end{cases}$$

となる $\mathbb{Z}_+ = \{0, 1, 2, \cdots\}$ に値をとるマルコフ過程である．

[証明] $2M_{t-1}^{(p)} - Z_{t-1}^{(p)} = x_{t-1} \cap \cdots \cap 2M_1^{(p)} - Z_1^{(p)} = x_1 \cap 2M_0^{(p)} - Z_0^{(p)} = x_0$ という事象を A，$2M_{t-1} - Z_{t-1} = x_{t-1} \cap \cdots \cap 2M_1 - Z_1 = x_1 \cap 2M_0 - Z_0 = x_0$ という事象を B とすると，$x \geqq 0$ に対して

$$P(2M_{t+1}^{(p)} - Z_{t+1}^{(p)} = x+1 \cap 2M_t^{(p)} - Z_t^{(p)} = x \cap A)$$

$$= P(M_t^{(p)} = Z_t^{(p)} = x, A)$$

$$\quad + (1-p)\sum_{k=0}^{x-1} P(M_t^{(p)} = k \cap 2M_t^{(p)} - Z_t^{(p)} = x \cap A)$$

$$= E\left(1_{\{x\}}(M_t^{(p)}) 1_{\{x\}}(Z_t^{(p)}) 1_A\right)$$

$$\quad + (1-p)\sum_{k=0}^{x-1} E\left(1_{\{k\}}(M_t^{(p)}) 1_{\{2k-x\}}(Z_t^{(p)}) 1_A\right)$$

$$= E\left(\left(\frac{p}{1-p}\right)^{\frac{Z_t}{2}} (4p(1-p))^{\frac{t}{2}} 1_{\{x\}}(M_t) 1_{\{x\}}(Z_t) 1_B\right)$$

$$\quad + (1-p)\sum_{k=0}^{x-1} E\left(\left(\frac{p}{1-p}\right)^{\frac{Z_t}{2}} (4p(1-p))^{\frac{t}{2}} 1_{\{k\}}(M_t) 1_{\{2k-x\}}(Z_t) 1_B\right)$$

$$[\because \text{ 離散ギルサノフの定理より}]$$

$$= \left(\frac{p}{1-p}\right)^{\frac{x}{2}} (4p(1-p))^{\frac{t}{2}} P(M_t = x \cap Z_t = x \cap B)$$

$$\quad + (1-p)\sum_{k=0}^{x-1} \left(\frac{p}{1-p}\right)^{\frac{2k-x}{2}} (4p(1-p))^{\frac{t}{2}}$$

$$\qquad\qquad \times P(M_t = k \cap Z_t = 2k-x \cap B)$$

$$= \left(\frac{p}{1-p}\right)^{\frac{x}{2}} (4p(1-p))^{\frac{t}{2}} \left(\frac{1}{2}\right)^t$$

$$\quad + (1-p)\sum_{k=0}^{x-1} \left(\frac{p}{1-p}\right)^{\frac{2k-x}{2}} (4p(1-p))^{\frac{t}{2}} \left(\frac{1}{2}\right)^t$$

$$[\because \text{ 16.2 節のピットマンの定理の証明より}]$$

$$= (4p(1-p))^{\frac{t}{2}} \left(\frac{1}{2}\right)^t \left(\left(\frac{p}{1-p}\right)^{\frac{x}{2}} + (1-p)\sum_{k=0}^{x-1}\left(\frac{p}{1-p}\right)^{\frac{2k-x}{2}}\right)$$

同様に

$$P(2M_t^{(p)} - Z_t^{(p)} = x \cap A) = \sum_{k=0}^{x}\left(\frac{p}{1-p}\right)^{\frac{2k-x}{2}}\left(4p(1-p)\right)^{\frac{t}{2}}\left(\frac{1}{2}\right)^t$$

したがって

$$P(2M_{t+1}^{(p)} - Z_{t+1}^{(p)} = x+1 \mid 2M_t^{(p)} - Z_t^{(p)} = x, A)$$

$$= \frac{\left(\frac{p}{1-p}\right)^{\frac{x}{2}} + (1-p)\sum_{k=0}^{x-1}\left(\frac{p}{1-p}\right)^{\frac{2k-x}{2}}}{\sum_{k=0}^{x}\left(\frac{p}{1-p}\right)^{\frac{2k-x}{2}}} = \frac{(1-p)^{x+2} - p^{x+2}}{(1-p)^{x+1} - p^{x+1}}$$

また同様に

$$P(2M_{t+1}^{(p)} - Z_{t+1}^{(p)} = x-1 \mid 2M_t^{(p)} - Z_t^{(p)} = x, A)$$

$$= \frac{p\sum_{k=0}^{x-1} P(M_t^{(p)} = k \cap 2M_t^{(p)} - Z_t^{(p)} = x \cap A)}{\sum_{k=0}^{x} P(M_t^{(p)} = k \cap 2M_t^{(p)} - Z_t^{(p)} = x \cap A)}$$

$$= \frac{p\sum_{k=0}^{x-1}\left(\frac{p}{1-p}\right)^{\frac{2k-x}{2}}}{\sum_{k=0}^{x}\left(\frac{p}{1-p}\right)^{\frac{2k-x}{2}}} = \frac{p(1-p)\left((1-p)^x - p^x\right)}{(1-p)^{x+1} - p^{x+1}}$$

（証明終）

　また，このケースでの $2M_t^{(p)} - Z_t^{(p)} = x$ のもとでの $M_t^{(p)}$ の分布は，$0 \le k \le x$ に対して

$$P(M_t^{(p)} = k \mid 2M_t^{(p)} - Z_t^{(p)} = x) = \frac{\dfrac{1-2p}{p}\left(\dfrac{1-p}{p}\right)^{x-k}}{\left(\dfrac{1-p}{p}\right)^{x+1} - 1}$$

であることに注意しておく．その計算は

$$P(M_t^{(p)} = k \mid 2M_t^{(p)} - Z_t^{(p)} = x)$$

$$= \frac{P(M_t^{(p)} = k \cap 2M_t^{(p)} - Z_t^{(p)} = x)}{\sum_{k=0}^{x} P(M_t^{(p)} = k \cap 2M_t^{(p)} - Z_t^{(p)} = x)}$$

$$
= \frac{\left(\frac{1-p}{p}\right)^{x-k} P(Z_t^{(p)} = x) - \left(\frac{1-p}{p}\right)^{x-k+1} P(Z_t^{(p)} = x+2)}{\sum\limits_{k=0}^{x} \left(\left(\frac{1-p}{p}\right)^{x-k} P(Z_t^{(p)} = x) - \left(\frac{1-p}{p}\right)^{x-k+1} P(Z_t^{(p)} = x+2)\right)}
$$

$$[\because \text{第9章の結果より}]$$

$$
= \frac{\left(\frac{1-p}{p}\right)^{x-k}}{\sum\limits_{k=0}^{x} \left(\frac{1-p}{p}\right)^{x-k}} = \frac{\frac{1-2p}{p}\left(\frac{1-p}{p}\right)^{x-k}}{\left(\frac{1-p}{p}\right)^{x+1} - 1}
$$

つまり $2M_t^{(p)} - Z_t^{(p)} = x$ という条件のもとで $M_t^{(p)}$ や $M_t^{(p)} - Z_t^{(p)}$ の分布は，上をカットした幾何分布 (truncated geometric destribution) である．

　本節の話題を最初に研究したのは田中(洋)，宮崎 ([33], [42]) である．彼らは，time reversal の方法をうまく用いて計算を進めている．筆者はより直接的な方法で，$2M_t^{(p)} - Z_t^{(p)}$ のマルコフ性を示したといえる．また，[38], [40] などにもこの問題に関連する興味深い話題が論じられている．

第17章

ランダムウォークと分枝過程, 離散レイ-ナイトの定理

17.1 分枝過程

19世紀末, イギリスの統計学者ガルトンとワトソンは家系の消滅問題を最初に研究した. これが分枝過程の研究のはじまりである.

定義

$$Y_{n+1} = \sum_{i=1}^{Y_n} X_{i,n}$$

として, 帰納的に定義される確率過程 Y_n ($Y_0 = x$, $n = 0, 1, 2, \cdots$)を考える. ここで $X_{m,n}$ ($m \geq 1$, $n \geq 0$)は独立ですべて X と同分布の確率変数である.

X は $\mathbb{Z}_+ = \{0, 1, 2, \cdots\}$ に値をとり,

$$P(X = k) = p_k \qquad (k = 0, 1, 2, \cdots)$$

とおく. この離散確率過程 Y_n を**ガルトン-ワトソン分枝過程**(G.W. 分枝過程)という.

意味は, n 世代に Y_n 個の家族(家)があり, それがそれぞれ $X_{i,n}$ ($i = 1, \cdots$, Y_n) 個の子孫を作る. 各家族がどれだけの子孫を作るかは独立で, また子孫の各々がそれぞれの次の世代の各家族を作ると考えるのである. 単純に子孫 = 家族とし, 家族が家族を作ると考えてもよい.

例えば，上の家系図だと，0世代の家族数は1，1世代は3，2世代は5となる．

また Y_{n+1} の分布は Y_n が与えられれば決まり，$Y_0, Y_1, \cdots, Y_{n-1}$ に依存しないことは明らか．（次世代の家族数の分布は現世代の家族がどれだけいるかによって決まり，それより前の世代の家族数には依存しない．）したがって，Y_n はマルコフ過程である．

X の確率母関数を

$$g_X(t) = \sum_{k=0}^{\infty} P(X = k) t^k$$

とし，Y_n の確率母関数を $g_X(t)$ を用いて表してみよう．$Y_0 = 1$（0世代の家族数 $= 1$）とし，

$$\begin{aligned} g_{Y_{n+1}}(t) &= E(t^{Y_{n+1}}) = E(E(t^{Y_{n+1}} \mid Y_n)) \\ &= E\left(E\left(t^{\sum_{i=1}^{Y_n} X_{i+n}} \,\middle|\, Y_n\right)\right) \\ &= E((g_X(t))^{Y_n}) = g_{Y_n}(g_X(t)) \\ &= g_{Y_n} \circ g_X(t) \qquad (g_{Y_n} \text{ と } g_X \text{ の合成関数}) \end{aligned}$$

ここで $Y_0 = 1$ なので，$Y_1 \sim X$ つまり $g_{Y_1}(t) = g_X(t)$ となるので

$$g_{Y_2}(t) = g_{Y_1} \circ g_X(t) = g_X \circ g_X(t)$$

同様に

$$g_{Y_n}(t) = \overbrace{g_X \circ g_X \circ \cdots \circ g_X \circ g_X}^{n \text{ 回合成}}(t) \quad (= g_X^{(n)}(t) \text{ と書く})$$

となる．

まず，これを用いて Y_n の期待値と分散を，$E(X) = \mu$，$V(X) = \sigma^2$ を使って表してみよう．

$$g'_{Y_{n+1}}(t) = g'_{Y_n}(g_X(t)) g'_X(t),$$

$$E(X) = E(Xt^{X-1})|_{t=1}$$

$$= E\left(\frac{d}{dt} t^X\right)\Big|_{t=1} = \frac{d}{dt} g_X(t)\Big|_{t=1} = g'_X(1)$$

より，$g_X(1) = 1$ に注意して

$$E(Y_{n+1}) = E(Y_n) E(X)$$

よって

$$E(Y_n) = (E(X))^n = \mu^n$$

がわかる．さらに

$$g''_{Y_{n+1}}(t) = g''_{Y_n}(g_X(t))(g'_X(t))^2 + g'_{Y_n}(g_X(t))(g''_X(t))$$

に，$g''_X(1) = E(X(X-1))$ より，$t=1$ を代入して

$$E(Y_{n+1}(Y_{n+1}-1)) = E(Y_n(Y_n-1))\mu^2 + E(Y_n)E(X(X-1)),$$

ここで，

$$E(X(X-1)) = V(X) + (E(X))^2 - E(X)$$

より

$$V(Y_{n+1}) + \mu^{2n+2} - \mu^{n+1} = (V(Y_n) + \mu^{2n} - \mu^n)\mu^2 + \mu^n(\sigma^2 + \mu^2 - \mu)$$

つまり

$$V(Y_{n+1}) = \mu^2 V(Y_n) + \sigma^2 \mu^n$$

である．

$\mu \neq 1$ のとき $\dfrac{\sigma^2}{\mu - \mu^2}\mu^n$ が特殊解となるので

$$V(Y_{n+1}) - \frac{\sigma^2}{\mu - \mu^2}\mu^{n+1} = \mu^2\left(V(Y_n) - \frac{\sigma^2}{\mu - \mu^2}\mu^n\right)$$

したがって，$V(Y_0) = 0$ より

$$V(Y_n) = \mu^{2n}\left(-\frac{\sigma^2}{\mu - \mu^2}\right) + \frac{\sigma^2}{\mu - \mu^2}\mu^n = \frac{\sigma^2 \mu^{n-1}}{1-\mu}(1-\mu^n)$$

また $\mu = 1$ のときは

$$V(Y_n) = \sigma^2 n.$$

次に $g_{Y_n}(t)$ が計算できる例を挙げておこう．

計算例1　各家族が子孫を高々1個しか作らない場合(Bernoulli Branching)
$P(X = k) = 0\ (k \geq 2)$ なので $g_X(t)$ は1次関数

$$g_X(t) = p_0 + p_1 t \qquad (p_0 + p_1 = 1)$$

すると

$$g_{Y_2}(t) = g_X^{(2)}(t)$$
$$= p_0 + p_1(p_0 + p_1 t) = 1 - p_1^2 + p_1^2 t$$

同様に

$$g_{Y_n}(t) = g_X^{(n)}(t)$$
$$= p_0 + p_0 p_1 + \cdots + p_0 p_1^{n-1} + p_1^n t = 1 - p_1^n + p_1^n t$$

となり，つまり

$$P(Y_n = 0) = 1 - p_1^n, \qquad P(Y_n = 1) = p_1^n$$

となる．また，マルコフ過程としての推移確率は

$$P(Y_{n+1} = 1 \mid Y_n = 1) = p_1,$$

$$P(Y_{n+1} = 0 \mid Y_n = 1) = 1 - p_1,$$

$$P(Y_{n+1} = 1 \mid Y_n = 0) = 0,$$

$$P(Y_{n+1} = 0 \mid Y_n = 0) = 1$$

である．

計算例 2 各家族が子孫をパラメータ p の幾何分布 $\mathrm{Ge}(p)$ に従って作る場合 (Geometric Branching)

$P(X = k) = p(1-p)^k \ (k = 0, 1, 2, \cdots)$ なので

$$g_X(t) = \frac{p}{1 - (1-p)\, t}$$

一般に 2×2 行列 $\begin{pmatrix} a & b \\ c & d \end{pmatrix}$ から作られる 1 次分数式 $f_{\left(\begin{smallmatrix} a & b \\ c & d \end{smallmatrix}\right)}(t) = \dfrac{at+b}{ct+d}$ を考えると

$$f_{\left(\begin{smallmatrix} a & b \\ c & d \end{smallmatrix}\right)} \circ f_{\left(\begin{smallmatrix} p & q \\ r & s \end{smallmatrix}\right)}(t) = \frac{a\dfrac{pt+q}{rt+s} + b}{c\dfrac{pt+q}{rt+s} + d} = f_{\left(\begin{smallmatrix} ap+br & aq+bs \\ cp+dr & cq+ds \end{smallmatrix}\right)}(t) = f_{\left(\begin{smallmatrix} a & b \\ c & d \end{smallmatrix}\right)\cdot\left(\begin{smallmatrix} p & q \\ r & s \end{smallmatrix}\right)}(t)$$

となり (1 次元射影空間上の射影変換の合成と考えてもよい)，

$$g_{Y_2}(t) = g_X^{(2)}(t) = f_{\left(\begin{smallmatrix} 0 & p \\ -(1-p) & 1 \end{smallmatrix}\right)} \circ f_{\left(\begin{smallmatrix} 0 & p \\ -(1-p) & 1 \end{smallmatrix}\right)}(t) = f_{\left(\begin{smallmatrix} -p(1-p) & p \\ -(1-p) & 1-p(1-q) \end{smallmatrix}\right)}(t)$$

$$= \frac{-p(1-p)\,t + p}{-(1-p)\,t + 1 - p(1-p)}$$

同様に

$$g_{Y_n}(t) = f_{\left(\begin{smallmatrix} 0 & p \\ -(1-p) & 1 \end{smallmatrix}\right)^n}(t)$$

となり，$\begin{pmatrix} 0 & p \\ -(1-p) & 1 \end{pmatrix}^n$ が計算できれば $g_{Y_n}(t)$ がわかる．

2×2 行列 A の固有値を $\alpha, \beta \ (\alpha \neq \beta)$ としたとき A のスペクトル分解 ([16]) を考え，

$$A^n = \alpha^n \frac{A - \beta E}{\alpha - \beta} + \beta^n \frac{A - \alpha E}{\beta - \alpha} \qquad \left(E = \begin{pmatrix} 1 & 0 \\ 0 & 1 \end{pmatrix} \right)$$

となることに注意して, $\begin{pmatrix} 0 & p \\ -(1-p) & 1 \end{pmatrix}$ の固有値は p, $1-p$ なので, $p \neq \frac{1}{2}$ のとき

$$\begin{pmatrix} 0 & p \\ -(1-p) & 1 \end{pmatrix}^n$$

$$= \frac{p^n}{p - (1-p)} \begin{pmatrix} -(1-p) & p \\ -(1-p) & p \end{pmatrix} + \frac{(1-p)^n}{(1-p) - p} \begin{pmatrix} -p & p \\ -(1-p) & 1-p \end{pmatrix}$$

また, $\alpha = \beta$ のときは $(A - \alpha E)^2 = 0$ より,

$$A^n = (A - \alpha E + \alpha E)^n = \alpha^n E + n\alpha^{n-1}(A - \alpha E)$$

となるので, $p = \frac{1}{2}$ のとき

$$\begin{pmatrix} 0 & \frac{1}{2} \\ -\frac{1}{2} & 1 \end{pmatrix}^n = \left(\frac{1}{2} \right)^n E + n \left(\frac{1}{2} \right)^{n-1} \begin{pmatrix} -\frac{1}{2} & \frac{1}{2} \\ -\frac{1}{2} & \frac{1}{2} \end{pmatrix}$$

$$= \left(\frac{1}{2} \right)^n \begin{pmatrix} 1-n & n \\ -n & 1+n \end{pmatrix}$$

よって $p \neq \frac{1}{2}$ のとき

$$g_{Y_n}(t) = p \frac{(1-p)\,t\,(p^{n-1} - (1-p)^{n-1}) - (p^n - (1-p)^n)}{(1-p)\,t\,(p^n - (1-p)^n) - (p^{n+1} - (1-p)^{n+1})}$$

$p = \frac{1}{2}$ のとき

$$g_{Y_n}(t) = \frac{(1-n)\,t + n}{-nt + 1 + n}$$

これより $p = \frac{1}{2}$ のとき, Y_n の確率分布を計算してみると

$$\frac{n - (n-1)\,t}{(n+1) - nt} = \frac{1}{n+1} \times \frac{n - (n-1)\,t}{1 - \frac{n}{n+1}\,t} = \frac{n - (n-1)\,t}{n+1} \sum_{k=0}^{\infty} \left(\frac{n}{n+1}\,t \right)^k$$

$$= \frac{n}{n+1} + \sum_{k=1}^{\infty} \frac{1}{n(n+1)} \left(\frac{n}{n+1} \right)^k t^k$$

つまり

$$P(Y_n = k) = \begin{cases} \dfrac{n}{n+1} & (k = 0) \\[3mm] \dfrac{1}{n(n+1)}\left(\dfrac{n}{n+1}\right)^k & (k \geqq 1) \end{cases}$$

となる．つまり全体としては幾何分布ではないが，$k \geqq 1$ では幾何分布となる修正幾何分布となる．

練習問題 17.1 ●少し複雑になるが，同様にして $p \neq \dfrac{1}{2}$ のとき Y_n の確率分布を求めよ．

練習問題 17.2 ●$X \sim \mathrm{Ge}\left(\dfrac{1}{2}\right)$ の G. W. 分枝過程で，$Y_0 = x$，$Y_0 \sim \mathrm{Fs}(p)$，$Y_0 \sim \mathrm{Ge}(p)$，$Y_0 \sim$ 修正幾何分布，のそれぞれのケースでの Y_n の確率分布，確率母関数 $E(q^{Y_n})$ を求めよ．

次に「移民」がある場合の分枝過程，移民付 G. W. 分岐過程(Branching Process with Immigration)を考えよう．$n \geqq 1$ の各世代で確率変数 I に従う移民があるとする．（家系で考える場合は I 人の養子をもらう，とする．）このもとでの分枝過程は

$$Y_{n+1} = \sum_{i=1}^{Y_n} X_{i,n} + I_n$$

（ここで $X_{m,n}, I_l$ $(m \geqq 1,\ n \geqq 0,\ l \geqq 0)$ は独立で，$X_{m,n} \sim X$，$I_l \sim I$）前と同様にして

$$\begin{aligned} g_{Y_{n+1}} = E(t^{Y_{n+1}}) &= E(E(t^{Y_{n+1}} \mid Y_n)) \\ &= E(g_I(t)(g_X(t))^{Y_n}) = g_I(t)\,g_{Y_n}(g_X(t)) \end{aligned}$$

$Y_0 = 1$ として出発すると，$g_{Y_0} \equiv t$ より

$$g_{Y_1}(t) = g_I(t)\,g_X(t),$$

$$g_{Y_2}(t) = g_I(t)\,g_I(g_X(t))\,g_X(g_X(t))$$

したがって

$$g_{Y_n}(t) = g_I(t)\,g_I(g_X(t))\cdots g_I(g_X^{(n-1)}(t))\,g_X^{(n)}(t)$$

となる．ここで $g_I(t) = E(t^I)(= I$ の確率母関数)．

練習問題 17.3 ●$E(X) = m$，$V(X) = \sigma^2$，$E(I) = m'$，$V(I) = (\sigma')^2$ と

するとき，移民付 G. W. 分枝過程 Y_n の平均 $E(Y_n)$，分散 $V(Y_n)$ を求めよ．

計算例 3　$X \sim I \sim \mathrm{Ge}\!\left(\dfrac{1}{2}\right)$ のとき，移民付 G. W. 分枝過程 Y_n ($Y_0 = 1$) の確率母関数 $g_{Y_n}(t)$ を求めよ．

$$g_I(t) = g_X(t) = \frac{\dfrac{1}{2}}{1 - \dfrac{1}{2}t} = f_{\begin{pmatrix} 0 & \frac{1}{2} \\ -\frac{1}{2} & 1 \end{pmatrix}}(t)$$

ここで $\begin{pmatrix} 0 & \dfrac{1}{2} \\ -\dfrac{1}{2} & 1 \end{pmatrix} = A$ とおくと，

$$g_{Y_n}(t) = f_A(t) f_{A^2}(t) \cdots f_{A^{n-1}}(t) f_{A^n}(t) f_{A^n}(t) = \frac{n - (n-1)t}{((n+1) - nt)^2}$$

計算例 4　$X \sim \mathrm{Ge}\!\left(\dfrac{1}{2}\right)$，$P(I = 1) = 1$ のとき（つまり各世代で，確率 1 で 1 人の移民があるとき），$g_I(t) = t$ より

$$g_{Y_n}(t) = t\, f_A(t) f_{A^2}(t) \cdots f_{A^{n-1}}(t) f_{A^n}(t) = \frac{t}{n+1-nt}$$

　このほか，消滅確率やマルチンゲールとの関連なども面白いので，これらについては[25]，[20]を見てほしい．

17.2　離散レイ-ナイトの定理

　さて，前節で見たマルコフ分枝過程（分枝過程でマルコフ性を持つもの）は，家系，粒子の増殖・分裂，遺伝子の遷移・存続などに自然に現れる応用が広いものであるが，一見ランダムウォークとは関係のないように見える．しかし，次に見るようにランダムウォークの局所時間はマルコフ分枝過程と密接な関係がある．

　ただ少し発想の転換が必要で，x における時刻 τ（後に正確に定義）までの局所時間を L_τ^x としたとき，x は位置を表す変数であるが，これを時間パラメー

タと見直して，その意味で L_t^x がマルコフ分枝過程 (G. W. 分枝過程) となるのである．

ここで，0 における局所時間 L_t を up crossing local time (上方横断局所時間) L_t^- と down crossing local time (下方横断局所時間) L_t^+ に分けて議論する．(注：上方なのに－を付けたのは，後に見るように，excursion の議論と結びつけるときに，L_t^- が負の excursion の個数を表すことが言いたいためである．)

$$L_t^- \underset{\text{def}}{=} \#\{i \mid 0 \le i \le t-1,\ Z_i = 0 \cap Z_{i+1} = 1\}$$
$$L_t^+ \underset{\text{def}}{=} \#\{i \mid 0 \le i \le t-1,\ Z_i = 1 \cap Z_{i+1} = 0\}$$

とすると，前に見たように，$L_t = L_t^- + L_t^+$ である．

例えば，

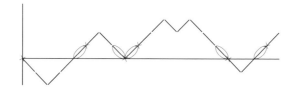

のようなパスなら

$$L_6^- = 1, \qquad L_6^+ = 0, \qquad L_{19}^- = 3, \qquad L_{19}^+ = 2$$

である．

練習問題 17.4 ●上のパスで $L_{10}^-,\ L_{10}^+,\ L_{10},\ L_{16}^-,\ L_{16}^+,\ L_{16}$ を求めよ．

同様に x における up crossing local time $L_t^{-,x}$, down crossing local time $L_t^{+,x}$ を次のように定義する．

$$L_t^{-,x} \underset{\text{def}}{=} \#\{i \mid 0 \le i \le t-1,\ Z_i = x \cap Z_{i+1} = x+1\}$$
$$L_t^{+,x} \underset{\text{def}}{=} \#\{i \mid 0 \le i \le t-1,\ Z_i = x+1 \cap Z_{i+1} = x\}$$

練習問題 17.5 ●上のパスのとき，$L_7^{-,1},\ L_7^{+,1},\ L_{17}^{-,2},\ L_{17}^{+,2}$ を求めよ．

ここで $a > 0$ として時刻 $\tau_{-a} = \inf\{t \mid Z_i = -a\}$ までの局所時間 $L_{\tau_{-a}}^{-,x},\ L_{\tau_{-a}}^{+,x}$ を考える．すると次の定理が成立する．

> **定理** $-a \le x \le 0$ のとき,
>
> $$L_{\tau_{-a}}^{-,x} \sim \mathrm{Ge}\Big(\frac{1}{a+x+1}\Big),$$
>
> つまりパラメータ $\dfrac{1}{a+x+1}$ の幾何分布.

[証明]

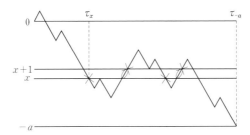

　上の図より τ_x 以降では,最初の 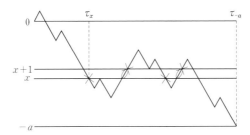 の部分では,x から出発するランダムウォークが $-a$ にぶつからず $x+1$ に戻る.この確率はギャンブラーの確率問題より $\dfrac{a+x}{a+x+1}$ である.つまり,$L_{\tau_{-a}}^{-,x} = k$ となる事象は,このことが k 回続き,最後には x から出発するランダムウォークが $x+1$ より前に $-a$ に到達してしまうので

$$P(L_{\tau_{-a}}^{-,x} = k) = \Big(\frac{a+x}{a+x+1}\Big)^k \frac{1}{a+x+1}$$

つまり

$$L_{\tau_{-a}}^{-,x} \sim \mathrm{Ge}\Big(\frac{1}{a+x+1}\Big)$$

となる. (証明終)

(注：上の図より明らかに $L_{\tau_{-a}}^{+,x} = L_{\tau_{-a}}^{-,x}+1$ となるので

$$L_{\tau_{-a}}^{+,x} \sim \mathrm{Fs}\Big(\frac{1}{a+x+1}\Big),$$

つまり

$$P(L_{\tau_{-a}}^{+,x} = k) = \left(\frac{a+x}{a+x+1}\right)^{k-1}\frac{1}{a+x+1} \qquad (k = 1, 2, \cdots)$$

である.

次に $x \geqq 0$ のときを考えよう．まず

$$P(L_{\tau_{-a}}^{-,x} = 0) = P\left(\begin{array}{l}0\text{ から出発したランダムウォーク } Z_t \text{ が}\\ x{+}1\text{ より早く } -a \text{ に到達する}\end{array}\right)$$

$$= \frac{x+1}{a+x+1}$$

$k \geqq 1$ のときは,

$$P(L_{\tau_{-a}}^{-,x} = k)$$

$$= P\left(\begin{array}{l}Z_t \text{ が } -a \text{ より早く } x{+}1 \text{ に到達し，その}\\ \text{後，} Z_t \text{ が } -a \text{ に到達する前に } x \text{ から } x{+}1\\ \text{に向かうパスがちょうど } k{-}1 \text{ 個存在する}\end{array}\right)$$

$$= \frac{a}{a+x+1} \times \left(\frac{a+x}{a+x+1}\right)^{k-1} \times \frac{1}{a+x+1}$$

また，意味から考えて $L_{\tau_{-a}}^{-,x} = L_{\tau_{-a}}^{+,x}$ は明らかなので，まとめると，$x \geqq 0$ のとき

$$P(L_{\tau_{-a}}^{-,x} = 0) = P(L_{\tau_{-a}}^{-,x} = 0) = \frac{x+1}{a+x+1}$$

$$P(L_{\tau_{-a}}^{+,x} = k) = P(L_{\tau_{-a}}^{-,x} = k)$$

$$= \frac{a}{a+x+1} \times \left(\frac{a+x}{a+x+1}\right)^{k-1} \times \frac{1}{a+x+1} \qquad (k \geqq 1)$$

レイ (Ray)，ナイト (Knight) はブラウン運動に対して，x における局所時間 $L_{\tau_{-a}}^x$ の x を時間変数とみなした確率過程 $L_{\tau_{-a}}^x$ がマルコフ過程となることを発見し，その後，これらの一般化，拡張，応用などがいろいろな研究者により試みられている．

このように x における局所時間を考え，その x を時間変数とし，その確率過程に関するいろいろな定理をレイ-ナイトの定理というが，その意味でランダムウォークに関しても $L_{\tau_{-a}}^{+,x}$, $L_{\tau_{-a}}^{-,x}$ がマルコフ過程になることがわかり，この定理を**離散レイ-ナイトの定理**と呼ぶことにする（[26], [27], [30], [38]）．

> **定理**(離散レイ-ナイトの定理)　$-a \leqq x \leqq -2$ において $L_{\tau_{-a}}^{+,x}$ は $X \sim$ $\mathrm{Ge}\!\left(\dfrac{1}{2}\right)$, $P(I=1)=1$ とする移民付 G. W. 分枝過程 Y_x'(ただし $Y_{-a}'=$ 1). $x \geqq -1$ では $L_{\tau_{-a}}^{+,x}$ は $X \sim \mathrm{Ge}\!\left(\dfrac{1}{2}\right)$ の G. W. 分枝過程 Y_x(ただし Y_{-1} $\sim L_{\tau_{-a}}^{+,-1} \sim \mathrm{Fs}\!\left(\dfrac{1}{a}\right)$) である．

[証明]　まず $-a \leqq x \leqq -2$ の場合を調べる．

下の図のように，$0 \sim \tau_{x+1}$ のパスは $x+2$ から $x+1$ までの down crossing が 1 個(この部分から生じる 1 個の down crossing が「移民」に当たるものである)で，$\tau_{x+1} \sim \tau_x$ の $x+2$ から $x+1$ までの down crossing の個数は，パスが $x+1$ から $x+2$ に行けば 1 個生まれ，$x+1$ から x に降りればそこで終わり，つまり $X_1 \sim \mathrm{Ge}\!\left(\dfrac{1}{2}\right)$ 個の down crossing が生まれる．同様に $\sigma_1 \sim \sigma_2$, $\sigma_3 \sim$ σ_4 でそれぞれ $X_2 \sim \mathrm{Ge}\!\left(\dfrac{1}{2}\right)$ 個．$X_3 \sim \mathrm{Ge}\!\left(\dfrac{1}{2}\right)$ 個の $x+2$ から $x+1$ までの down crossing が生まれる．

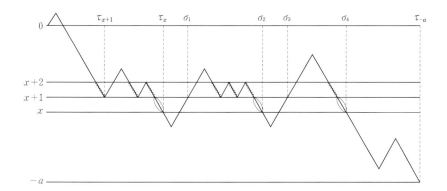

この図の場合 $L_{\tau-a}^{+,x} = 3$ であることに注意すると，一般に

$$L_{\tau-a}^{+,x+1} = \sum_{i=1}^{L_{\tau-a}^{+,x}} X_{i,x} + 1$$

ここで $X_{1,x}, X_{2,x}, \cdots$ は独立で分布はそれぞれ $\mathrm{Ge}\left(\frac{1}{2}\right)$

となっており，これは前に見たように移民付 G. W. 分枝過程であり，

$$E\left(q^{L_{\tau-a}^{+,x+1}} \middle| L_{\tau-a}^{+,x}\right) = q\left(\frac{1}{2-q}\right)^{L_{\tau-a}^{+,x}}$$

を満たしている．（注：これより

$$E\left(q^{L_{\tau-a}^{+,x}}\right) = qE\left(\left(\frac{1}{2-q}\right)^{L_{\tau-a}^{+,x-1}}\right)$$

$$= q\,\frac{1}{2-q} \times E\left(\left(\frac{1}{2-\frac{1}{2-q}}\right)^{L_{\tau-a}^{+,x-2}}\right)$$

$$= q\,\frac{1}{2-q} \times \frac{2-q}{3-2q} \times \cdots \times \frac{(a+x)q-(a+x-1)}{a+x+1-(a+x)q}$$

$$= \frac{q}{a+x+1-(a+x)q} = g_{\mathrm{Fs}\left(\frac{1}{a+x+1}\right)}(q)$$

となり，前に見た結果も再現される．）

$x \geqq -1$ のケースでは，下の図からわかるように，

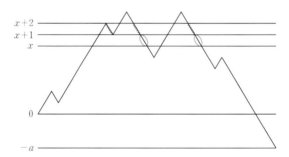

$x+1$ から x への down crossing $\diagdown$ が1つあるごとに $\mathrm{Ge}\left(\frac{1}{2}\right)$ 個の $x+2$ から $x+1$ への down crossing $\diagdown$ が生まれる．つまり，$x \geqq -1$ において，

$$L_{\tau-a}^{+,x+1} = \sum_{i=1}^{L_{\tau-a}^{+,x}} X_{i,x}$$

ここで $X_{m,n}$ は独立で $X_{m,n} \sim \mathrm{Ge}\left(\frac{1}{2}\right)$

すなわち $x \geqq -1$ では，$L_{\tau-a}^{+,x}$ は G. W. 分枝過程 $(X \sim \mathrm{Ge}\left(\frac{1}{2}\right))$ である．（これ

より $E(q^{L_{\tau-a}^{+,x}})$ も計算できるが，初期分布が $L_{\tau-a}^{+,-1} \sim \mathrm{Fs}\left(\dfrac{1}{a}\right)$ であることに注意しなければならない．)

(証明終)

練習問題 17.6 ● これより $x \geqq -1$ のとき $L_{\tau-a}^{+,x}$ の分布を求めよ．

$x \leqq -1$ では $L_{\tau-a}^{-,x} = L_{\tau-a}^{+,x} - 1$，$x \geqq 0$ では $L_{\tau-a}^{-,x} = L_{\tau-a}^{+,x}$ に注意しておこう．

第18章

離散アゼマ-ヨール・マルチンゲール

18.1　離散アゼマ-ヨール・マルチンゲール

　7.3節で見たように，対称ランダムウォーク Z_t に対して $f(Z_t)$ がマルチンゲールであることの必要十分条件は，$f:\mathbb{Z}\longrightarrow\mathbb{R}$ が1次関数であることであった．実は，Z_t とその最大値 $M_t = \max_{0\le s\le t} Z_s$ の2変数関数に対してもこのような特徴づけが存在する[47]．まず，

$$\mathbb{Z}_+ = \{y\,|\,y\ge 0,\ y\in\mathbb{Z}\},$$
$$\mathbb{D} = \{(x,y)\,|\,x\le y,\ y\ge 0,\ x,y\in\mathbb{Z}\}$$

とおく．このとき，以下のような特徴づけが成立する．

　定理　$H:\mathbb{D}\longrightarrow\mathbb{R}$ とする．$H(Z_t, M_t)$ がマルチンゲールであることの必要十分条件は，

$$H(x,y) = F(y)-(F(y+1)-F(y))(y-x)$$

を満たす $F:\mathbb{Z}_+\longrightarrow\mathbb{R}$ が存在することである．

　[証明]　まず必要性を示す．$H(Z_t, M_t)$ がマルチンゲールであるので，任意の $t\ge 0$ に対して

$$H(Z_t, M_t) = E(H(Z_{t+1}, M_{t+1})\,|\,\xi_1,\xi_2,\cdots,\xi_t)$$
$$= E(H(Z_t+\xi_{t+1}, \max(M_t, Z_t+\xi_{t+1}))\,|\,\xi_1,\xi_2,\cdots,\xi_t)$$
$$= \frac{1_{\{Z_t=M_t\}}}{2}(H(Z_t+1, M_t+1)+H(Z_t-1, M_t))$$

$$+\frac{1_{(Z_t < M_t)}}{2}(H(Z_t+1, M_t)+H(Z_t-1, M_t))$$

となる．ここで，任意の $(x,y) \in \mathbb{D}$ に対してある t が存在して $P(Z_t = x \cap M_t = y) > 0$ であることに注意して，

$$
\begin{cases}
H(x,y) = \dfrac{1}{2}H(x+1, y+1)+\dfrac{1}{2}H(x-1, y), & x = y, \\[2mm]
H(x,y) = \dfrac{1}{2}H(x+1, y)+\dfrac{1}{2}H(x-1, y), & x < y
\end{cases}
$$

という方程式が満たされなければいけないことがわかる．$F(y) = H(y,y)$ とおくと，

$$
\begin{cases}
\dfrac{1}{2}(F(y+1)-F(y)) = \dfrac{1}{2}(H(y,y)-H(y-1,y)), & x = y, \\[2mm]
\dfrac{1}{2}(H(x+1,y)-H(x,y)) = \dfrac{1}{2}(H(x,y)-H(x-1,y)), & x < y
\end{cases}
$$

となる．これより，

$$
\begin{aligned}
H(x,y) &= H(y,y)-\sum_{k=x}^{y-1}(H(k+1,y)-H(k,y)) \\
&= H(y,y)-\sum_{k=x}^{y-1}(H(y,y)-H(y-1,y)) \\
&= H(y,y)-(H(y,y)-H(y-1,y))(y-x) \\
&= F(y)-(F(y+1)-F(y))(y-x)
\end{aligned}
$$

を得る．

逆に，$H(x,y) = F(y)-(F(y+1)-F(y))(y-x)$ であれば，$Z_t = M_t$ のとき，

$$
\begin{aligned}
&E(H(Z_{t+1}, M_{t+1}) \mid \xi_1, \xi_2, \cdots, \xi_t) \\
&\quad = E(F(M_{t+1})-(F(M_{t+1}+1)-F(M_{t+1}))(M_{t+1}-Z_{t+1}) \mid \xi_1, \xi_2, \cdots, \xi_t) \\
&\quad = \frac{1}{2}F(M_t+1)+\frac{1}{2}(F(M_t)-(F(M_t+1)-F(M_t))) \\
&\quad = F(M_t)-(F(M_t+1)-F(M_t))(M_t-Z_t) \\
&\quad = H(Z_t, M_t)
\end{aligned}
$$

となる．$Z_t < M_t$ のときも

$$
\begin{aligned}
&E(H(Z_{t+1}, M_{t+1}) \mid \xi_1, \xi_2, \cdots, \xi_t) \\
&\quad = E(F(M_{t+1})-(F(M_{t+1}+1)-F(M_{t+1}))(M_{t+1}-Z_{t+1}) \mid \xi_1, \xi_2, \cdots, \xi_t)
\end{aligned}
$$

$$= \frac{1}{2}\left(F(M_t) - (F(M_t+1) - F(M_t))(M_t - Z_t - 1)\right)$$

$$+ \frac{1}{2}\left(F(M_t) - (F(M_t+1) - F(M_t))(M_t - Z_t + 1)\right)$$

$$= F(M_t) - (F(M_t+1) - F(M_t))(M_t - Z_t)$$

$$= H(Z_t, M_t)$$

となり，$H(Z_t, M_t)$ はマルチンゲールである． （証明終）

このマルチンゲールを**離散アゼマ-ヨール・マルチンゲール**と呼ぶ．$f(Z_t)$ をマルチンゲールにする f が2つの実数で表されるのに対して，$H(Z_t, M_t)$ をマルチンゲールする H は1つの関数 F で表されるということである．

ブラウン運動 W_t に対しても同様の特徴づけが存在する．$M_t = \max_{0 \leq s \leq t} W_s$ とおく．局所可積分関数 f に対して

$$C + \int_0^{M_t} f(x)dx - f(M_t)(M_t - W_t)$$

とするとこれは局所マルチンゲールであり，アゼマ-ヨール・マルチンゲールと呼ばれる[46]．逆に，W_t と M_t の2変数関数でマルチンゲールであるものはアゼマ-ヨール・マルチンゲールのみである[49]．先ほどの定理はこれの離散版である．

18.2 スカラホッドの埋め込み問題に対する離散アゼマ-ヨール解

以下の問題は，**スカラホッドの埋め込み問題**と呼ばれる．

問題1 1次モーメントが0であるような $\mathbb{R}$ 上の確率分布 μ に対して，$W_{T \wedge t}$ が一様可積分かつ $W_T \sim \mu$ であるようなストッピング・タイムを見つけよ．

[46]はアゼマ-ヨール・マルチンゲールを用いてこの問題の解となるストッピング・タイムを構成した．スカラホッドの埋め込み問題に関して，より詳しいことは[48]を参照されたい．ここでは，ランダムウォークに対するスカラホッドの埋め込み問題を考える．

問題2 1次モーメントが0であるような $\mathbb{Z}$ 上の確率分布 μ に対して，$Z_{T\wedge t}$ が一様可積分かつ $Z_T \sim \mu$ であるようなストッピング・タイムを見つけよ．

離散アゼマ-ヨール・マルチンゲールを用いてこの問題の解を構成できる．一様可積分性については以下では言及しないが，実際は一様可積分に埋め込むことができる[47]．

定理 μ を1次モーメントが0であるような $\mathbb{Z}$ 上の確率分布とし，$\mathrm{supp}\,\mu$ $= \{x \in \mathbb{Z} \mid \mu(\{x\}) \neq 0\}$ とする．$\phi_\mu : \mathbb{Z} \longrightarrow \mathbb{R}$ を
$$\phi_\mu(x) = \begin{cases} x + \dfrac{\mu(\{x+1, x+2, \cdots\})}{\mu(\{x\})}, & x \in \mathrm{supp}\,\mu, \\ -1, & x \notin \mathrm{supp}\,\mu \end{cases}$$
のように定義し，$\{\phi_\mu(x) \mid x \in \mathrm{supp}\,\mu\} \subset \mathbb{Z}_+$ および ϕ_μ が $\mathrm{supp}\,\mu$ 上で狭義単調増加であることを仮定する．このとき，$T_\mu = \inf\{t \mid M_t = \phi_\mu(Z_t)\}$ とおけば，$E(T_\mu) < \infty$ かつ $Z_{T_\mu} \sim \mu$ である．

[証明] まず $E(T_\mu) < \infty$ を示す．ϕ_μ に関する2つの仮定より，$\mathrm{supp}\,\mu$ は下に有界である．よって，$\mathrm{supp}\,\mu$ は単調増加な有限列 $x_0 < x_1 < \cdots < x_m$ または無限列 $x_0 < x_1 < \cdots$ で表される．ϕ_μ の定義から $\phi_\mu(x)\mu(\{x\}) = x\mu(\{x\}) + \mu(\{x+1, x+2, \cdots\})$ が $\mathrm{supp}\,\mu$ 上で成り立つので，μ を1次モーメントが0，つまり $\sum_{i \geq 0} x_i \mu(\{x_i\}) = 0$ に注意してこれを足し合わせると，

$$\begin{aligned} \sum_{i \geq 0} \phi_\mu(x_i)\mu(\{x_i\}) &= \sum_{i \geq 0} x_i \mu(\{x_i\}) + \sum_{i \geq 0} \mu(\{x_i+1, x_i+2, \cdots\}) \\ &= \sum_{i \geq 0} \sum_{j > i} \mu(\{x_j\}) \\ &= \sum_{j \geq 0} \sum_{i=0}^{j-1} \mu(\{x_j\}) \\ &= \sum_{j \geq 0} j\mu(\{x_j\}) \\ &= \sum_{i \geq 0} i\mu(\{x_i\}), \end{aligned}$$

を得る．ϕ_μ に関する2つの仮定より $\phi_\mu(x_i) \geq i$ となるので，それと合わせて，

$$\psi_\mu(x_i) = i.$$

関数 $\psi_\mu(x) - x$ を考えると，定義より明らかに $\operatorname{supp}\mu$ 上非負で，

$$\psi_\mu(x_{i+1}) - x_{i+1} - \{\psi_\mu(x_i) - x_i\} = 1 + x_i - x_{i+1} \leq 1 - 1 = 0$$

なので単調減少である．よって，$C = \psi_\mu(x_0) - x_0$ とおけば，任意の $x \in \operatorname{supp}\mu$ に対して

$$0 \leq \psi_\mu(x) - x \leq C$$

である．C 回連続で Z_t が減少すればそこまでに必ず $M_t - Z_t = \psi_\mu(Z_t) - Z_t$ が満たされなければならないので，8.5 節の証明と同様にして，$E(T_\mu) < \infty$ を得る．

$Z_{T_\mu} \sim \mu$ を示す．任意の $x \in \operatorname{supp}\mu$ に対して

$$F_x(y) = 1_{\{y > \phi_\mu(x)\}}$$

とおく．

$$U_t^x = F_x(M_t) - (F_x(M_t+1) - F_x(M_t))(M_t - Z_t)$$
$$= 1_{\{M_t > \phi_\mu(x)\}} - 1_{\{M_t = \phi_\mu(x)\}}(M_t - Z_t)$$

と定めると，これは初期値 0 の離散アゼマ-ヨール・マルチンゲールであり，$U_{T_\mu \wedge t}^x$ も初期値 0 のマルチンゲールとなる．

$$|U_{T_\mu \wedge t}^x| \leq 1_{\{M_{T_\mu \wedge t} > \phi_\mu(x)\}} + 1_{\{M_{T_\mu \wedge t} = \phi_\mu(x)\}}(M_{T_\mu \wedge t} - Z_{T_\mu \wedge t})$$
$$\leq 1 + t \wedge T_\mu \leq 1 + T_\mu$$

なので，ルベーグの収束定理より，

$$E(1_{\{M_{T_\mu} > \phi_\mu(x)\}}) = E(1_{\{M_{T_\mu} = \phi_\mu(x)\}}(M_{T_\mu} - Z_{T_\mu})).$$

$M_{T_\mu} = \psi_\mu(Z_{T_\mu})$ なので，

$$P(Z_{T_\mu} > x) = (\psi_\mu(x) - x) P(Z_{T_\mu} = x)$$

を得る．$P(Z_{T_\mu} \in \operatorname{supp}\mu) = 1$ に注意して，ψ_μ の定義より，

$$\frac{\mu(\{x_0+1, x_0+2, \cdots\})}{\mu(\{x_0\})} P(Z_{T_\mu} = x_0) = P(Z_{T_\mu} > x_0) = 1 - P(Z_{T_\mu} = x_0),$$

つまり，

$$P(Z_{T_\mu} = x_0) = \frac{1}{1 + \dfrac{\mu(\{x_0+1, x_0+2, \cdots\})}{\mu(\{x_0\})}} = \mu(\{x_0\})$$

が成立する．ここで，任意の $j = 0, 1, \cdots, i-1$ に対して $P(Z_{T_\mu} = x_j) = \mu(\{x_j\})$ が成り立つと仮定する．すると，

$$\frac{\mu(\{x_i+1, x_i+2, \cdots\})}{\mu(\{x_i\})} P(Z_{T_\mu} = x_i)$$

$$= P(Z_{T_\mu} > x_i)$$

$$= 1 - P(Z_{T_\mu} = x_i) - P(Z_{T_\mu} < x_i)$$

$$= 1 - P(Z_{T_\mu} = x_i) - \mu(\{\cdots, x_i-2, x_i-1\})$$

$$= \mu(\{x_i, x_i+1, \cdots\}) - P(Z_{T_\mu} = x_i),$$

であり，これを解いて $P(Z_{T_\mu} = x_i) = \mu(\{x_i\})$ を得る．よって，$x \in \operatorname{supp} \mu$ に対して

$$P(Z_{T_\mu} = x) = \mu(\{x\})$$

が示された． （証明終）

T_μ をスカラホッドの埋め込み問題に対する離散アゼマ-ヨール解と呼ぶ．ブラウン運動の場合と異なり，離散アゼマ-ヨール・マルチンゲールを用いて埋め込むことができる確率分布は限られていることに注意しておく．以下，その例を見ていく．

例 1 つまらない例であるが，

$$\mu(\{1\}) = \mu(\{-1\}) = \frac{1}{2}$$

とすれば，

$$\psi_\mu(x) = x + \frac{\mu(\{x+1, x+2, \cdots\})}{\mu(\{x\})} = x + \frac{1-x}{2} = \frac{x+1}{2}$$

となり，これは仮定を満たすので，定理より $Z_{T_\mu} \sim \mu$ となる．実際，$T_\mu = \inf\{t \mid M_t = \psi_\mu(Z_t)\} = \inf\{t \mid M_t = \frac{1}{2}(Z_t+1)\} = 1$ であるので，$Z_{T_\mu} = Z_1 \sim \mu$ ということでもある．

例 2 （奇数上の離散一様分布） 先ほどの例を少し一般化して，

$$\mu(\{x\}) = \frac{1}{2n} \qquad (x = -2n+1, -2n+3, \cdots, 2n-1)$$

とする．これは奇数に値をとる離散一様分布である．

$$\psi_\mu(x) = x + \frac{\mu(\{x+1, x+2, \cdots\})}{\mu(\{x\})} = x + \frac{2n-1-x}{2} = \frac{x-1}{2} + n$$

となり，これは仮定を満たすので，定理より $T_\mu = \inf\{t \mid M_t = \psi_\mu(Z_t)\} = \inf\left\{t \mid M_t = \frac{1}{2}(Z_t-1)+n\right\}$ によって，$Z_{T_\mu} \sim \mu$ となる．

練習問題 18.1 ● $\mathbb{Z}$ 上の確率分布 μ を

$$\mu(\{x\}) = \frac{1}{2n+1} \qquad (x = -2n, -2n+2, \cdots, 2n)$$

とする．これは偶数に値をとる離散一様分布である．$Z_{T_\mu} \sim \mu$ となるストッピング・タイム T_μ を求めよ．

練習問題 18.2 ● $p = \dfrac{1}{1+n}$ とし，$\mathbb{Z}$ 上の確率分布 μ を

$$\mu(\{x\}) = p(1-p)^{x+n} \qquad (x = -n, -n+1, \cdots)$$

とする．これは中心化された幾何分布である．$Z_{T_\mu} \sim \mu$ となるストッピング・タイム T_μ を求めよ．

18.3 非対称ランダムウォークの場合

非対称ランダムウォーク Z_t^p に対しても，$f(Z_t^p)$ がマルチンゲールであることの必要十分条件が存在した．同様に，$M_t^p = \max_{0 \leq s \leq t} Z_s^p$ として，$H(Z_t^p, M_t^p)$ がマルチンゲールであるための必要十分条件が存在する．

定理(非対称ランダムウォークに対する離散アゼマ-ヨール・マルチンゲール) $H : \mathbb{D} \longrightarrow \mathbb{R}$ とする．$H(Z_t^p, M_t^p)$ がマルチンゲールであることの必要十分条件は，

$$H(x,y) = F(y) - (F(y+1)-F(y)) \frac{\left(\dfrac{1-p}{p}\right)^{-(y-x)} - 1}{1 - \dfrac{1-p}{p}}$$

を満たす $F : \mathbb{Z}_+ \longrightarrow \mathbb{R}$ が存在することである．

　[証明]　まず必要性を示す．$H(Z_t^p, M_t^p)$ がマルチンゲールであるので，任意の $t \geqq 0$ に対して

$$H(Z_t^p, M_t^p) = E(H(Z_{t+1}^p, M_{t+1}^p) \mid \xi_1^p, \xi_2^p, \cdots, \xi_t^p)$$

$$= E(H(Z_t^p + \xi_{t+1}^p, \max(M_t^p, Z_t^p + \xi_{t+1}^p)) \mid \xi_1^p, \xi_2^p, \cdots, \xi_t^p)$$

$$= 1_{\{Z_t^p = M_t^p\}}(pH(Z_t^p + 1, M_t^p + 1) + (1-p)H(Z_t^p - 1, M_t^p))$$

$$+ 1_{\{Z_t^p < M_t^p\}}(pH(Z_t^p + 1, M_t^p) + (1-p)H(Z_t^p - 1, M_t^p))$$

となる．ここで，任意の $(x, y) \in \mathbb{D}$ に対してある t が存在して $P(Z_t^p = x \cap M_t^p = y) > 0$ であることに注意して，

$$\begin{cases} H(x, y) = pH(x+1, y+1) + (1-p)H(x-1, y), & x = y, \\ H(x, y) = pH(x+1, y) + (1-p)H(x-1, y), & x < y, \end{cases}$$

という方程式が満たされなければいけないことがわかる．$F(y) = H(y, y)$ とおくと，

$$\begin{cases} p(F(y+1) - F(y)) = (1-p)(H(y, y) - H(y-1, y)), & x = y, \\ p(H(x+1, y) - H(x, y)) = (1-p)(H(x, y) - H(x-1, y)), & x < y. \end{cases}$$

となる．これより，

$$H(x, y) = H(y, y) - \sum_{k=x}^{y-1}(H(k+1, y) - H(k, y))$$

$$= H(y, y) - \sum_{k=x}^{y-1}\left(\frac{p}{1-p}\right)^{y-1-k}(H(y, y) - H(y-1, y))$$

$$= H(y, y) - (H(y, y) - H(y-1, y))\frac{\left(\dfrac{1-p}{p}\right)^{-(y-x)+1} - \dfrac{1-p}{p}}{1 - \dfrac{1-p}{p}}$$

$$= F(y) - (F(y+1) - F(y))\frac{\left(\dfrac{1-p}{p}\right)^{-(y-x)} - 1}{1 - \dfrac{1-p}{p}}$$

を得る．

　逆に，$H(x, y) = F(y) - (F(y+1) - F(y))\dfrac{\left(\dfrac{1-p}{p}\right)^{-(y-x)} - 1}{1 - \dfrac{1-p}{p}}$ であれば，$Z_t^p = M_t^p$ のとき，

$$E(H(Z^p_{t+1}, M^p_{t+1}) \mid \xi^p_1, \xi^p_2, \cdots, \xi^p_t)$$

$$= E\Bigg(F(M^p_{t+1})$$

$$\qquad\qquad - (F(M^p_{t+1}+1) - F(M^p_{t+1})) \frac{\left(\dfrac{1-p}{p}\right)^{-(M^p_{t+1}-Z^p_{t+1})} - 1}{1 - \dfrac{1-p}{p}} \,\Bigg|\, \xi^p_1, \xi^p_2, \cdots, \xi^p_t \Bigg)$$

$$= pF(M^p_t+1) + (1-p)\left(F(M^p_t) - (F(M^p_t+1) - F(M^p_t))\left(\frac{1-p}{p}\right)^{-1}\right.$$

$$= F(M^p_t) - (F(M^p_t+1) - F(M^p_t)) \frac{\left(\dfrac{1-p}{p}\right)^{-(M^p_t-Z^p_t)} - 1}{1 - \dfrac{1-p}{p}}$$

$$= H(Z^p_t, M^p_t)$$

となる．$Z^p_t < M^p_t$ のときも

$$E(H(Z^p_{t+1}, M^p_{t+1}) \mid \xi^p_1, \xi^p_2, \cdots, \xi^p_t)$$

$$= E\Bigg(F(M^p_{t+1})$$

$$\qquad\qquad - (F(M^p_{t+1}+1) - F(M^p_{t+1})) \frac{\left(\dfrac{1-p}{p}\right)^{-(M^p_{t+1}-Z^p_{t+1})} - 1}{1 - \dfrac{1-p}{p}} \,\Bigg|\, \xi^p_1, \xi^p_2, \cdots, \xi^p_t \Bigg)$$

$$= p\left(F(M^p_t) - (F(M^p_t+1) - F(M^p_t)) \frac{\left(\dfrac{1-p}{p}\right)^{-(M^p_t-Z^p_t-1)} - 1}{1 - \dfrac{1-p}{p}} \right)$$

$$\quad + (1-p)\left(F(M^p_t) - (F(M^p_t+1) - F(M^p_t)) \frac{\left(\dfrac{1-p}{p}\right)^{-(M^p_t-Z^p_t+1)} - 1}{1 - \dfrac{1-p}{p}} \right)$$

$$= F(M_t^p) - (F(M_t^p+1) - F(M_t^p)) \frac{\left(\frac{1-p}{p}\right)^{-(M_t^p - Z_t^p)} - 1}{1 - \frac{1-p}{p}}$$

$$= H(Z_t^p, M_t^p)$$

となり，$H(Z_t^p, M_t^p)$ はマルチンゲールである． （証明終）

非対称ランダムウォークに対する離散アゼマ-ヨール・マルチンゲールを用いて，**ドゥーブの不等式**を証明することができる．以下，$p > \frac{1}{2}$ とする．（つまり，Z_t^p はサブマルチンゲールである．）　まず，ドゥーブの最大不等式を示す．

定理　$\lambda > 0$ とし，$x^+ = \max(x, 0)$ とおく．
$$\lambda P(M_t^p \geq \lambda) \leq E(Z_t^p, M_t^p \geq \lambda) \leq E((Z_t^p)^+).$$

［証明］　2つ目の不等式は
$$Z_t^p 1_{\{M_t \geq \lceil \lambda \rceil\}} \leq (Z_t^p)^+ 1_{\{M_t \geq \lceil \lambda \rceil\}} \leq (Z_t^p)^+$$
より，明らかである．1つ目の不等式を示す．「λ」を λ 以上の最長の整数とし，
$$F(y) = 1_{\{y \geq \lceil \lambda \rceil\}}(y - \lceil \lambda \rceil)$$
と定義する．このとき，
$$F(y+1) - F(y) = 1_{\{y \geq \lceil \lambda \rceil\}}$$
であり，

$$U_t^F = F(M_t^p) - (F(M_t^p+1) - F(M_t^p)) \frac{\left(\frac{1-p}{p}\right)^{-(M_t^p - Z_t^p)} - 1}{1 - \frac{1-p}{p}}$$

$$= 1_{\{M_t^p \geq \lceil \lambda \rceil\}}(M_t^p - \lceil \lambda \rceil) - 1_{\{M_t^p \geq \lceil \lambda \rceil\}} \frac{\left(\frac{1-p}{p}\right)^{-(M_t^p - Z_t^p)} - 1}{1 - \frac{1-p}{p}}$$

と定めると，これは初期値 0 の離散アゼマ-ヨール・マルチンゲールである．よって，

$$E(U_t^F) = 0.$$

ここで, $e^x \geqq 1+x$, $\log x \leqq x-1$ であることに注意すると,

$$
\frac{\left(\dfrac{1-p}{p}\right)^{-(M_t^p - Z_t^p)} - 1}{1 - \dfrac{1-p}{p}} = \frac{e^{-(M_t^p - Z_t^p)\log\left(\frac{1-p}{p}\right)} - 1}{1 - \dfrac{1-p}{p}}
$$

$$
\geqq \frac{-(M_t^p - Z_t^p)\log\left(\dfrac{1-p}{p}\right) + 1 - 1}{1 - \dfrac{1-p}{p}}
$$

$$
= \frac{-\log\left(\dfrac{1-p}{p}\right)}{1 - \dfrac{1-p}{p}}(M_t^p - Z_t^p)
$$

$$
\geqq \frac{1 - \dfrac{1-p}{p}}{1 - \dfrac{1-p}{p}}(M_t^p - Z_t^p)
$$

$$
= M_t^p - Z_t^p
$$

を得る. よって, $\{M_t \geqq \lceil \lambda \rceil\} = \{M_t \geqq \lambda\}$ であることに注意して

$$
0 = E(U_t^F) \leqq E\big(1_{\{M_t^p \geqq \lceil \lambda \rceil\}}(M_t^p - \lceil \lambda \rceil) - 1_{\{M_t^p \geqq \lceil \lambda \rceil\}}(M_t^p - Z_t^p)\big)
$$

$$
= E\big(1_{\{M_t^p \geqq \lceil \lambda \rceil\}} Z_t^p\big) - \lceil \lambda \rceil P(M_t^p \geqq \lceil \lambda \rceil)
$$

$$
\leqq E\big(1_{\{M_t^p \geqq \lambda\}} Z_t^p\big) - \lambda P(M_t^p \geqq \lambda).
$$

が成り立つ.　　　　　　　　　　　　　　　　　　　　　　　　　（証明終）

1つ目の不等式の両辺を $P(M_t^p \geqq \lambda)$ で割ると,

$$\lambda \leqq E(Z_t^p \mid M_t^p \geqq \lambda).$$

右辺は $M_t^p \geqq \lambda$ という条件のもとでの Z_t^p の期待値である. この条件は, t まで
にランダムウォーク Z_t^p が $\lceil \lambda \rceil$ に達したということと同値である. ラフに言え
ばサブマルチンゲールは条件付き期待値の意味で増加傾向にあるので, 直感的
には, 過去に $\lceil \lambda \rceil$ に達したことがわかったもとでの Z_t^p の期待値は λ 以上にな
りそうである. 1つ目の不等式は, それが実際に成り立っているということを
主張している.

　マルチンゲールはサブマルチンゲールなので，対称ランダムウォークに対しても ドゥーブの最大不等式は成立する．

　練習問題 18.3 ●対称ランダムウォークに対して，ドゥーブの最大不等式を示せ．

　次に，ドゥーブの L^p 不等式を示す．そのために，以下の不等式を用いる．

　補題 1（ヘルダーの不等式）　$p, q > 0$ とし，$\dfrac{1}{p} + \dfrac{1}{q} = 1$ であるとする．X, Y を確率変数とすると，
$$E(|XY|) \leqq E(|X|^p)^{\frac{1}{p}} E(|Y|^q)^{\frac{1}{q}}.$$

　定理　$\pi > 1$ とする．
$$E((M_t^p)^\pi) \leqq \left(\frac{\pi}{\pi-1}\right)^\pi E(|Z_t^p|^\pi).$$

　［証明］　$F : \mathbb{Z}_+ \longrightarrow \mathbb{R}$ を
$$F(0) = 0, \quad F(y+1) = F(y) + \pi y^{\pi-1} \qquad (y \geqq 0)$$
と定める．

$$U_t^F = F(M_t^p) - (F(M_t^p+1) - F(M_t^p)) \frac{\left(\dfrac{1-p}{p}\right)^{-(M_t^p - Z_t^p)} - 1}{1 - \dfrac{1-p}{p}}$$

$$= F(M_t^p) - \pi(M_t^p)^{\pi-1} \frac{\left(\dfrac{1-p}{p}\right)^{-(M_t^p - Z_t^p)} - 1}{1 - \dfrac{1-p}{p}}$$

と定めると，これは初期値 0 の離散アゼマ-ヨール・マルチンゲールである．よって，
$$E(U_t^F) = 0.$$
ここで，

$$F(y) = \sum_{k=0}^{y-1} \pi k^{\pi-1} \leqq \sum_{k=0}^{y-1} \int_k^{k+1} \pi t^{\pi-1} dt = \int_0^y \pi t^{\pi-1} dt = y^\pi$$

であり，

$$\frac{\left(\dfrac{1-p}{p}\right)^{-(M_t^p - Z_t^p)} - 1}{1 - \dfrac{1-p}{p}} \geqq M_t^p - Z_t^p$$

なので，ヘルダーの不等式より，

$$0 = E(U_t^F) \leqq E((M_t^p)^\pi - \pi(M_t^p)^{\pi-1}(M_t^p - Z_t^p))$$
$$= (1-\pi)E((M_t^p)^\pi) + \pi E((M_t^p)^{\pi-1} Z_t^p)$$
$$\leqq (1-\pi)E((M_t^p)^\pi) + \pi E((M_t^p)^\pi)^{(\pi-1)/\pi} E((Z_t^p)^\pi)^{1/\pi}.$$

これを変形して

$$E((M_t^p)^\pi) \leqq \left(\frac{\pi}{\pi-1}\right)^\pi E(|Z_t^p|^\pi)$$

を得る． （証明終）

練習問題 18.4 ●対称ランダムウォークに対して，ドゥーブの L^p 不等式を示せ．

第19章

ランダムウォークのエクスカーション

19.1 局所時間とエクスカーション

　対称ランダムウォークについて，局所時間 L_t は時刻 t までにランダムウォークが0から1または1から0を移動した回数であった．$n = 1, 2, \cdots$ について，その局所時間が $n-1$ から n に更新される時間を σ_n とする（下図）．

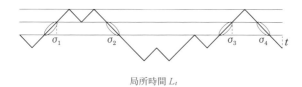

局所時間 L_t

　ランダムウォーク $Z.$ を $\sigma_1, \sigma_2, \sigma_3, \sigma_4, \cdots$ で区切った部分

$$e_1 = (Z_0, Z_1, \cdots, Z_{\sigma_1-1}, Z_{\sigma_1}),$$
$$e_n = (Z_{\sigma_{n-1}}, Z_{\sigma_{n-1}+1}, \cdots, Z_{\sigma_n-1}, Z_{\sigma_n}), \qquad n = 2, 3, \cdots$$

を**エクスカーション**という．このエクスカーションで $Z.$ の道は次ページ上の図のように分解できる：$Z. = (e_1, e_2, e_3, e_4, \cdots)$．黒点で区切られた部分ひとつひとつがエクスカーションである．エクスカーションについて非常に重要な事実は，

- ランダムウォークには独立増分性があるので $e_1, e_2, \cdots$ が独立，
- ランダムウォークの定常増分性から $e_1, e_3, e_5, e_7, \cdots$ はすべて同分布であり $e_2, e_4, e_6, e_8, \cdots$ もすべて同分布，

ということである．たとえば，$Z_{\sigma_1} = 1$ なので

$$e_2 = (Z_{\sigma_1}, Z_{\sigma_1+1}, \cdots, Z_{\sigma_2}) = (1, Z_{\sigma_1+1}-Z_{\sigma_1}+1, \cdots, Z_{\sigma_2}-Z_{\sigma_1}+1)$$

であるが独立増分性よりこれは時刻 $t = \sigma_1$ 以前にある e_1 と独立である．また，

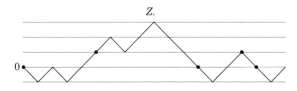

エクスカーション $e_1, e_2, e_3, e_4, \cdots$

Z_t が $t = \sigma_2$ で $Z_{\sigma_2} = 0$ から再スタートすると考えれば

$$e_3 = (Z_{\sigma_2}, Z_{\sigma_2+1}, \cdots, Z_{\sigma_3}) \sim (Z_0, Z_1, \cdots, Z_{\sigma_1}) = e_1$$

となり $e_3 \sim e_1$ がわかる．後で見るように，実はこれらの事実はいろいろな確率分布の計算に応用できる．

　　離散レヴィの定理（15.3節）の証明で説明したように，上図において偶数番目のエクスカーションを上下反転させた下図も元のものとは別の対称ランダムウォーク $\tilde{Z}_.$ の道になる．$\tilde{Z}_.$ を下図のように最大値が更新されるたびに区切った部分を $(f_1, f_2, f_3, f_4, \cdots)$ と書くことにし，これもエクスカーションと呼ぶことにする：$\tilde{Z}_. = (f_1, f_2, f_3, f_4, \cdots)$．このエクスカーション $f_1, f_2, f_3, f_4, \cdots$ も独立である．また，$n = 2, 3, \cdots$ のとき f_n はマイナス方向に $n-1$ だけ平行移動すれば f_1 と同分布である．

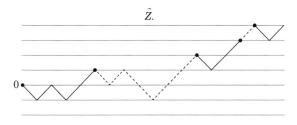

エクスカーション $f_1, f_2, f_3, f_4, \cdots$

　$\lceil x \rceil = \max\{-x, x-1\}$ を思い出そう．$\lceil Z_. \rceil$ に対しても次のようなエクスカーションを定義する．

$$\lceil e_k \rceil = (\lceil Z_{\sigma_{k-1}} \rceil, \lceil Z_{\sigma_{k-1}+1} \rceil, \cdots, \lceil Z_{\sigma_k-1} \rceil, \lceil Z_{\sigma_k} \rceil).$$

このエクスカーションで $\lceil Z_. \rceil$ の道は次ページ上の図のように分割できる．区切られる時点は $\sigma_1, \sigma_2, \cdots$ なので，エクスカーション $e_1, e_2, e_3, e_4, \cdots$ の図と共通である．このエクスカーション $\lceil e_1 \rceil, \lceil e_2 \rceil, \lceil e_3 \rceil, \lceil e_4 \rceil, \cdots$ は独立かつ同分布となっていることに注意せよ．

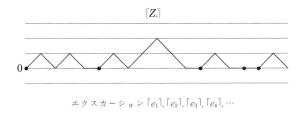

エクスカーション「e_1」,「e_2」,「e_3」,「e_4」,…

19.2 エクスカーション測度

これらのエクスカーションについて，ある特徴を持つエクスカーションが出現する確率を計算することができる．ここではそれを**エクスカーション測度**と呼ぶことにする．たとえば，

命題 $a = 0, 1, 2, 3, 4, \cdots$ に対して，

$$P(e_1 \text{ は } -a \text{ にヒットする}) = P(f_1 \text{ は } -a \text{ にヒットする})$$
$$= P(\lceil e_1 \rceil \text{ は } a \text{ にヒットする})$$
$$= \frac{1}{a+1}. \tag{1}$$

ここで，e_1 が $-a$ にヒットするとは $Z_0, Z_1, \cdots, Z_{\sigma_1}$ の値に $-a$ が含まれているという意味である．このことを図形的に捉えた表現である[1]．f_1 や「e_1」についても同様．

［証明］　これはギャンブラーの破産問題(8.1節)より明らか．求める確率はギャンブラーの財産が 1 に到達するより先に $-a$ に到達する確率である．

(証明終)

このエクスカーション測度 1 つだけでも，エクスカーションが独立な確率変

---

1)　このコメントは非常に重要．ランダムウォークについての事象をグラフにおいて図形的に捉えるというのがエクスカーション理論の本質である．

数ベクトルの列であることを利用して，次のような計算に応用できる．

例1 $M_n^* = \max\limits_{0 \le s \le n} \lceil Z_s \rceil$ とする．このとき，$k = 1, 2, \cdots$ と $j = 1, 2, \cdots$ に対して，

$$P(M_{\sigma_k}^* = j) = \left(\frac{j+1}{j+2}\right)^k - \left(\frac{j}{j+1}\right)^k$$

が成り立つ．

実際，事象 $\{M_{\sigma_k}^* < j\}$ は

$$\{\lceil e_i \rceil \text{ は } j \text{ にヒットしない，} i = 1, 2, \cdots, k\}$$

と等しいので，独立性と(1)より，

$$P(M_{\sigma_k}^* < j) = P\left(\bigcap_{i=1}^{k} \lceil e_i \rceil \text{ は } j \text{ にヒットしない}\right)$$

$$= \prod_{i=1}^{k} P(\lceil e_i \rceil \text{ は } j \text{ にヒットしない}) = \left(\frac{j}{j+1}\right)^k$$

が成り立つ．そして，$P(M_{\sigma_k}^* = j) = P(M_{\sigma_k}^* < j+1) - P(M_{\sigma_k}^* < j)$ なので主張を得る．

$(f_1, f_2, f_3, f_4, \cdots)$ も次のように応用できる．

例2 $M_t = \max\limits_{0 \le s \le t} Z_s$ とし，$a = 1, 2, \cdots$ に対し

$$\tau_a' = \inf\{t \mid M_t - Z_t = a\}$$

とする．このとき，時刻 $t = \tau_a'$ におけるランダムウォーク $Z_{\tau_a'}$，つまりランダムウォークがそれまでの最大値より a だけ減少することが初めて起きたときの値の確率分布は

$$P(Z_{\tau_a'} = k - a) = \left(\frac{a}{1+a}\right)^k \frac{1}{1+a}, \quad k = 0, 1, 2, \cdots$$

である．

実際，$k = 0, 1, 2, \cdots$ に対して $Z_{\tau_a'} = k - a$ であることは Z の時刻 $t = \tau_a'$ までの最大値が k であることと等しい．したがって，事象 $\{Z_{\tau_a} = k - a\}$ は

$$\{f_i \text{ は } -a+i-1 \text{ にヒットしない，} i = 1, \cdots, k\}$$

$$\bigcap \{f_{k+1} \text{ は } -a+k \text{ にヒットする}\}$$

という事象と確率が等しい．ここで，$i=1,2,\cdots$ について

$$P(f_i \text{ は } -a+i-1 \text{ にヒットする}) = P(f_1 \text{ は } -a \text{ にヒットする})$$

であることと $f_1, f_2, f_3, f_4, \cdots$ が独立であることから，

$$P(Z_{\tau_a'} = k-a)$$

$$= \prod_{i=1}^{k} P(f_i \text{ は } -a+i-1 \text{ にヒットしない}) \cdot P(f_{k+1} \text{ は } -a+k \text{ にヒットする})$$

$$= P(f_1 \text{ は } -a \text{ にヒットしない})^k \cdot P(f_1 \text{ は } -a \text{ にヒットする})$$

$$= \left(\frac{a}{1+a}\right)^k \frac{1}{1+a}$$

がわかる．

練習問題 19.1 ● $a = 1, 2, \cdots$ について $Z_.$ の a への初到達時刻を $\tau_a = \inf\{t \mid Z_t = a\}$ とする．このとき，

$$P\left(\min_{0 \le t \le \tau_a} Z_t = -k\right) = \frac{a}{(k+a)(k+1+a)}, \quad k = 0, 1, 2, \cdots$$

を示せ．

19.3 スカラホッドの埋め込み問題

エクスカーションを応用することで，18.2 節の定理のアゼマ-ヨール・マルチンゲールを使わない別証明を与えることができる．

> **定理（再掲）** μ を 1 次モーメントが 0 であるような $\mathbb{Z}$ 上の確率分布とし，$\mathrm{supp}\,\mu = \{x \in \mathbb{Z} \mid \mu(\{x\}) \ne 0\}$ とする．$\phi_\mu : \mathbb{Z} \longrightarrow \mathbb{R}$ を
>
> $$\phi_\mu(x) = \begin{cases} x + \dfrac{\mu(\{x+1, x+2, \cdots\})}{\mu(\{x\})}, & x \in \mathrm{supp}\,\mu, \\ -1, & x \notin \mathrm{supp}\,\mu \end{cases}$$
>
> のように定義し，$\{\phi_\mu(x) \mid x \in \mathrm{supp}\,\mu\} \subset \mathbb{Z}_+$ および ϕ_μ が $\mathrm{supp}\,\mu$ 上で狭義単調増加であることを仮定する．このとき，$T_\mu = \inf\{t \mid M_t = \phi_\mu(Z_t)\}$ とお

けば，$E(T_\mu) < \infty$ かつ $Z_{T_\mu} \sim \mu$ である.

[証明]　$E(T_\mu) < \infty$ までは18.2節と同様にして示す. supp μ が単調増加な有限列 $x_0 < x_1 < \cdots < x_m$ または無限列 $x_0 < x_1 < \cdots$ で表されることおよび $\psi_\mu(\mathrm{supp}\,\mu)$ がそれにともなって $\{0, 1, \cdots, m\}$ または $\{0, 1, \cdots\}$ となることに注意しておく.

　離散レヴィの定理(15.3節)より $(\lceil Z_\cdot \rceil, L_\cdot) \sim (M_\cdot - Z_\cdot, M_\cdot)$ なので

$$T_\mu = \inf\{t \mid M_t = \psi_\mu(Z_t)\}$$
$$= \inf\{t \mid \psi_\mu^{-1}(M_t) = Z_t\}$$
$$= \inf\{t \mid M_t - \psi_\mu^{-1}(M_t) = M_t - Z_t\}$$
$$\sim \inf\{t \mid L_t - \psi_\mu^{-1}(L_t) = \lceil Z_t \rceil\}$$

が成り立つ. ただし，α を実数でない数として，

$$\psi_\mu^{-1}(j) = \begin{cases} x, & j \in \psi_\mu(\mathrm{supp}\,\mu) \quad \text{かつ} \quad \psi_\mu(x) = j, \\ \alpha, & j \notin \psi_\mu(\mathrm{supp}\,\mu) \end{cases}$$

とした. 最右辺を $T'_\mu = \inf\{t \mid L_t - \psi_\mu^{-1}(L_t) = \lceil Z_t \rceil\}$ と定義する. すると，$x \in$ supp μ に対して

$$P(Z_{T_\mu} = x) = P(\psi_\mu(Z_{T_\mu}) = \psi_\mu(x))$$
$$= P(M_{T_\mu} = \psi_\mu(x)) = P(L_{T'_\mu} = \psi_\mu(x))$$

となる. 任意の $j \in \psi_\mu(\mathrm{supp}\,\mu)$ に対して，$\psi_\mu(x_j) = j$ および $x_j \leqq \psi_\mu(x_j)$ より，

$$j - \psi_\mu^{-1}(j) \geqq 0$$

であり，等号成立条件は $x_j = \max \mathrm{supp}\,\mu$ であることに注意する. もし $\psi_\mu(x) > 0$ なら事象 $\{L_{T_\mu} = \psi_\mu(x)\}$ は

$$\{L_t - \psi_\mu^{-1}(L_t) = \lceil Z_t \rceil \text{ が初めて起きるのは } e_{\psi_\mu(x)+1} \text{ において}\}$$

$$= \bigcap_{i=1}^{\psi_\mu(x)} \{\lceil e_i \rceil \text{ は } i-1-\psi_\mu^{-1}(i-1) \text{ にヒットしない}\}$$

$$\cap \{\lceil e_{\psi_\mu(x)+1} \rceil \text{ は } \psi_\mu(x) - x \text{ にヒットする}\}$$

と等しく，さらに $\lceil e_1 \rceil, \lceil e_2 \rceil, \lceil e_3 \rceil, \lceil e_4 \rceil, \cdots$ は独立なので

$$P(L_{T_\mu} = \psi_\mu(x)) = \prod_{i=1}^{\psi_\mu(x)} P(\lceil e_i \rceil \text{ は } i-1-\psi_\mu^{-1}(i-1) \text{ にヒットしない})$$

$$\times P(\lceil e_{\psi_\mu(x)+1} \rceil \text{ は } \psi_\mu(x) - x \text{ にヒットする}) \qquad (2)$$

が成り立つ．また，$P(L_{T_\mu} = 0) = P(\lceil e_1 \rceil$ は $-\psi_\mu^{-1}(0)$ にヒットする$)$ である．同様にして

$$P(Z_{T_\mu} > x) = P(L_{T_\mu} > \psi_\mu(x))$$

$$= \prod_{i=1}^{\psi_\mu(x)+1} P(\lceil e_i \rceil は i-1-\psi_\mu^{-1}(i-1) にヒットしない)$$

も得られる．したがって，

$$\frac{P(Z_{T_\mu} > x)}{P(Z_{T_\mu} = x)} = \frac{P(\lceil e_{\psi_\mu(x)+1} \rceil は \psi_\mu(x)-x にヒットしない)}{P(\lceil e_{\psi_\mu(x)+1} \rceil は \psi_\mu(x)-x にヒットする)}$$

がわかる．(1) より

$$P(\lceil e_{\psi_\mu(x)+1} \rceil は \psi_\mu(x)-x にヒットする)$$

$$= P(\lceil e_1 \rceil は \psi_\mu(x)-x にヒットする)$$

$$= \frac{1}{1+\psi_\mu(x)-x}$$

なので，

$$\frac{P(Z_{T_\mu} > x)}{P(Z_{T_\mu} = x)} = \psi_\mu(x)-x$$

である．これから 18.2 節と同様にして $Z_{T_\mu} \sim \mu$ が導かれる．　　　　（証明終）

19.4　マーク付エクスカーション

　エクスカーションにランダムに色を塗ったものを**マーク付エクスカーション**という．まずマーク付エクスカーションの簡単な応用例を 2 つ紹介する．

　時刻 n までの $Z.$ の正側滞在時間を A_n とする．A_n は，たとえば，下図の実線部分の辺の数である．$Z.$ がはじめて $-i$ にヒットするまでの正側滞在時間について次がわかる．

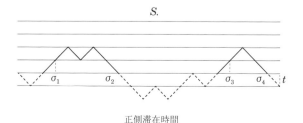

正側滞在時間

命題 $i \geqq 1$ に対して $\tau_{-i} = \inf\{s \mid Z_s = -i\}$ とする．このとき，$0 < t < 1$ について

$$E(t^{A_{\tau_{-i}}}) = \frac{1}{1 + i\sqrt{1-t^2}}.$$

[証明] 正側の各辺に確率 $1-t$ で青色を塗る．つまり，正側の各辺はそれぞれ確率 $1-t$ で青色になるが，確率 t でそのままということ．はじめて青が塗られた辺の右端に対応する時刻と T_B とする．すると，

$$P(T_B > \tau_{-i} \mid Z_\cdot, \tau_{-i}) = t^{A_{\tau_{-i}}}$$

より，

$$P(T_B > \tau_{-i}) = E(P(T_B > \tau_{-i} \mid Z_\cdot, \tau_{-i})) = E(t^{A_{\tau_{-i}}})$$

がわかるので，これを計算すればよい．ところで，青色の辺は正側にしか現れないことを考えれば，$T_B > \tau_{-i}$ となるのは e_1 が $-i$ にヒットしてしまうか，あるいは e_1 が $-i$ にヒットせずかつ e_2 に青色の辺が含まれないときにその後 $T_B > \tau_{-i}$ となるときなので，

$$P(T_B > \tau_{-i}) = P(e_1 \text{ は } -i \text{ にヒットする})$$
$$+ \begin{pmatrix} (1 - P(e_1 \text{ は } -i \text{ にヒットする})) \\ \times P(\sigma_1 - 1 \text{ から } \sigma_2 \text{ まで青色なし}) \\ \times P(T_B > \tau_{-i}) \end{pmatrix}$$

である．よって (1) より，

$$P(T_B > \tau_{-i}) = \frac{1}{1+i} + \frac{i}{1+i}(1 - \sqrt{1-t^2}) \cdot P(T_B > \tau_{-i}),$$

$$P(T_B > \tau_{-i}) = \frac{1}{1 + i\sqrt{1-t^2}}$$

がわかる．したがって，

$$E(t^{A_{\tau_{-i}}}) = \frac{1}{1 + i\sqrt{1-t^2}}$$

と結論される． (証明終)

マーク付エクスカーションの応用方法をもう1つ紹介する．

$\theta \sim \mathrm{Ge}(1-q)$ とし，ランダムウォークと独立とする．時刻が θ である場合

の $Z_.$ の汎関数の確率母関数の計算には，先程の例とはちがい，青色だけでなくもう一色，たとえば赤色が必要になる．たとえば次のような例がある．

命題 $0 < q < 1$ であり，$\theta \sim \mathrm{Ge}(1-q)$ はランダムウォークと独立とする．このとき，$0 < t < 1$ について

$$E(t^{L_\theta}) = E(t^{M_\theta}) = \frac{1-\alpha}{1-\alpha t}.$$

ただし，$\alpha = \dfrac{1-\sqrt{1-q^2}}{q} = E(q^{\sigma_1})$．つまり，$L_\theta \sim M_\theta \sim \mathrm{Ge}(1-\alpha)$.

[証明] すべての辺に対して確率 $1-q$ で赤色を塗る．つまり，道の各辺はそれぞれ確率 $1-q$ で赤色になるが，確率 q でそのままということ．初めて赤色が塗られる辺の右端の時刻を T_R とする．すると，$T_R-1 \sim \theta$ で，これは $Z_.$ と独立である．

次に L_t が更新される各辺（下図の丸印の部分）に確率 $1-t$ で青色を塗る．初めて青色が塗られる辺の右端の時刻を T_B とする．

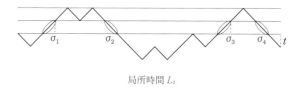

局所時間 L_t

すると，

$$P(T_B > k \mid Z_.) = t^{L_k}$$

であるから，

$$P(T_B > T_R-1 \mid Z_.) = \sum_{k=0}^{\infty} P(T_B > k \mid Z_., T_R-1 = k) P(T_R-1 = k)$$

$$= \sum_{k=0}^{\infty} t^{L_k} P(\theta = k) = E(t^{L_\theta} \mid Z_.)$$

となり，

$$E(t^{L_\theta}) = E(E(t^{L_\theta} \mid Z_.)) = E(P(T_B > T_R-1 \mid Z_.)) = P(T_B \geqq T_R)$$

がわかる．ところで，事象 $\{T_B \geqq T_R\}$ が起きるのは，

$$A = \{1 \text{つ目のエクスカーションで赤が出る}\}$$

のときか，そうでなくかつ時刻 σ_1 で青が出ず振り出しに戻るときかに限られるので，時刻 σ_1 で青が出ない確率が t であることに注意すると，

$$P(T_B \geq T_R) = P(A) + (1-P(A))t \cdot P(T_B \geq T_R)$$

すなわち，

$$P(T_B \geq T_R) = \frac{P(A)}{1-(1-P(A))t}$$

がわかる．ここで，道 $Z.$ を任意に固定すると，1つ目の エクスカーションの辺の数は σ_1 本で，そのうちに少なくとも1本は赤色が塗られる確率は $1-q^{\sigma_1}$ なので，

$$P(A) = E(P(A \mid Z.)) = E(1-q^{\sigma_1})$$
$$1-P(A) = E(q^{\sigma_1}) = \alpha$$

である．よって，$E(t^{L_\theta}) = \dfrac{1-\alpha}{1-\alpha t}$ がわかる． (証明終)

19.5 逆正弦法則

同じようにしてマーク付エクスカーションを応用すると，$Z.$ の正側滞在時間の逆正弦法則（14.3節）が得られる．

$$E(t^{A_\theta}) = \frac{\sqrt{1-q^2}}{\sqrt{1-q^2}+\sqrt{1-q^2t^2}} + \frac{\sqrt{1-q^2t^2}}{\sqrt{1-q^2}+\sqrt{1-q^2t^2}} \cdot \frac{1-q}{1-qt}.$$

[証明] 全部の辺に確率 $1-q$ でランダムに赤色を塗る．つまり，道の各辺はそれぞれ確率 $1-q$ で赤色になるが，確率 q でそのままということ．次に正側の辺だけに確率 $1-t$ でランダムに青色を塗る．青も赤も塗られた辺は緑色になるとする．正側の各辺は

- 赤色である確率は $(1-q)t$
- 青色である確率は $q(1-t)$
- 緑色である確率は $(1-q)(1-t)$
- 無色である確率は qt

であることに注意．
次の確率時刻を定義する．

- T_R：初めての赤（か緑）の辺の右端の時刻，
- T_B：初めての青（か緑）の辺の右端の時刻．

すると，

$$T_R - 1 \sim \theta \sim \mathrm{Ge}(1-q)$$

で，これはランダムウォークと独立であることと

$$P(T_B > k \mid Z.) = t^{A_k}$$

が成り立つ．よって，

$$
\begin{aligned}
P(T_B \geqq T_R \mid Z.) &= P(T_B > T_R - 1 \mid Z.) \\
&= \sum_{k=0}^{\infty} P(T_B > k \mid T_R - 1 = k, Z.) \cdot P(T_R - 1 = k \mid Z.) \\
&= \sum_{k=0}^{\infty} P(T_B > k \mid Z.) \cdot P(T_R - 1 = k) \\
&= \sum_{k=0}^{\infty} t^{A_k} P(\theta = k) = E(t^{A_\theta} \mid Z.)
\end{aligned}
$$

となる．したがって，

$$P(T_B \geqq T_R) = E(t^{A_\theta})$$

がわかる．よって，$P(T_B \geqq T_R)$ が計算できれば良い．

ここで，先程とは別の手順で道に色を塗ってみる．負側の各辺に確率 $1-q$ で赤色を塗る．正側の各辺に確率 $1-qt$ で緑色を塗る．緑色の辺を確率 $\dfrac{(1-q)t}{1-qt}$ で赤色に，確率 $\dfrac{q(1-t)}{1-qt}$ で青色に塗り替える．残りは緑のままにしておく．その確率は

$$1 - \frac{(1-q)t}{1-qt} - \frac{q(1-t)}{1-qt} = \frac{(1-q)(1-t)}{1-qt}.$$

すると，正側の各辺は，

- 赤色である確率は $(1-qt) \times \dfrac{(1-q)t}{1-qt} = t(1-q)$
- 青色である確率は $(1-qt) \times \dfrac{q(1-t)}{1-qt} = q(1-t)$
- 緑色である確率は $(1-qt) \times \dfrac{(1-q)(1-t)}{1-qt} = (1-q)(1-t)$

なので，確率法則は最初の塗り方と同じである．そこで，この塗り方で $P(T_B \geqq T_R)$ を計算することにする．いまの場合，先に赤が出るというのは，

$$A = \{1 \text{番目のエクスカーションの最後の辺以外で}$$
$$\text{少なくとも} 1 \text{本は赤色がある}\}$$

が起こるときか，A ではなくかつ

$$B = \{2 \text{番目のエクスカーションと} 1 \text{つ前の辺で}$$
$$\text{少なくとも} 1 \text{本は緑色が塗られる}\}$$

が起きかつその初めの 1 本が青色に塗り替えられないというときか，A でも B でもなく振り出しに戻るときなので，

$$P(T_B \geqq T_R) = P(A) + P(A^c) \cdot P(B) \frac{1-q}{1-qt}$$
$$+ P(A^c) \cdot P(B^c) \cdot P(T_B \geqq T_R)$$

が成り立つ．ここで，

$$P(A) = E(P(A \mid Z.)) = E(1 - q^{\sigma_1 - 1}) = 1 - \frac{1 - \sqrt{1-q^2}}{q^2},$$
$$P(B) = E(1 - (qt)^{\sigma_2 - \sigma_1 + 1}) = E(1 - (qt)^{\sigma_1 + 1}) = \sqrt{1 - q^2 t^2}$$

である．これらを代入してまとめれば主張が得られる． （証明終）

第20章

ランダムウォークからブラウン運動へ

20.1 リスケーリング・ランダムウォーク

今までも折りにふれて述べてきたことだが，ランダムウォークの極限をとることによってブラウン運動の結果を導いてみよう．

まず時間間隔 Δt，空間間隔 $\sqrt{\Delta t}$ の1次元対称ランダムウォーク $Z_t^{\triangle t}$，つまり

$$Z_t^{\triangle t} = \sqrt{\Delta t}\left(\xi_1 + \xi_2 + \cdots + \xi_{\frac{t}{\Delta t}}\right),$$

ただし

$$P(\xi_i = 1) = P(\xi_i = -1) = \frac{1}{2}, \qquad \xi_1, \xi_2, \cdots \text{は独立}$$

を考える．すると，$Z_t^{\triangle t}$ のモーメント母関数

$$E(e^{aZ_t^{\triangle t}}) = E\left(e^{a\sqrt{\Delta t}\left(\xi_1 + \xi_2 + \cdots + \xi_{\frac{t}{\Delta t}}\right)}\right) = \left(E(e^{a\sqrt{\Delta t}\,\xi_1})\right)^{\frac{t}{\Delta t}}$$

$$= (\cosh a\sqrt{\Delta t})^{\frac{t}{\Delta t}}$$

から

$$\lim_{\Delta t \to 0} E(e^{aZ_t^{\triangle t}}) = \lim_{\Delta t \to 0}\left(1 + \frac{a^2}{2}\Delta t + o(\Delta t)\right)^{\frac{t}{\Delta t}} = e^{\frac{a^2}{2}t}$$

である（ここで，$\cosh x = \dfrac{e^x + e^{-x}}{2}$ より，そのテーラー展開 $\cosh x = 1 + \dfrac{x^2}{2!} + \dfrac{x^4}{4!} + \cdots$ を使った）.

また，$e^{\frac{a^2}{2}}$ は標準正規分布 $N(0,1)$ のモーメント母関数であるから

$$M_{N(0,t)}(a) = E(e^{aN(0,t)})$$

$$= E(e^{a\sqrt{t}\,N(0,1)}) = e^{\frac{1}{2}(a\sqrt{t})^2}$$

で，モーメント母関数が確率分布を決定することと

$$M_{\lim\limits_{\Delta t \to 0} Z_t^{\Delta t}}(\alpha) = M_{N(0,t)}(\alpha),$$

より

$$\lim_{\Delta t \to 0} Z_t^{\Delta t} \sim N(0, t)$$

(注：ここで

$$\xi_1 + \xi_2 + \cdots + \xi_{\frac{t}{\Delta t}} \text{ の標準化} = \frac{\xi_1 + \xi_2 + \cdots + \xi_{\frac{t}{\Delta t}} - 0}{\sqrt{\dfrac{t}{\Delta t}}} = \frac{Z_t^{\Delta t}}{\sqrt{t}} \xrightarrow[\Delta t \to 0]{} N(0, 1)$$

と思えば，これは中心極限定理である．)

同様に $0 < t_1 < t_2 < \cdots < t_n$ とすると

$$\left(\lim_{\Delta t \to 0} Z_{t_1}^{\Delta t}, \lim_{\Delta t \to 0} Z_{t_2}^{\Delta t} - Z_{t_1}^{\Delta t}, \cdots, \lim_{\Delta t \to 0} Z_{t_n}^{\Delta t} - Z_{t_{n-1}}^{\Delta t} \right)$$

$$\sim \left(N(0, t_1), N(0, t_2 - t_1), \cdots, N(0, t_n - t_{n-1}) \right)$$

$$N(0, t_1), N(0, t_2 - t_1), \cdots, N(0, t_n - t_{n-1}) \text{ は独立}$$

である．実は $\lim\limits_{\Delta t \to 0} Z_\bullet^{\Delta t}$ は確率過程として極限を持ち，その極限過程がブラウン運動 $W_\bullet$ なのである．

厳密には $\sqrt{\Delta t}\, Z_{\frac{t}{\Delta t}}$ のパスから連続関数空間 $C([0, T] \to \mathbb{R})$ 上の確率測度 $P^{\Delta t}$ を導入して（A を $C([0, T] \to \mathbb{R})$ 上のボレル集合として，

$$P^{\Delta t}(A) = P(\sqrt{\Delta t}\, Z_{\frac{t}{\Delta t}} \in A)$$

と定義する），この $P^{\Delta t}$ がブラウン運動によって導入された $C([0, T] \to \mathbb{R})$ 上のウィーナー測度に弱収束，つまりすべての有界連続汎関数 $f(x_s, s \leq T)$ に対して

$$\lim_{\Delta t \to 0} E[f(Z_\bullet^{\Delta t}, \cdot \leq T)] = E[f(W_\bullet, \cdot \leq T)]$$

（ドンスカーの定理[2]）

である．

また，上の議論より W_t がブラウン運動であるとは

- $W_0 = 0$
- $W_t \sim N(0, t)$, $t > s$ として
  $$W_t - W_s \sim N(0, t - s)$$

- W_s は独立増分性をもつ，つまり $0 \leqq s \leqq t$ として $W_s, W_t - W_s$ は独立．もっと一般的には $0 \leqq t_1 \leqq t_2 \leqq \cdots \leqq t_n$ として，$W_{t_1}, W_{t_2} - W_{t_1}$, $\cdots, W_{t_n} - W_{t_{n-1}}$ は独立
- $t \to W_t$ は連続

を満たす連続確率過程のことである．

20.2 ブラウン運動汎関数の分布計算

以下では，ドンスカーの定理を用いてブラウン運動の分布をいろいろ計算してみよう．

20.2.1 ブラウン運動の初到達時間

$$\tau_a = \inf\{t > 0 \,|\, W_t = a\} \qquad (a > 0)$$

$$\text{（ブラウン運動の } a \text{ への初到達時間）}$$

として，$a \geqq 0$ に対して

$$E(e^{-a\tau_a}) = \lim_{\Delta t \to 0} E(e^{-a\tau_a^{\Delta t}}) = \lim_{\Delta t \to 0} \left(\frac{1 - \sqrt{1 - e^{-2a\Delta t}}}{e^{-a\Delta t}}\right)^{\frac{a}{\sqrt{\Delta t}}}$$

$$= \lim_{\Delta t \to 0} e^{aa\sqrt{\Delta t}}(1 - \sqrt{2a\Delta t} + o(\sqrt{\Delta t}))^{\frac{a}{\sqrt{\Delta t}}} = e^{-\sqrt{2a}\,a}$$

（注：第4章の結果より，

$$E(e^{-aT_a}) = \left(\frac{1 - \sqrt{-e^{-2a}}}{e^{-a}}\right)^a$$

ここで $T_a = \inf\{t > 0 | Z_t = a\}$ である．また

$$\tau_a^{\Delta t} = \inf\{t \,|\, Z_t^{\Delta t} = a\} = \inf\{t \,|\, \sqrt{\Delta t}\left(\xi_1 + \xi_2 + \cdots + \xi_{\frac{t}{\Delta t}}\right) = a\} = \Delta t\, T_{\frac{a}{\Delta t}}$$

にも注意する．）

すると，これは τ_a の密度関数 $f_{\tau_a}(u)$ のラプラス変換

$$\int_0^\infty e^{-au} f_{\tau_a}(u)\, du = e^{-\sqrt{2a}\,a}$$

ということで，

$$I(a, b) = \int_0^\infty e^{-a^2 x^2 - b^2 x^{-2}} dx = \frac{\sqrt{\pi}}{2a} e^{-2ab}$$

と置換 $a^2 = a,\ x^2 = u$ を用いると

$$f_{\tau_a}(u) = \frac{a}{\sqrt{2\pi u^3}}\, e^{-\frac{a^2}{2u}} \qquad (u > 0)$$

であることがわかる．

練習問題 20.1 ● $I(a,b)$ を直接計算で求めるのは難しいので，以下の手順で求めるのが 1 つの方法である．

$$I(a,b) = a^{-1} I(1, ab), \qquad \frac{\partial I}{\partial b} = -2I(1, ab)$$

を示し，I を b の関数と見て微分方程式を作り，それを解くことにより，

$$I(a,b) = \frac{\sqrt{\pi}}{2a}\, e^{-2ab}$$

を示せ．

また，これより X の密度関数

$$f_X(x) = \frac{d}{\sqrt{\pi}}\, e^{-\frac{c}{x} - l\cdot x} \qquad (x > 0)$$

のモーメント母関数

$$E(e^{-aX}) = d\sqrt{\frac{\pi}{l+a}}\, e^{-2\sqrt{c(l+a)}}$$

を示せ．（この結果より

$$f_{\tau_a}(u) = \frac{a}{u}\,\frac{1}{\sqrt{2\pi u}}\, e^{-\frac{a^2}{2u}} = \frac{a}{u} f_{W_u}(a)$$

となって，第 3 章の初到達時間分布の定理のブラウン運動バージョンが得られる．）

　このように，今まで論じてきたランダムウォークの分布やそれに関する性質は，ほとんどすべてブラウン運動に言い直すことができるのである．すべてを見ていく紙幅もないので復習がてら，今までの結果からピックアップして見直してみよう．

20.2.2 多項式マルチンゲールの母関数，ウィーナー・カオス

第6章で見たように，$\dfrac{e^{aZ_t}}{(\cosh a)^t}$ は $\xi_1, \xi_2, \cdots, \xi_t$ マルチンゲールなので

$$\lim_{\Delta t \to 0} \frac{e^{aZ_{t\Delta t}}}{(\cosh a\sqrt{\Delta t})^{\frac{t}{\Delta t}}}$$

は $\mathcal{F}_t$ マルチンゲール．ここで

$$\cosh a\sqrt{\Delta t} = 1 - \frac{1}{2}a^2\Delta t + o(\Delta t)$$

より

$$\lim_{\Delta t \to 0} \frac{e^{aZ_{t\Delta t}}}{(\cosh a\sqrt{\Delta t})^{\frac{t}{\Delta t}}} = e^{aW_t - \frac{1}{2}a^2 t}$$

は $\mathcal{F}_t$ マルチンゲールで

$$e^{aW_t - \frac{1}{2}a^2 t} = \sum_{k=0}^{\infty} \frac{H_k(t, W_t)}{k!}a^k$$

ここで $H_k(t, x_t)$ は k 次のエルミート多項式で，$H_k(t, W_t)$ は $\mathcal{F}_t$ マルチンゲール．

20.2.3 ギャンブラーの破産問題のブラウン運動バージョン

第8章で述べたギャンブラーの破産問題のブラウン運動バージョンは，
$$\tau_a^x = \inf\{t \mid x + W_t = a\}$$
として，W_t そのものが $\mathcal{F}_t$ マルチンゲールなので，これに Optional Stopping Theorem を適用すれば，$a \leqq x \leqq b$ で

$$\begin{aligned}
x &= E(W_{\tau_a^x \wedge \tau_b^x}) \\
&= E(W_{\tau_a^x}, \tau_a^x < \tau_b^x) + E(W_{\tau_b^x}, \tau_a^x > \tau_b^x) \\
&= aP(\tau_a^x < \tau_b^x) + bP(\tau_a^x > \tau_b^x),
\end{aligned}$$

これと $P(\tau_a^x > \tau_b^x) + P(\tau_a^x < \tau_b^x) = 1$ を合わせて

$$P(\tau_a^x < \tau_b^x) = \frac{b-x}{b-a}, \qquad P(\tau_a^x > \tau_b^x) = \frac{x-a}{b-a}$$

である．

次に，$(W_t)^2 - t$ が $\mathcal{F}_t$ マルチンゲールなので（伊藤の公式より，

$$(W_t)^2 - t = 2\int_0^t W_s \, dW_s$$

という確率積分表示を持つので，といってもよい．なお，ランダムウォークのマルチ
ンゲール表現定理と同様のブラウン運動のマルチンゲール表現定理もある．ラフに
いうと，離散確率積分のところを(伊藤の)確率積分に置き換えるだけである)

$$x^2 = E((W_{\tau_a^x \wedge \tau_b^x})^2 - \tau_a^x \wedge \tau_b^x)$$

したがって，

$$E(\tau_a^x \wedge \tau_b^x) = -x^2 + E(a^2, \tau_a^x < \tau_b^x) + E(b^2, \tau_a^x > \tau_b^x)$$

$$-x^2 + a^2 \frac{b-x}{b-a} + b^2 \frac{x-a}{b-a} = (b-x)(x-a)$$

$$\text{（ギャンブルの平均持続時間）}$$

また，$\alpha > 0$ として

$$M_t^x = e^{\alpha W_t^x - \frac{1}{2}\alpha^2 t} \qquad (W_t^x = x + W_t)$$

に Optional Stopping Theorem を適用し，$M_0^x = x$ に注意して

$$e^{\alpha x} = M_0 = E(M_{t \wedge \tau_a^x}) = E\left(e^{\alpha W_{t \wedge \tau_a^x}^x - \frac{1}{2}\alpha^2(t \wedge \tau_a^x)}\right)$$

ここで $x \leqq a$ を仮定すると，明らかに $e^{\alpha W_{t \wedge \tau_a^x}^x} \leqq e^a$．よって $|M_{t \wedge \tau_a^x}| \leqq e^a$．
$P(\tau_x^a < \infty) = 1$ もすぐにわかり，したがってルベーグの有界収束定理より

$$e^{\alpha x} = E\left(e^{\alpha W_{\tau_a^x}^x - \frac{1}{2}\alpha^2 \tau_a^x}\right)$$

よって，

$$E\left(e^{-\frac{1}{2}\alpha^2 \tau_a^x}\right) = e^{-\alpha(a-x)}$$

と，先ほどの結果($x = 0$ の場合)も再現された．

さらに $a \leqq x \leqq b$ として

$$e^{\alpha x} = E\left(e^{\alpha W_{\tau_a^x \wedge \tau_b^x}^x - \frac{1}{2}\alpha^2 \tau_a^x \wedge \tau_b^x}\right)$$

$$= e^{\alpha a}E\left(e^{-\frac{1}{2}\alpha^2 \tau_a^x}, \tau_a^x < \tau_b^x\right) + e^{\alpha b}E\left(e^{-\frac{1}{2}\alpha^2 \tau_b^x}, \tau_a^x > \tau_b^x\right),$$

α のところに $-\alpha$ を代入して

$$e^{-\alpha x} = e^{-\alpha a}E\left(e^{-\frac{1}{2}\alpha^2 \tau_a^x}, \ \tau_a^x < \tau_b^x\right) + e^{-\alpha b}E\left(e^{-\frac{1}{2}\alpha^2 \tau_b^x}, \tau_a^x > \tau_b^x\right)$$

$$[\because \text{今度は，} a \leqq W_{t \wedge \tau_a^x \wedge \tau_b^x}^x \leqq b \text{ より } \alpha \geqq 0, \ \alpha \leqq 0 \text{ の両方で成立している．}]$$

この連立方程式を解いて

$$E\left(e^{-\frac{1}{2}\alpha^2 \tau_a^x}, \tau_a^x < \tau_b^x\right) = \frac{\sinh \alpha(b-x)}{\sinh \alpha(b-a)},$$

$$E\left(e^{-\frac{1}{2}\alpha^2 \tau_b^x}, \tau_b^x < \tau_a^x\right) = \frac{\sinh \alpha(x-a)}{\sinh \alpha(b-a)}$$

ここで，$\sinh x = \dfrac{e^x - e^{-x}}{2}$ より，辺々加えて

$$E\left(e^{-\frac{1}{2}\alpha^2 \tau_a^x \wedge \tau_b^x}\right) = \frac{\sinh \alpha(x-a) + \sinh \alpha(b-x)}{\sinh \alpha(b-a)}$$

$$= \frac{2\sinh\dfrac{\alpha(b-a)}{2}\cosh\dfrac{\alpha(2x-a-b)}{2}}{2\sinh\dfrac{\alpha(b-a)}{2}\cosh\dfrac{\alpha(b-a)}{2}}$$

$$= \frac{\cosh\dfrac{\alpha(2x-a-b)}{2}}{\cosh\dfrac{\alpha(b-a)}{2}}$$

などがわかる．

練習問題 20.2 ●すぐ上の議論のランダムウォークのブラウン運動バージョンを調べよ．

20.2.4 ブラウン運動のギルサノフ・マルチンゲール

次に，リスケーリング非対称ランダムウォーク

$$Z_t^{(p),\Delta t} = \sqrt{\Delta t}\left(\xi_1^{(p)} + \cdots + \xi_{\frac{t}{\Delta t}}^{(p)}\right)$$

は

$$E\left(Z_t^{(p),\Delta t}\right) = \sqrt{\Delta t}\left(\frac{t}{\Delta t}\right)(2p-1)$$

より $2p-1 = \mu\sqrt{t}$，つまり $p = \dfrac{1+\mu\sqrt{\Delta t}}{2}$ とおけば

$$\lim_{\Delta t \to 0} Z_t^{\left(\frac{1+\mu\sqrt{\Delta t}}{2}\right),\Delta t} = W_t + \mu t \qquad (\text{ドリフト付ブラウン運動})$$

となる．これをふまえて第9章の離散ギルサノフ・マルチンゲール

$$\left(\frac{p}{1-p}\right)^{\frac{Z_T}{2}}(4p(1-p))^{\frac{T}{2}}$$

は

$$\left(\frac{1+\mu\sqrt{\Delta t}}{1-\mu\sqrt{\Delta t}}\right)^{\frac{Z_T^{\Delta t}}{2\sqrt{\Delta t}}}(1-\mu^2\Delta t)^{\frac{T}{2\Delta t}}$$

にスケール変換されて,

$$\lim_{\Delta t\to 0}\frac{1}{2\sqrt{\Delta t}}\log\left(\frac{1+\mu\sqrt{\Delta t}}{1-\mu\sqrt{\Delta t}}\right)=\mu,$$

$$\lim_{\Delta t\to 0}(1-\mu^2\Delta t)^{\frac{T}{2\Delta t}}=\frac{-\mu^2}{2}T$$

より, この極限は

$$e^{\mu W_T-\frac{1}{2}\mu^2 T}$$

となり, ブラウン運動の指数マルチンゲール(ギルサノフ・マルチンゲール)が得られる.

20.2.5 指数分布までの最大値

さらに, 第13章で見た

$$\theta\sim\mathrm{Ge}(p),\qquad M_\theta=\max_{0\le s\le\theta}Z_s\quad(\theta\ \text{と}\ Z_\cdot\text{は独立})$$

とすると

$$M_\theta\sim\mathrm{Ge}\left(1-\frac{1-\sqrt{1-q^2}}{q}\right)\qquad(q=1-p)$$

のブラウン運動バージョンは,

$$M_t=\max_{0\le s\le t}W_s,$$

$$\theta\sim\mathrm{Exp}\left(\frac{\lambda^2}{2}\right)\qquad(\text{平均}\ \frac{2}{\lambda^2}\ \text{の指数分布});$$

$$\text{すなわち}\ f_\theta(x)=\frac{\lambda^2}{2}e^{-\frac{\lambda^2}{2}x}\quad(x>0),$$

$$\theta\ \text{と}\ W_s\ \text{は独立}$$

とすると, $a\geqq 0$ として

$$P(M_\theta\geq a)=P(\theta\geq\tau_a)=E\left(e^{-\frac{\lambda^2}{2}\tau_a}\right)=e^{-\lambda a}$$

となり

$$M_\theta\sim\mathrm{Exp}(\lambda)\qquad(\text{平均}\ \frac{1}{\lambda}\ \text{の指数分布})$$

がわかる. また

$$E\left(e^{\alpha W_\theta}\right) = E\left(E\left(e^{\alpha W_\theta}\,|\,\theta\right)\right) = E\left(e^{\frac{1}{2}\alpha^2\theta}\right)$$

$$= \frac{1}{1-\dfrac{\alpha^2}{2}\dfrac{2}{\lambda^2}} = \frac{\lambda^2}{\lambda^2-\alpha^2}$$

である．これと

$$\int_{-\infty}^{+\infty} e^{\alpha x}\frac{\lambda}{2}\,e^{-\lambda|x|}\,dx = \frac{\lambda}{2}\left(\frac{1}{\lambda-\alpha}+\frac{1}{\lambda+\alpha}\right) = \frac{\lambda^2}{\lambda^2-\alpha^2}$$

から

$$f_{W_\theta}(x) = \frac{\lambda}{2}\,e^{-\lambda|x|} \qquad （ラプラス分布）$$

であり，また $|W_\theta| \sim \mathrm{Exp}(\lambda)$ もすぐにわかる．

20.2.6　ブラウン運動の逆正弦法則

また $g_t = \sup\{s\,|\,W_s=0, s\le t\}$（$t$ 以前でブラウン運動が最後にゼロとなる時間；last zero-before t）の分布は，ランダムウォークの場合；

$$E\left(t^{g_\theta}\right) = \left(\frac{1-q^2}{1-q^2t^2}\right)^{\frac{1}{2}}$$

$\theta \sim \mathrm{Ge}(p)$，$\theta$ と $Z_.$ は独立（第14章）を思い出すと，$\alpha>0$ として

$$E\left(e^{-\alpha g_\theta^{\triangle t}}\right) = E\left(e^{-\alpha\triangle t\frac{1}{\triangle t}g_\theta^{\triangle t}}\right)$$

$$= \left(\frac{1-(1-\mu\triangle t)^2}{1-(1-\mu\triangle t)^2 e^{-2\alpha\triangle t}}\right)^{\frac{1}{2}} \xrightarrow[\triangle t\to 0]{} \left(\frac{\mu}{\alpha+\mu}\right)^{\frac{1}{2}}$$

ここで

$$g_\theta^{\triangle t} = \sup\{s\,|\,Z_s^{\triangle t}=0, s\le t\},$$

$$p = \mu\triangle t, \qquad q = 1-\mu\triangle t$$

である．つまり，

$$E\left(e^{\alpha g_\theta}\right) = \left(\frac{\mu}{\alpha+\mu}\right)^{\frac{1}{2}}.$$

これで g_θ のモーメント母関数が求められた．

次に g_θ の密度関数を求めてみる．

$$\int_0^{+\infty} e^{-x}\frac{1}{\sqrt{x}}\,dx = \Gamma\left(\frac{1}{2}\right) = \sqrt{\pi}$$

より
$$\int_0^{+\infty} e^{-\alpha x} \frac{1}{\sqrt{x}}\,dx = \sqrt{\frac{\pi}{\alpha}}$$

つまり，
$$\int_0^{+\infty} e^{-(\alpha+\mu)x} \frac{dx}{\sqrt{x}} = \sqrt{\frac{\pi}{\alpha+\mu}}$$

より
$$\sqrt{\frac{\mu}{\alpha+\mu}} = \int_0^{+\infty} e^{-\alpha x} \sqrt{\frac{\mu}{\pi x}}\, e^{-\mu x} dx.$$

したがって，g_θ の密度関数
$$f_{g_\theta}(x) = \frac{\mu^{\frac{1}{2}}}{\Gamma\left(\frac{1}{2}\right)} x^{\frac{1}{2}-1} e^{-\mu x} = f_{\Gamma\left(\frac{1}{2},\mu\right)}(x)$$

と $g_\theta \sim \Gamma\left(\dfrac{1}{2}, \mu\right)$ となり，X の密度関数を $f_X(x)$ としたとき，
$$P(X \in dx) = f_X(x)\,dx$$

という書き方を用いると，
$$f_{\Gamma\left(\frac{1}{2},\mu\right)}(x)\,dx = P(g_\theta \in dx)$$
$$= \int_x^{+\infty} P(g_t \in dx) f_\theta(t)\,dt$$
$$= \int_x^{+\infty} P(g_t \in dx)\,\mu e^{-\mu t} dt.$$

ここで
$$\frac{1}{\pi}\int_x^\infty \frac{1}{\sqrt{x(t-x)}} \mu e^{-\mu t} dt = \frac{1}{\pi\sqrt{x}}\int_0^\infty \frac{1}{\sqrt{u}} \mu e^{-\mu(u+x)} du$$
$$= \frac{1}{\pi\sqrt{x}} \sqrt{\mu}\, e^{-\mu x} \Gamma\left(\frac{1}{2}\right)$$
$$= \frac{1}{\sqrt{\pi x}} \sqrt{\mu}\, e^{-\mu x}.$$

したがって，$t > 0$ を固定したとき，g_t の密度関数 $f_{g_t}(x)$ は
$$f_{g_t}(x) = \frac{1}{\pi\sqrt{x(t-x)}} \qquad (0 \le x \le t)$$

となる．

また，g_t の分布関数は $0 \leqq x \leqq t$ として

$$F_{g_t}(x) = P(g_t \leqq x) = \frac{1}{\pi} \int_0^x \frac{du}{\sqrt{u(t-u)}} = \frac{2}{\pi} \sin^{-1} \sqrt{\frac{x}{t}}$$

($u = t \sin^2 \theta$ と置換した)．

上のように分布関数に逆三角関数 $\sin^{-1}$ (arcsin) が現れるので，g_t の分布を逆正弦法則(arcsin law)という．ランダムウォークの場合と同様に

$$A_t = \begin{pmatrix} \text{ブラウン運動 } W_s \text{ が} \\ 0 \leqq s \leqq t \text{ で正の側にいる滞在時間} \end{pmatrix}$$

$$= \int_0^t 1_{[0,\infty)}(W_s)\,ds$$

も g_t と同じ逆正弦法則である．

20.2.7 最大値や局所時間に関する結果を少し

第2章と同じように反射原理を用いると，$x \geqq 0$ として

$$P(W_t \in da, M_t \geqq x) = \begin{cases} P(W_t \in da) = f_{W_t}(a)\,da & (a \geqq x \text{ のとき}) \\ P(W_t \in d(2x-a)) = f_{W_t}(2x-a)\,da \\ & (a \leqq x \text{ のとき}) \end{cases}$$

したがって W_t, M_t の同時分布は $x \geqq a$，$x \geqq 0$ として

$$f_{(W_t, M_t)}(a, x) = -\frac{\partial}{\partial x} f_{W_t}(2x-a)$$

$$= \frac{2(2x-a)}{\sqrt{2\pi t^3}}\, e^{-\frac{(2x-a)2}{2t}}$$

練習問題 20.3 ● 上を用いて

$$P(M_t \in dx) = P(|W_t| \in dx)$$

$$= P((M_t - W_t) \in dx)$$

$$= \frac{2}{\sqrt{2\pi t}}\, e^{-\frac{x^2}{2t}} dx \qquad (x > 0)$$

を示せ．

練習問題 20.4 ● $P(\tau_a \leqq t) = P(M_t \geqq a)$ を用いて τ_a の密度関数を求めよ．

また，レヴィの定理を用いて

$$L_t \sim M_t$$

（ここで $L_t = \lim_{\varepsilon \downarrow 0} \frac{1}{2\varepsilon} \int_0^t 1_{(-\varepsilon, \varepsilon)}(W_s)\, ds = $ ブラウン運動の 0 における局所時間）

なので，局所時間の密度関数 $f_{L_t}(x)$ も $f_{M_t}(x)$ と同じで

$$f_{L_t}(x) = \frac{2}{\sqrt{2\pi t}} e^{-\frac{x^2}{2t}} \qquad (x > 0)$$

である．また $\theta \sim \mathrm{Exp}\left(-\frac{\lambda^2}{2}\right)$, $\theta_\cdot$ と $W_\cdot$ を独立とすると $L_\theta \sim M_\theta \sim \mathrm{Exp}(\lambda)$ となる．

　(M_θ, L_θ) の同時分布，$(M_\theta, L_\theta, W_\theta)$ の同時分布は昨年，筆者たちによって計算され（[17]），あるエキゾティック・オプションの価格付けに応用された．

20.2.8 ドリフト付ブラウン運動について

　ドリフト付ブラウン運動についてはほとんど述べることができなかったが，e の上にドリフト付ブラウン運動をのせたものは，ブラック-ショールズ・モデルにおいて株価過程（株価を表す確率過程）を表し，数理ファイナンスにおいてとても大事なものなので少しだけ触れておこう．

ギルサノフ-丸山-カメロン-マルティンの定理（9.5 節）　$0 \le t \le T$ として

$$E[f(W_u + \mu u, u \le t)] = E\left[e^{\mu W_T - \frac{1}{2}\mu^2 T} f(W_u, u \le t)\right]$$

を用いて，ドリフト付ブラウン運動の計算はギルサノフ汎関数とドリフトなしブラウン運動の計算に帰着できる．例えば，

$$W_t^{(\mu)} = W_t + \mu t, \qquad M_t^{(\mu)} = \max_{0 \le s \le t} W_s^{(\mu)}$$

とおくと，

$$E[f(W_t^{(\mu)}, M_t^{(\mu)})] = E\left[e^{\mu W_t - \frac{1}{2}\mu^2 t} f(W_t, M_t)\right]$$

（$t = T$ とした）を用いて $W_t^{(\mu)}, M_t^{(\mu)}$ の同時分布はすぐに計算できる（[11] 参照）．

練習問題 **20.5** ● $W_t^{(\mu)}, M_t^{(\mu)}$ の同時密度関数を求めよ．

また，$\mu > 0,\ a > 0$ として，
$$\tau_a^{(\mu)} = \inf\{t \mid W_t^{(\mu)} = a\}$$
の密度関数や，モーメント母関数は以下のように求める．
$$E\left(e^{-a(\tau_a^{(\mu)} \wedge t)}\right) = E\left[e^{\mu W_{t \wedge \tau_a} - \frac{1}{2}\mu^2(t \wedge \tau_a)} e^{-a(t \wedge \tau_a)}\right]$$
に注意し，ここで $\mu > 0,\ a > 0$ より，前と同じ議論で $t \to \infty$ として
$$E\left(e^{-a\tau_a^{(\mu)}}, \tau_a^{(\mu)} < \infty\right) = E\left[e^{\mu a - \frac{1}{2}\mu^2 \tau_a} e^{-a\tau_a}\right].$$
$a = 0$ とおいて，
$$P(\tau_a^{(\mu)} < \infty) = e^{\mu a} E\left(e^{-\frac{1}{2}\mu^2 \tau_a}\right) = 1$$
がわかり，つまり
$$E\left(e^{-a\tau_a^{(\mu)}}\right) = e^{\mu a} E\left(e^{-\left(\frac{1}{2}\mu^2 + a\right)\tau_a}\right)$$
$$= e^{\mu a} e^{-\sqrt{\mu^2 + 2a}\, a} = e^{-(\sqrt{\mu^2 + 2a} - \mu)a}$$

同様に $\tau_a^{(\mu)}$ の密度関数もわかる．

練習問題 **20.6** ● $\tau_a^{(\mu)}$ の密度関数を計算せよ．
練習問題 **20.7** ● ギルサノフ–丸山–カメロン–マルティンの定理を用いて，ここに示したブラウン運動の結果をドリフト付ブラウン運動に拡張してみよ．

20.3 おわりに

まだ少しやり残した感はあるが，ランダムウォークや離散確率解析を通じ，マルチンゲールやその他の確率論の諸定理の意味，使い方がわかり，さらに極限をとることで，ブラウン運動の場合や連続の確率解析にも適用できることがわかったと思われる．

Ikeda and Watanabe [22], Revuz and Yor [38], Karatzas and Schreve [24], Rogers and Williams [39] などの上級確率解析の名著に進んでいく際の良いガイドラインとなりうるはずで，少しでもその役目を果たせたのではない

かと考えている．ただし，さらに厳密な議論のためには，位相やルベーグ積分，測度論的確率論のきちんとした準備は残念ながら避けることができない．本書がそれらに進むための動機に，また，そうでなくても確率論が面白いものだと感じてもらえたのであれば，著者の喜びは望外である．

練習問題の答

第1章　ランダムウォークの定義と "red and black"

練習問題 **1.1** ● ルーレットの目が r, r, b, b, b, r, r, r, r, b, b, b であるから

$$\tau_1 = 1, \quad \tau_2 = 2, \quad \tau_3 = 9, \quad \tau_{-1} = 5$$

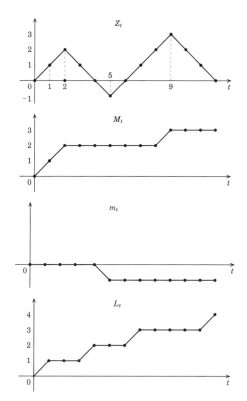

K_t を求める.

ルーレットの目：r, r, b, b, b, r, r, r, r, b, b, b
K_t　　　　　：r, b, r, b, r, b, r, b, r, b, r, b

○ × × ○ × × ○ × ○ ○ × ○

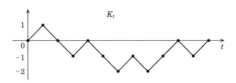

練習問題 1.2 ● $t = 1$ のとき

$$P(M_1 = 1) = P(\{\text{r}\}) = \frac{1}{2}$$

$$P(M_1 = 0) = P(\{\text{b}\}) = \frac{1}{2}$$

$$P(L_1 = 1) = P(\{\text{r}\}) = \frac{1}{2}$$

$$P(L_1 = 0) = P(\{\text{b}\}) = \frac{1}{2} ; \quad \text{したがって, } M_1 = L_1$$

$t = 2$ のとき

$$P(M_2 = 2) = P(\{\text{rr}\}) = \frac{1}{4}$$

$$P(M_2 = 1) = P(\{\text{rb}\}) = \frac{1}{4}$$

$$P(M_2 = 0) = P(\{\text{br, bb}\}) = \frac{1}{2}$$

$$P(L_2 = 2) = P(\{\text{rb}\}) = \frac{1}{4}$$

$$P(L_2 = 1) = P(\{\text{rr}\}) = \frac{1}{4}$$

$$P(L_2 = 0) = P(\{\text{br, bb}\}) = \frac{1}{2} ; \quad \text{したがって, } M_2 = L_2$$

$t = 3$ のとき

$$P(M_3 = 3) = P(\{\text{rrr}\}) = \frac{1}{8}$$

$$P(M_3 = 2) = P(\{\text{rrb}\}) = \frac{1}{8}$$

$$P(M_3 = 1) = P(\{\text{rbr, rbb, brr}\}) = \frac{3}{8}$$

$$P(M_3 = 0) = P(\{\text{brb, bbr, bbb}\}) = \frac{3}{8}$$

$$P(L_3 = 3) = P(\{\text{rbr}\}) = \frac{1}{8}$$

$$P(L_3 = 2) = P(\{\text{rbb}\}) = \frac{1}{8}$$

$$P(L_3 = 1) = P(\{\text{rrr, rrb, brr}\}) = \frac{3}{8}$$

$$P(L_3 = 0) = P(\{\text{brb, bbr, bbb}\}) = \frac{3}{8} ; \quad \text{したがって，} M_3 = L_3$$

第2章 コルモゴロフの確率空間と鏡像原理

練習問題 2.1 ●解答略

練習問題 2.2 ● $\#(\Omega_T) = 2^T$, $\#(\mathcal{F}) = 2^{\#(\Omega_T)} = 2^{2^T}$

練習問題 2.3 ●解答略

第3章 基本離散分布と初到達時間分布

練習問題 3.1 ● $\mathrm{Be}(p)$;

$$E(\mathrm{Be}(p)) = \sum_k P(\mathrm{Be}(p) = k) = 1 \cdot P(X=1) + 0 \cdot P(X=0)$$

$$= 1 \cdot p + 0 \cdot q = p$$

$$B(\mathrm{Be}(p)) = \sum_k (k-m)^2 P(X=k)$$

$$= 1 \cdot (1-E(X))P(X=1) + 0 \cdot (0-E(X))P(X=0)$$

$$= 1 \cdot (1-p)p = (1-p)p = pq$$

$B(n, p)$; まず期待値は

$$E(B(n,p)) = \sum_k k P(B(n,p)) = \sum_{k=0}^{n} k \binom{n}{k} p^k q^{n-k}$$

$$= \sum_{k=1}^{n} n \binom{n-1}{k-1} p^k q^{n-k} + 0 \cdot \binom{n}{0} p^0 q^{n-0}$$

$$\left[k \binom{n}{k} = n \binom{n-1}{k-1} \text{ より} \right]$$

$$= \sum_{l=0}^{n-1} n \binom{n-1}{l} p^{l+1} q^{n-(l+1)} = np \sum_{l=0}^{n-1} \binom{n-1}{l} p^l q^{(n-1)-l}$$

$$= np(p+q)^{n-1} = np$$

となる．分散は，$X \sim B(n, p)$ とすると

$$E(X(X-1)) = \sum_k k(k-1) P(X = k) = \sum_{k=0}^{n} k(k-1) \binom{n}{k} p^k q^{n-k}$$

$$= \sum_{k=2}^{n} \binom{n-2}{k-2} p^k q^{n-k} \cdot n(n-1)$$

$$= n(n-1) \sum_{l=0}^{n-2} \binom{n-2}{l} p^l q^{(n-2)-l} \cdot p^2$$

$$= n(n-1) p^2 (p+q)^{n-2} = n(n-1) p^2$$

となるから，

$$V(X) = E(X^2) - (E(X))^2 = E(X^2 - X) + E(X) - (E(X))^2$$

$$= E(X(X-1)) + E(X) - (E(X))^2$$

$$= n(n-1) p^2 + np - (np)^2$$

$$= np(1-p) = npq.$$

$\mathrm{Ge}(p)$;

$$E(\mathrm{Ge}(p)) = \sum_k k P(T = k) = \sum_{k=0}^{\infty} kpq^k = p \sum_{k=0}^{\infty} kq^k$$

$$= pq \sum_{k=0}^{\infty} kq^{k-1} = \frac{pq}{(1-q)^2} = \frac{q}{p}.$$

ここで $\sum_{k=0}^{\infty} x^k = \dfrac{1}{1-x}$ の両辺を微分して得られる $\sum_{k=0}^{\infty} kx^{k-1} = \dfrac{1}{(1-x)^2}$ を用いた．また，$T \sim \mathrm{Ge}(p)$ とすれば

$$E(T(T-1)) = \sum_{k=0}^{\infty} k(k-1) pq^k = pq^2 \sum_{k=0}^{\infty} k(k-1) q^{k-2}$$

$$= \frac{2pq^2}{(1-q)^2} = \frac{2q^2}{p^2}$$

なので（ここで $\sum_{k=0}^{\infty} kx^{k-1} = \dfrac{1}{(1-x)^2}$ を微分して得られる $\sum_{k=0}^{\infty} k(k-1) x^{k-2} = \dfrac{2}{(1-x)^3}$ を用いた），

$$V(\mathrm{Ge}(p)) = E(T(T-1)) + E(T) - \{E(T)\}^2$$

$$= \frac{2q^2}{p^2} + \frac{q}{p} - \left(\frac{q}{p} \right)^2$$

$$= \frac{q^2}{p^2} + \frac{q}{p} = \frac{q(q+p)}{p^2} = \frac{q}{p^2}.$$

$NB(n, p)$; $T_i \sim \mathrm{Ge}(p)$ $(i = 1, 2, \cdots, n)$ が独立とすると，

$$T = T_1 + T_2 + \cdots + T_n \sim NB(n, p).$$

よって

$$E(NB(n, p)) = E(T_1 + \cdots + T_n) = E(T_1) + \cdots + E(T_n)$$

$$= \frac{q}{p} + \cdots + \frac{q}{p} = n\frac{q}{p},$$

$$\begin{aligned} V(NB(n,p)) &= V(T_1 + \cdots + T_n) \\ &= V(T_1) + \cdots + V(T_n) \qquad [T_1, \cdots, T_n \text{ は独立より}] \\ &= n\frac{q}{p^2}. \end{aligned}$$

第4章　母関数とランダムウォーク

練習問題 4.1 ●

$$a_k = \begin{cases} \binom{n}{k} & 0 \le k \le n \\ 0 & k > n \end{cases}$$

の母関数 $g_a(t) = \sum_{k=0}^{n} \binom{n}{k} t^k = (1+t)^n$ を用いると,

$$\begin{aligned} \sum_{k=0}^{n} k^2 \binom{n}{k} &= \sum_{k=0}^{n} (k(k-1)+k)\binom{n}{k} \\ &= \sum_{k=0}^{n} \left(k(k-1)\binom{n}{k} + k\binom{n}{k} \right) \\ &= \sum_{k=0}^{n} k(k-1)\binom{n}{k} + \sum_{k=0}^{n} k\binom{n}{k} \\ &= g_a''(1) + g_a'(1) = n(n-1)2^{n-2} + n2^{n-1} \\ &= 2^{n-2}(n^2 - n + 2n) = 2^{n-2}(n^2+n) = n(n+1)2^{n-2}. \end{aligned}$$

また,

$$b_k = \begin{cases} \binom{m}{k} & 0 \le k \le m \\ 0 & k > m \end{cases}$$

とおけば, $c_k = \sum_{i=0}^{k} \binom{n}{k-i}\binom{m}{i}$ は a と b のたたみこみなので,

$$\begin{aligned} g_c(t) &= g_{a*b}(t) = g_a(t)g_b(t) \\ &= (1+t)^n (1+t)^m = (1+t)^{n+m} = \sum_{k=0}^{m+n} \binom{m+n}{k} t^k \end{aligned}$$

となり, $c_k = \binom{m+n}{k}$.

[前半部分の別解]　n 人のクラスで委員の人数を定めない委員会と1人の委員長,

1人の副委員長(ただし委員長と副委員長は兼任できるとする)を選ぶ総数を2通りに考える.

まず委員長,副委員長を含む委員会のメンバーをk人とすると,その総数は$\binom{n}{k}$.このなかから兼任できる委員長,副委員長を選ぶので求める総数 $= \sum_{k=0}^{n} k^2 \binom{n}{k}$.

また,兼任しない委員長と副委員長の選び方は$n(n-1)$で,残りの$n-2$人は委員になるかならないかなので2^{n-2},よってこの場合は$n(n-1)2^{n-2}$.委員長,副委員長が兼任すると,選び方はn通りで,残りの$n-1$人は委員になるかならないかなので2^{n-1}.よって求める総数 $= n(n-1)2^{n-2}+n2^{n-1} = n(n+1)2^{n-2}$.

練習問題 4.2 ● $n=3$ として考える(ほかの n でも同様).

$$(1+t_1+t_1^2)(1+t_2+t_2^2)(1+t_3+t_3^2)$$
$$= 1 + (t_1+t_2+t_3) + (t_1^2+t_2^2+t_3^2+t_1t_2+t_2t_3+t_3t_1)$$
$$+ (t_1^2t_2+t_2^2t_3+t_3^2t_1+t_2^2t_1+t_3^2t_2+t_1^2t_3+t_1t_2t_3)$$
$$+ (t_1^2t_2^2+t_2^2t_3^2+t_3^2t_1^2+t_1t_2t_3^2+t_3t_1t_2^2+t_2t_3t_1^2)$$
$$+ (t_1^2t_2^2t_3+t_2^2t_3^2t_1+t_3^2t_1^2t_2) + t_1^2t_2^2t_3^2$$

したがって

$$(1+t+t^2)^3 = {}_3\mathrm{T}_0 + {}_3\mathrm{T}_1 t + {}_3\mathrm{T}_2 t^2 + {}_3\mathrm{T}_3 t^3 + {}_3\mathrm{T}_4 t^4 + \cdots$$

練習問題 4.3 ● $f(k) = \sum_{k=0}^{\infty} \binom{n}{k} h(k)$ とすると,

$$g_f(t) = \sum_{n=0}^{\infty} f(n) t^n = \sum_{n=0}^{\infty} \left(\sum_{k=0}^{n} \binom{n}{n-k} h(k) \right) t^n$$
$$= \sum_{k=0}^{\infty} \left(\sum_{n=k}^{\infty} \binom{n}{n-k} t^{n-k} h(k) \right) t^k$$
$$= \sum_{k=0}^{\infty} h(k) t^k \sum_{l=0}^{\infty} \binom{l+k}{l} t^l \quad (l = n-k).$$

ここで

$$(1-t)^{-n} = \sum_{l=0}^{\infty} {}_n\mathrm{H}_l t^l = \sum_{l=0}^{\infty} \binom{n+l-1}{l} t^l$$

$$\therefore \quad (1-t)^{-(k+1)} = \sum_{l=0}^{\infty} \binom{l+k}{l} t^l$$

より,

$$g_f(t) = \sum_{k=0}^{\infty} \left(h(k) t^k \times (1-t)^{-(k+1)} \right)$$

$$= \frac{1}{1-t} \sum_{k=0}^{\infty} h(k) \left(\frac{t}{1-t} \right)^k = \frac{1}{1-t} g_h \left(\frac{t}{1-t} \right).$$

$s = \dfrac{t}{1-t}$ と変数変換すると

$$g_h(s) = \frac{1}{1+s} g_f \left(\frac{s}{1+s} \right) = \sum_{k=0}^{\infty} f(k) s^k (1+s)^{-(k+1)}$$

$$= \sum_{k=0}^{\infty} f(k) s^k \sum_{l=0}^{\infty} \binom{k+l}{l} (-s)^l$$

$$= \sum_{k=0}^{\infty} f(k) s^k \sum_{n=k}^{\infty} \binom{n}{n-k} (-s)^{n-k}$$

$$= \sum_{n=0}^{\infty} s^n \sum_{k=0}^{n} (-1)^{n-k} \binom{n}{k} f(k)$$

となり，したがって $h(n) = \sum_{k=0}^{n} (-1)^{n-k} \binom{n}{k} f(k)$ が分かる．逆も同様．

練習問題 4.4 ●

$$g_{B(n,p)}(t) = \sum_{k=0}^{n} P(B(n,p)=k) t^k = \sum_{k=0}^{n} \binom{n}{k} p^k (1-p)^{n-k} t^k$$

$$= (1-p+pt)^n$$

$$g_{\mathrm{Ge}(p)}(t) = \sum_{k=0}^{\infty} P(\mathrm{Ge}(p)=k) t^k = \sum_{k=0}^{\infty} p(1-p)^k t^k$$

$$= \frac{p}{1-(1-p)t} \qquad \left(|t| < \frac{1}{1-p} \right)$$

$$g_{NB(n,p)}(t) = (g_{\mathrm{Ge}(p)}(t))^n = \left(\frac{p}{1-(1-p)t} \right)^n$$

練習問題 4.5 ●

$$E \left(\frac{1}{B(n,p)+1} \right) = \int_0^1 g_{B(n,p)}(t)\, dt = \int_0^1 (1-p+pt)^n dt$$

$$= \int_{1-p}^1 x^n \frac{dx}{p} = \frac{1-(1-p)^{n+1}}{(n+1)p}$$

$$E \left(\frac{1}{\mathrm{Ge}(p)+1} \right) = \int_0^1 g_{\mathrm{Ge}(p)}(t)\, dt = \int_{1-p}^1 \frac{p}{1-(1-p)t}\, dt$$

$$= p \int_1^p \frac{1}{x} \frac{dx}{-(1-p)}$$

$$= -\frac{p}{1-p} \Big[\log x \Big]_1^p = \frac{-p \log p}{1-p}$$

第 5 章　条件付期待値と公平な賭け方

練習問題 5.1 ●

$$
E(E(Y|X)) = E\left(\frac{\dfrac{N+1}{6}(3X+2N+1)}{X+\dfrac{N+1}{2}}\right)
$$

$$
= \sum_{i=1}^{N} \frac{\dfrac{N+1}{6}(3i+2N+1)}{i+\dfrac{N+1}{2}} P(X=i)
$$

$$
= \sum_{i=1}^{N} \frac{\dfrac{N+1}{6}(3i+2N+1)}{i+\dfrac{N+1}{2}} \cdot \frac{1}{N(N+1)}\left(i+\frac{N+1}{2}\right)
$$

$$
= \frac{7N+5}{12}.
$$

一方

$$
P(Y=j) = \sum_{i=1}^{N} P(X=i \cap Y=j) = \frac{1}{N(N+1)}\left(j+\frac{N+1}{2}\right)
$$

したがって

$$
E(Y) = \sum_{j=1}^{N} jP(Y=j) = \sum_{j=1}^{N} j\frac{1}{N(N+1)}\left(j+\frac{N+1}{2}\right)
$$

$$
= \frac{7N+5}{12} = E(E(Y|X)).
$$

$$
E(Y^2|X) = \sum_{j=1}^{N} j^2 \frac{P(Y=j \cap X=i)}{P(X=i)}\bigg|_{i=X}
$$

$$
= \sum_{j=1}^{N} j^2 \frac{\dfrac{1}{N^2(N+1)}(i+j)}{\dfrac{1}{N(N+1)}\left(i+\dfrac{N+1}{2}\right)}\bigg|_{i=X}
$$

$$
= \frac{\dfrac{N(N+1)}{6}i+\dfrac{N(N+1)^2}{4}}{i+\dfrac{N+1}{2}}.
$$

練習問題 5.2 ●

$$
E((X-Y)^2) = E(X^2-XY-XY+Y^2)
$$

$$
= E(X(X-E(Y|X))+Y(Y-E(X|Y))) = 0.
$$

$E((X-Y)^2)=0 \Longleftrightarrow X=Y$ より，$X=Y$ を得る．後半は，
$$E(Z|X)=E(E(Z|X,Y)|Y)=E(X|X)=X$$
などから
$$E((X-Y)^2+(Y-Z)^2+(Z-X)^2)$$
$$=E(Y(Y-E(X|Y))+X(X-E(Y|X))+Z(Z-E(Y|Z))$$
$$\quad+Y(Y-E(Z|Y))+X(X-E(Z|X))+Z(Z-E(X|Z)))$$
$$=0$$
となり，これより示される．

練習問題 5.3 ●例 4；$E(\xi_i)=\dfrac{1}{2}\times 1+\dfrac{1}{2}\times(-1)=0$ だから，
$$E(U_t)=E(a\xi_1+a^2\xi_2+\cdots+a^t\xi_t)$$
$$=aE(\xi_1)+a^2E(\xi_2)+\cdots+a^tE(\xi_t)=0.$$
また，
$$V(U_t^2)=E(U_t^2)-(E(U_t))^2=E(U_t^2)$$
$$=E((a\xi_1+\cdots+a^t\xi_t)(a\xi_1+\cdots+a^t\xi_t))$$
$$=E(a^2\xi_1\xi_1+\cdots+a^{i+j}\xi_i\xi_j+\cdots+a^{2t}\xi_t\xi_t)$$
であるが，
$$E(\xi_i\xi_j)=\begin{cases} E(\xi_i)E(\xi_j)=0 & (i\neq j)\quad[\because \xi_i \text{ と } \xi_j \text{ は独立}] \\ \dfrac{1}{2}\cdot 1^2+\dfrac{1}{2}(-1)^2=1 & (i=j) \end{cases}$$
だから，
$$V(U_t^2)=\sum_{n=1}^{t}a^{2n}=\frac{a^{2(t+1)}-a^2}{a^2-1}.$$
　例 5；
$$E(U_t)=E\Big(a\xi_1+\Big(\frac{A+B}{2}+\frac{A-B}{2}\xi_1\Big)\xi_2$$
$$\qquad+\cdots+\Big(\frac{A+B}{2}+\frac{A-B}{2}\xi_{t-1}\Big)\xi_t\Big)$$
$$=E(a\xi_1)+E\Big(\Big(\frac{A+B}{2}+\frac{A-B}{2}\xi_1\Big)\xi_2\Big)$$
$$\qquad+\cdots+E\Big(\Big(\frac{A+B}{2}+\frac{A-B}{2}\xi_{t-1}\Big)\xi_t\Big)$$
$$=aE(\xi_1)+E\Big(\frac{A+B}{2}+\frac{A-B}{2}\xi_1\Big)E(\xi_2)$$

$$+\cdots+E\Big(\frac{A+B}{2}+\frac{A-B}{2}\xi_{t-1}\Big)E(\xi_t)\quad[\because\text{独立}]$$

$$=0.$$

$V(U_t)=E((U_t-E(U_t))^2)=E(U_t^2)$ である．ここで

$$\alpha=\sum_{n=2}^{t}\xi_n,\qquad\beta=\sum_{n=2}^{t}\xi_{n-1}\xi_n$$

とおくと，$U_t=a\xi_1+\dfrac{A+B}{2}\alpha+\dfrac{A-B}{2}\beta$ より，

$$V(U_t)=E(U_t^2)=E\Big(\Big(a\xi_1+\frac{A+B}{2}\alpha+\frac{A-B}{2}\beta\Big)^2\Big)$$

$$=a^2E(\xi_1^2)+a(A+B)E(\xi_1\alpha)+a(A-B)E(\xi_1\beta)$$

$$+E\Big(\frac{A+B}{2}\alpha\Big)^2+E\Big(\frac{A-B}{2}\beta\Big)^2$$

$$+\Big(\frac{A+B}{2}\Big)\Big(\frac{A-B}{2}\Big)E(\alpha\beta)$$

となるが，$\xi_1,\xi_2,\cdots,\xi_t$ はすべて独立なので，

$$E(\xi_1\alpha)=E(\xi_1)E(\alpha)=0$$

$$E(\xi_1\beta)=E(\xi_1^2\xi_2+\xi_1(\xi_2\xi_3+\cdots+\xi_{t-1}\xi_t))$$

$$=E(\xi_1^2)E(\xi_2)+E(\xi_1)E(\xi_2\xi_3+\cdots+\xi_{t-1}\xi_t)=0$$

$$E(\alpha^2)=E\Bigg(\sum_{n=2}^{t}\xi_n^2+\sum_{\substack{i\neq j\\2\leq i,j\leq n}}\xi_i\xi_j\Bigg)=\sum_{n=2}^{t}E(\xi_n^2)+0=t-1$$

$$E(\beta^2)=E\Bigg(\sum_{n=2}^{t}(\xi_{n-1}\xi_n)^2+\sum_{\substack{i\neq j\\2\leq i,j\leq n}}\xi_{i-1}\xi_i\xi_{j-1}\xi_j\Bigg)$$

$$=\sum_{n=2}^{t}E(\xi_{n-1}^2)E(\xi_n^2)+0=t-1$$

$$E(\alpha\beta)=E\Bigg(\sum_{2\leq i,j\leq n}\xi_i\xi_{j-1}\xi_j\Bigg)=0$$

である．以上より

$$V(U_t^2)=a^2\cdot1+0+0+\Big(\frac{A+B}{2}\Big)^2(t-1)+\Big(\frac{A-B}{2}\Big)^2(t-1)+0$$

$$=a^2+(t-1)\frac{A^2+B^2}{2}.$$

例6；

$$E(U_t)=E(\xi_1+\xi_1\xi_2+\cdots+\xi_{t-1}\xi_t)$$

$$=E(\xi_1)+E(\xi_1)E(\xi_2)+\cdots+E(\xi_{t-1})E(\xi_t)\quad[\because\text{すべて独立}]$$

$$=0$$

$$V(U_t)=E((U_t-E(U_t))^2)=E(U_t^2)$$

$$= E\left(\xi_1^2 + \sum_{n=2}^{t}(\xi_{n-1}\xi_n)^2 + \sum_{\substack{i\neq j \\ 2\leq i,j\leq n}}\xi_{i-1}\xi_i\xi_{j-1}\xi_j\right)$$

$$= E(\xi_1^2) + \sum_{n=2}^{t}E(\xi_{n-1}^2)\,E(\xi_n^2) = 1+(t-1) = t$$

例 7 ;

$$E(U_t) = E(\xi_1) + E(\xi_1\xi_2) + \cdots + E(\xi_1\xi_2\cdots\xi_t)$$

$$= E(\xi_1) + E(\xi_1)\,E(\xi_2) + \cdots + E(\xi_1)\,E(\xi_2)\cdots E(\xi_t) = 0$$

$$V(U_t) = E(U_t^2)$$

$$= E(\xi_1^2) + E(\xi_1^2\xi_2^2) + \cdots + E(\xi_1^2\xi_2^2\cdots\xi_t^2)$$

$$= E(\xi_1^2) + E(\xi_1^2)\,E(\xi_2^2) + \cdots + E(\xi_1^2)\,E(\xi_2^2)\cdots E(\xi_t^2) = t$$

例 8 ;

$$E(U_t) = E(U_{t-1} + U_t\xi_t)$$

$$= E(U_{t-1}) + E(U_{t-1})\,E(\xi_t) \quad [\because U_{t-1} \text{ と } \xi_t \text{ は独立}]$$

$$= E(U_{t-1})$$

$$= \cdots$$

$$= E(U_1) = E(1+\xi_1) = 1.$$

分散は $V(U_t) = E(U_t^2) - (E(U_t))^2 = E(U_t^2) - 1$ を計算すればよいが,ここで

$$E(U_t^2) = E((U_{t-1} + U_{t-1}\xi_t)^2)$$

$$= E(U_{t-1}^2 + 2U_{t-1}^2\xi_t + U_{t-1}^2\xi_t^2)$$

$$= E(U_{t-1}^2) + E(U_{t-1}^2)\,E(\xi_t) + E(U_{t-1}^2)\,E(\xi_t^2) \quad [\because U_{t-1} \text{ と } \xi_t \text{ は独立}]$$

$$= 2E(U_{t-1}^2)$$

$$= \cdots$$

$$= 2^{t-1}E(U_1^2)$$

$$= 2^{t-1}E(1+2\xi_1+\xi_1^2) = 2^{t-1}(1+1) = 2^t$$

だから,$V(U_t) = 2^t - 1.$

例 9 ;

$$E(U_t) = E(U_{t-1} + (-U_{t-1}+1)\xi_t)$$

$$= E(U_{t-1}) - E(U_{t-1})\,E(\xi_t) + E(\xi_t) \quad [\because U_{t-1} \text{ と } \xi_t \text{ は独立}]$$

$$= E(U_{t-1})$$

$$= \cdots$$

$$= E(U_1) = E(\xi_1) = 0.$$

$$V(U_t) = E(U_t^2)$$

$$= E((U_{t-1} + (-U_{t-1}+1)\xi_t)^2)$$

$$= E(U_{t-1}^2 + 2U_{t-1}(-U_{t-1}+1)\xi_t + (-U_{t-1}+1)^2\xi_t^2)$$
$$= E(U_{t-1}^2) + 2E(U_{t-1}(-U_{t-1}+1))E(\xi_t) + E((-U_{t-1})^2)E(\xi_t^2)$$
$$[\because\ U_{t-1}\ と\ \xi_t\ は独立]$$
$$= E(U_{t-1}^2) + E(U_{t-1}^2 - 2U_{t-1}+1) = 2E(U_{t-1}^2) + 1$$
$$= 2(2E(U_{t-2}^2)+1)+1 = 2^2 E(U_{t-2}^2) + (1+2^1)$$
$$= \cdots$$
$$= 2^{t-1}E(U_1^2) + \sum_{n=0}^{t-2} 2^n$$
$$= 2^{t-1} + (2^{t-1}-1) = 2^t - 1.$$

第 6 章　いろいろなマルチンゲール表現定理

練習問題 6.1 ●

$U_t = Z_t^3 - 3tZ_t\ ;$

$$E(U_{t+1}|\xi_1, \cdots, \xi_t) = E(Z_{t+1}^3 - 3(t+1)Z_{t+1}|\xi_1, \cdots, \xi_t)$$
$$= E((Z_t+\xi_{t+1})^3 - 3(t+1)(Z_t+\xi_{t+1})|\xi_1, \cdots, \xi_t)$$
$$= E((Z_t+\xi_{t+1})^3|\xi_1, \cdots, \xi_t)$$
$$\qquad -3(t+1)E((Z_t+\xi_{t+1})|\xi_1, \cdots, \xi_t)$$
$$= Z_t^3 + 3Z_t - 3(t+1)Z_t$$
$$= Z_t^3 - 3tZ_t$$

より U_t は $\xi_1, \cdots, \xi_t$ マルチンゲール．また，

$$U_{t+1} - U_t = \{Z_{t+1}^3 - 3(t+1)Z_{t+1}\} - (Z_t^3 - 3tZ_t)$$
$$= \{(Z_t+\xi_{t+1})^3 - 3(t+1)(Z_t+\xi_{t+1})\} - (Z_t^3 - 3tZ_t)$$
$$= 3\xi_{t+1}Z_t^2 + 3(\xi_{t+1}^2-1)Z_t + \xi_{t+1}^3 - 3(t+1)\xi_{t+1}$$
$$= 3\xi_{t+1}Z_t^2 + \xi_{t+1}^3 - 3(t+1)\xi_{t+1}$$

より

$$\frac{U_{t+1} - U_t}{\xi_{t+1}} = 3Z_t^2 - 3t - 2.$$

これよりマルチンゲール表現は

$$Z_t^3 - 3tZ_t = \sum_{i=0}^{t-1}(3Z_i^2 + 3i - 2)\xi_{i+1}.$$

$U_t = Z_t^4 - 6tZ_t^2 + 3t^2 + 2t$ についても，同様に計算すると $\xi_1, \cdots, \xi_t$ マルチンゲールであることが分かる．また

$$\frac{U_{t+1}-U_t}{\xi_{t+1}} = 4Z_t^3-(12t+8)Z_t$$

となるのでマルチンゲール表現は

$$Z_t^4-6tZ_t^2+3t^2+2t = \sum_{i=0}^{t-1}\{4Z_i^3-(12i+8)Z_i\}\xi_{i+1}$$

となる.

練習問題 6.2 ●

$$E\left(\frac{\cos\lambda(Z_{t+1}-c)}{(\cos\lambda)^{t+1}}\middle|\xi_1,\cdots,\xi_t\right)$$

$$= \frac{1}{(\cos\lambda)^{t+1}}E(\cos\lambda(Z_t+\xi_{t+1}-c)|\xi_1,\cdots,\xi_t)$$

$$= \frac{1}{(\cos\lambda)^{t+1}}E(\cos\lambda(Z_t-c)\cos\lambda\xi_{t+1}+\sin\lambda(Z_t-c)\sin\lambda\xi_{t+1}|\xi_1,\cdots,\xi_t)$$

$$= \frac{1}{(\cos\lambda)^{t+1}}(\cos\lambda(Z_t-c)E(\cos\lambda\xi_{t+1})+\sin\lambda(Z_t-c)E(\sin\lambda\xi_{t+1}))$$

ここで,

$$E(\cos\lambda\xi_{t+1}) = \frac{1}{2}\cos\lambda+\frac{1}{2}\cos(-\lambda) = \cos\lambda,$$

$$E(\sin\lambda\xi_{t+1}) = \frac{1}{2}\sin\lambda+\frac{1}{2}\sin(-\lambda) = 0.$$

よって,

$$E\left(\frac{\cos\lambda(Z_{t+1}-c)}{(\cos\lambda)^{t+1}}\middle|\xi_1,\cdots,\xi_t\right) = \frac{1}{(\cos\lambda)^{t+1}}\cos\lambda(Z_t-c)\cos\lambda$$

$$= \frac{\cos\lambda(Z_t-c)}{(\cos\lambda)^t}.$$

よって $\xi_1,\cdots,\xi_t$ マルチンゲール.

また, $\dfrac{\dfrac{\cos\lambda(Z_{t+1}-c)}{(\cos\lambda)^{t+1}}-\dfrac{\cos\lambda(Z_t-c)}{(\cos\lambda)^t}}{\xi_{t+1}}$ を計算すると, $\xi_{t+1}=1$ のときは

$$= \frac{\cos\lambda(Z_{t+1}-c)}{(\cos\lambda)^{t+1}}-\frac{\cos\lambda(Z_t-c)}{(\cos\lambda)^t}$$

$$= \frac{\cos\lambda\cos\lambda(Z_t-c)-\sin\lambda\sin\lambda(Z_t-c)}{(\cos\lambda)^{t+1}}-\frac{\cos\lambda(Z_t-c)}{(\cos\lambda)^t}$$

$$= \frac{-\sin\lambda\sin\lambda(Z_t-c)}{(\cos\lambda)^{t+1}} = -\tan\lambda\frac{\sin\lambda(Z_t-c)}{(\cos\lambda)^t}$$

であり, $\xi_{t+1}=-1$ のときも同じ結果になる. $t=0$ のときの値に注意すると, マル

チンゲール表現は

$$\frac{\cos \lambda (Z_t - c)}{(\cos \lambda)^t} = \cos \lambda c - \sum_{i=0}^{t-1} \tan \lambda \frac{\sin \lambda (Z_i - c)}{(\cos \lambda)^i} \xi_{i+1}.$$

練習問題 6.3 ● 1つ目；

$$E(Z_T^3 | \xi_1, \cdots, \xi_t)$$
$$= E((Z_t + Z_T - Z_t)^3 | \xi_1, \cdots, \xi_t)$$
$$= E((Z_t^3 + 3Z_t^2(Z_T - Z_t) + 3Z_t(Z_T - Z_t)^2 + (Z_T - Z_t)^3 | \xi_1, \cdots, \xi_t)$$
$$= Z_t^3 + 3Z_t^2 E(Z_T - Z_t | Z_t) + 3Z_t E((Z_T - Z_t)^2 | Z_t) + E((Z_T - Z_t)^3 | Z_t)$$
$$= Z_t^3 + 3Z_t(T - t).$$

マルチンゲールであることは練習問題 6.1 と同様．

2つ目；

$$E(e^{aZ_t} | \xi_1, \cdots, \xi_t) = E(e^{a(Z_t + Z_T - Z_t)} | \xi_1, \cdots, \xi_t)$$
$$= E(e^{aZ_t} \cdot e^{a(Z_T - Z_t)} | \xi_1, \cdots, \xi_t)$$
$$= e^{aZ_t} E(e^{a(Z_T - Z_t)} | \xi_1, \cdots, \xi_t)$$
$$= e^{aZ_t} \left(\frac{e^a + e^{-a}}{2} \right)^{T-t}.$$

マルチンゲールであることは，

$$E\left(e^{aZ_{t+1}} \left(\frac{e^a + e^{-a}}{2} \right)^{T-(t+1)} \middle| \xi_1, \cdots, \xi_t \right)$$
$$= E\left(e^{aZ_t} e^{a\xi_{t+1}} \left(\frac{e^a + e^{-a}}{2} \right)^{(T-t)-1} \middle| \xi_1, \cdots, \xi_t \right)$$
$$= e^{aZ_t} \left(\frac{e^a + e^{-a}}{2} \right)^{(T-t)-1} E(e^{a\xi_{t+1}})$$
$$= e^{aZ_t} \left(\frac{e^a + e^{-a}}{2} \right)^{T-t}$$

より分かる．

練習問題 6.4 ●

$$\frac{e^{aZ_t^{p,q}}}{(pe^a + qe^{-a} + 1 - p - q)^t}$$
$$= \left(1 + aZ_t^{p,q} + \frac{a^2}{2}(Z_t^{p,q})^2 + \frac{a^3}{3!}(Z_t^{p,q})^3 + \cdots \right)$$
$$\times \left(\left(p + ap + \frac{a^2}{2}p + \frac{a^3}{3!}p + \cdots \right) \right.$$

$$+ \Big(q - \alpha q + \frac{\alpha^2}{2} q - \frac{\alpha^3}{3!} q + \cdots \Big) + (1 - p - q) \Big)^{-t}$$

$$= \Big(1 + \alpha Z_t^{p,q} + \frac{\alpha^2}{2} (Z_t^{p,q})^2 + \frac{\alpha^3}{3!} (Z_t^{p,q})^3 + \cdots \Big)$$

$$\times \Big(1 + \alpha(p-q) + \frac{\alpha^2}{2!} (p+q) + \frac{\alpha^3}{3!} (p-q) + \cdots \Big)^{-t}$$

$$= \Big(1 + \alpha Z_t^{p,q} + \frac{\alpha^2}{2} (Z_t^{p,q})^2 + \frac{\alpha^3}{3!} (Z_t^{p,q})^3 + \cdots \Big)$$

$$\times \Big(1 + \binom{-t}{1} \Big(\alpha(p-q) + \frac{\alpha^2}{2!} (p+q) + \frac{\alpha^3}{3!} (p-q) + \cdots \Big)$$

$$+ \binom{-t}{2} \Big(\alpha(p-q) + \frac{\alpha^2}{2!} (p+q) + \frac{\alpha^3}{3!} (p-q) + \cdots \Big)^2 + \cdots \Big)$$

この右辺の各項の係数を見ればよい．たとえば α^2 の係数は $I_2(t, Z_t^{p,q})$ で，それは

$$\frac{(Z_t^{p,q})^2}{2!} + \Big((-t)(p-q) + \frac{(-t)(-t-1)}{2} (p-q) \Big) Z_t^{p,q}$$

$$+ \frac{(-t)(-t-1)}{2} \cdot \frac{p+q}{2!} + \frac{-t}{2} (p-q)$$

である．

練習問題 6.5 ●

$$E((Z_T^{p,q})^2 \mid \xi_1^{p,q}, \cdots, \xi_t^{p,q})$$
$$= E((Z_t^{p,q} + Z_T^{p,q} - Z_t^{p,q})^2 \mid \xi_1^{p,q}, \cdots, \xi_t^{p,q})$$
$$= (Z_t^{p,q})^2 + 2 Z_t^{p,q} E(Z_{T-t}^{p,q}) + E((Z_{T-t}^{p,q})^2)$$
$$= (Z_t^{p,q})^2 + 2 Z_t^{p,q} E(Z_{T-t}^{p,q}) + V(Z_{T-t}^{p,q}) + (E(Z_{T-t}^{p,q}))^2$$
$$= (Z_t^{p,q})^2 + 2(p-q)(T-t) Z_t^{p,q}$$
$$+ \{(p+q) - (p-q)^2\}(T-t) + (p-q)^2 (T-t)^2$$
$$= (Z_t^{p,q})^2 + 2(p-q)(T-t) Z_t^{p,q}$$
$$+ (p+q)(T-t) + (p-q)^2 (T-t)(T-t-1).$$

となる．マルチンゲールであることを示すため，

$$E\Big((Z_{t+1}^{p,q})^2 + 2(p-q)(T-(t+1)) Z_{t+1}^{p,q} + (p+q)(T-(t+1))$$

$$+ (p-q)^2 (T-(t+1))(T-(t+1)-1) \Big| \xi_1^{p,q}, \cdots, \xi_t^{p,q} \Big)$$

を計算する．項ごとに計算すると

$$E\Big((Z_{t+1}^{p,q})^2 \Big| \xi_1^{p,q}, \cdots, \xi_t^{p,q} \Big) = (Z_t^{p,q})^2 + 2 Z_t^{p,q} E(\xi_{t+1}^{p,q}) + E((\xi_{t+1}^{p,q})^2)$$

$$= (Z_t^{p,q})^2 + 2(p-q)Z_t^{p,q} + (p+q) \qquad \cdots\cdots(1)$$

$$E\left(2(p-q)(T-(t+1))Z_{t+1}^{p,q}\middle|\xi_1^{p,q},\cdots,\xi_t^{p,q}\right)$$

$$= 2(p-q)(T-t)Z_t^{p,q} - 2(p-q)Z_t^{p,q} + 2(p-q)(T-t-1)E(\xi_{t+1}^{p,q})$$

$$= 2(p-q)(T-t)Z_t^{p,q} - 2(p-q)Z_t^{p,q} + 2(p-q)^2(T-t-1) \qquad \cdots\cdots(2)$$

$$E\Big((p+q)(T-(t+1))$$

$$\qquad + (p-q)^2(T-(t+1))(T-(t+1)-1)\Big|\xi_1^{p,q},\cdots,\xi_t^{p,q}\Big)$$

$$= (p+q)(T-t-1) + (p-q)^2(T-t-1)(T-t-2)$$

$$= (p+q)(T-t) - (p+q)$$

$$\qquad + (p-q)^2(T-t)(T-t-1) - 2(p-q)^2(T-t-1) \qquad \cdots\cdots(3)$$

となり，

$$(1) + (2) + (3) = (Z_t^{p,q})^2 + 2(p-q)(T-t)Z_t^{p,q}$$

$$\qquad\qquad + (p+q)(T-t) + (p-q)^2(T-t)(T-t-1).$$

よってマルチンゲールである．

練習問題 6.6 ●練習問題 6.5 と同様．（6.5 で $q=0$ とすればよい．）

第 7 章　離散確率解析

練習問題 7.1 ●解答略

練習問題 7.2 ●Z_t^4；

$$E(Z_{t+1}^4|\xi_1,\cdots,\xi_t) = E(Z_t^4 + 4\xi_{t+1}Z_0^3 + 6Z_t^2 + 4\xi_{t+1}Z_t + 1|\xi_1,\cdots,\xi_t)$$

$$= Z_t^4 + 6Z_t^2 + 1$$

である．

$$Z_{t+1}^4 - Z_t^4 = Z_{t+1}^4 - (Z_t^4 + 6Z_t^2 + 1) + (Z_t^4 + 6Z_t^2 + 1) - Z_t^4$$

$$= (4Z_t^3 + 4Z_t)\xi_{t+1} + (6Z_t^2 + 1)$$

だから，ドゥーブ–メイヤー分解は

$$Z_t^4 = \sum_{i=0}^{t-1}(4Z_i^3 + 4Z_i)\xi_{i+1} + \sum_{i=0}^{t-1}(6Z_i^2 + 1).$$

$(Z_t^p)^2$；

$$E((Z_{t+1}^p)^2)|\xi_1^p,\cdots,\xi_t^p) = E((Z_t^p + Z_{t+1}^p - Z_t^p)^2|\xi_1^p,\cdots,\xi_t^p)$$

$$= (Z_t^p)^2 + 2Z_t^p E(Z_{(t+1)-t}^p) + E((Z_{(t+1)-t}^p)^2)$$

$$= (Z_t^p)^2 + 2(2p-1)Z_t^p + 1$$

である.

$$
\begin{aligned}
(Z_{t+1}^p)^2 - (Z_t^p)^2 &= (Z_{t+1}^p)^2 - \{(Z_t^p)^2 + 2(2p-1)Z_t + 1\} \\
&\quad + \{(Z_t^p)^2 + 2(2p-1)Z_t + 1\} - (Z_t^p)^2 \\
&= (Z_t^p + \xi_{t+1}^p)^2 - \{(Z_t^p)^2 + 2(2p-1)Z_t + 1\} \\
&\quad + \{2(2p-1)Z_t + 1\} \\
&= 2Z_t^p \xi_{t+1}^p + 1
\end{aligned}
$$

だから, ドゥーブ-メイヤー分解は

$$(Z_t^p)^2 = \sum_{i=0}^{t-1} 2Z_i^p \xi_{i+1}^p + t.$$

$(Z_t^p)^3$;

$$E((Z_{t+1}^p)^3 \mid \xi_1^p, \cdots, \xi_t^p) = (Z_t^p)^3 + 3(2p-1)(Z_t^p)^2 + 3Z_t^p + (2p-1)$$

である.

$$(Z_{t+1}^p)^3 - (Z_t^p)^3 = 3(Z_t^p)^2 \xi_{t+1}^p + \xi_{t+1}^p + 3Z_t^p$$

となるので, ドゥーブ-メイヤー分解は

$$(Z_t^p)^3 = \sum_{i=0}^{t-1} (3(Z_i^p)^2 + 1)\xi_{i+1}^p + \sum_{i=0}^{t-1} (3Z_i^p).$$

$(Z_t^{p,q})^2$;

$$
\begin{aligned}
E((Z_{t+1}^{p,q})^2 \mid \xi_1^{p,q}, \cdots, \xi_t^{p,q}) &= E((Z_t^{p,q})^2 + 2Z_t^{p,q}\xi_{t+1}^{p,q} + 1 \mid \xi_1^{p,q}, \cdots, \xi_t^{p,q}) \\
&= (Z_t^{p,q})^2 + 2(p-q)Z_t^{p,q} + 1
\end{aligned}
$$

である.

$$
\begin{aligned}
(Z_{t+1}^{p,q})^2 - (Z_t^{p,q})^2 &= (Z_{t+1}^{p,q})^2 - \{(Z_t^{p,q})^2 + 2(p-q)Z_t^{p,q} + 1\} \\
&\quad + \{(Z_t^{p,q})^2 + 2(p-q)Z_t^{p,q} + 1\} - (Z_t^{p,q})^2 \\
&= 2Z_t^{p,q}\xi_{t+1}^{p,q} + 1
\end{aligned}
$$

だから, ドゥーブ-メイヤー分解は

$$(Z_t^{p,q})^2 = \sum_{i=0}^{t-1} 2Z_i^{p,q}\xi_{i+1} + t.$$

$(Z_t^{p,q})^3$;

$$
\begin{aligned}
&E((Z_{t+1}^{p,q})^3 \mid \xi_1^{p,q}, \cdots, \xi_t^{p,q}) \\
&= (Z_t^{p,q})^3 + 3(p-q)(Z_t^{p,q})^2 + 3Z_t^{p,q} + (p-q)
\end{aligned}
$$

である.

$$(Z_{t+1}^{p,q})^3 - (Z_t^{p,q})^3 = 3(Z_t^{p,q})^2 \xi_{t+1}^{p,q} + \xi_{t+1}^{p,q} + 3Z_t^{p,q}$$

となるので, ドゥーブ-メイヤー分解は

$$(Z_{t+1}^{p,q})^3 = \sum_{i=0}^{t-1}(3(Z_i^{p,q})^2+1)\,\xi_{i+1} + \sum_{i=0}^{t-1}3Z_i^{p,q}.$$

練習問題 7.3 ● Z_t^4 ; $f(x)=x^4$ とおくと，$f(0)=0$ および

$$\frac{f(x+1)-f(x-1)}{2} = 4x^3+4x,$$

$$\frac{f(x+1)-2f(x)+f(x-1)}{2} = 6x^2+1$$

より，ドゥーブ-メイヤー分解は

$$Z_t^4 = \sum_{i=0}^{t-1}(4Z_i^3+4Z_i)\,\xi_{i+1} + \sum_{i=0}^{t-1}(6Z_i^2+1).$$

e^{aZ_t} ; $f(x)=e^{ax}$ とおくと，$f(0)=1$ および

$$\frac{f(x+1)-f(x-1)}{2} = \frac{1}{2}\,e^{ax}(e-e^{-1}),$$

$$\frac{f(x+1)-2f(x)+f(x-1)}{2} = \frac{1}{2}\,e^{ax}(e+e^{-1})-1$$

より，ドゥーブ-メイヤー分解は

$$e^{aZ_t} = \frac{e-e^{-1}}{2}\sum_{i=0}^{t-1}e^{aZ_i}\xi_{i+1} + \frac{e+e^{-1}}{2}\sum_{i=0}^{t-1}e^{aZ_i}-t.$$

$t^2Z_t^3$; $f(t,x)=t^2x^3$ とおくと，$f(0,0)=0$ および

$$\frac{f(t+1,x+1)-f(t+1,x-1)}{2} = (t+1)^2(3x^2+1),$$

$$\frac{f(t+1,x+1)-2f(t+1,x)+f(t+1,x-1)}{2} = (t+1)^2\cdot 3x$$

より，ドゥーブ-メイヤー分解は

$$t^2Z_t^3 = \sum_{i=0}^{t-1}(i+1)^2(3Z_i^2+1) + \sum_{i=0}^{t-1}(i+1)^2\,3Z_i.$$

$e^{aZ_t+\beta t}$; $f(t,x)=e^{ax+\beta t}$ とおくと，$f(0,0)=1$ および

$$\frac{f(t+1,x+1)-f(t+1,x-1)}{2} = \frac{e^{ax+\beta t}}{2}(e^2-1),$$

$$\frac{f(t+1,x+1)-2f(t+1,x)+f(t+1,x-1)}{2} = \frac{e^{ax+\beta t}}{2}(e^2+1-2e)$$

より，ドゥーブ-メイヤー分解は

$$e^{aZ_t+\beta t} = \frac{e^2-1}{2}\sum_{i=0}^{t-1}e^{aZ_t+\beta t}\xi_{i+1} + \frac{e^2+1-2e}{2}\sum_{i=0}^{t-1}e^{aZ_t+\beta t}+t$$

練習問題 7.4 ●例題と同様に

$$1_A(x) = \begin{cases} 1 & (x \in A) \\ 0 & (x \notin A) \end{cases}$$

を用いると，$f(x) = \max(x-1, -x)$ として

$$\frac{f(x+1) - f(x-1)}{2} = 1_{[2,\infty)}(x) + \frac{1}{2} 1_{\{0,1\}}(x) - 1_{(-\infty,-1]}(x),$$

$$\frac{f(x+1) - 2f(x) + f(x-1)}{2} = \frac{1}{2} 1_{\{0,1\}}(x)$$

となる．したがってドゥーブ-メイヤー分解は

$$\max(Z_t - 1, -Z_t) = \sum_{i=0}^{t-1} \Big(1_{[2,\infty)}(Z_i) + \frac{1}{2} 1_{\{0,1\}}(Z_i) - 1_{(-\infty,-1]}(Z_i) \Big)(Z_{i+1} - Z_i)$$

$$+ \sum_{i=0}^{t-1} \frac{1}{2} 1_{\{0,1\}}(Z_i).$$

練習問題 7.5 ●解答略

練習問題 7.6 ●

$$(Z_t^p)^2 = \sum_{i=0}^{t-1} 2Z_i^p(Z_{i+1}^p - Z_i^p - (2p-1)) + \sum_{i=0}^{t-1} (1 + (2p-1)2Z_i^p)$$

$$(Z_t^p)^3 = \sum_{i=0}^{t-1} (3(Z_i^p)^2 + 1)(Z_{i+1}^p - Z_i^p - (2p-1))$$

$$+ \sum_{i=0}^{t-1} (3Z_i^p + (2p-1)(3(Z_i^p)^2 + 1))$$

$$e^{\alpha Z_t^p} = 1 + \sum_{i=0}^{t-1} \frac{e^\alpha - e^{-\alpha}}{2} e^{\alpha Z_i^p}(Z_{i+1}^p - Z_i^p(2p-1))$$

$$+ \sum_{i=0}^{t-1} \frac{e^\alpha - 2 + e^{-\alpha}}{2} e^{\alpha Z_i^p}$$

$$t^2(Z_t^p)^2 = \sum_{i=0}^{t-1} 2Z_i^p(i+1)^2(Z_{i+1}^p - Z_i^p - (2p-1))$$

$$+ \sum_{i=0}^{t-1} ((Z_i^p)^2(2i+1) + (i+1)^2$$

$$+ (2p-1)(2Z_i^p(i+1)^2))$$

$$t^2(Z_t^p)^3 = \sum_{i=0}^{t-1} (t+1)^2(3(Z_i^p)^2 + 1)(Z_{i+1}^p - Z_i^p - (2p-1))$$

$$+ \sum_{i=0}^{t-1} ((Z_i^p)^3(2i+1) + 3Z_i^p(i+1)^2$$

$$+ (2p-1)(i+1)^2(3(Z_i^p)^2 + 1))$$

以下略．

練習問題 7.7 ●

$$f(t, Z_t^{p,q})$$
$$= \sum_{i=0}^{t-1} \frac{f(t+1, Z_t^{p,q}+1) - f(t+1, Z_t^{p,q}-1)}{2} (Z_{i+1}^{p,q} - Z_i^{p,q} - (p-q))$$
$$+ \sum_{i=0}^{t-1} \frac{f(t+1, Z_t^{p,q}+1) - 2f(t+1, Z_t^{p,q}) + f(t+1, Z_t^{p,q}-1)}{2}$$
$$\times ((Z_{t+1}^{p,q} - Z_i^{p,q})^2 - (p+q))$$
$$+ \sum_{i=0}^{t-1} \left\{ (p-q) \frac{f(t+1, Z_t^{p,q}+1) - f(t+1, Z_t^{p,q}-1)}{2} \right.$$
$$\left. + (p+q) \frac{f(t+1, Z_t^{p,q}+1) - 2f(t+1, Z_t^{p,q}) + f(t+1, Z_t^{p,q}-1)}{2} \right\}$$
$$+ \sum_{i=0}^{t-1} (f(i+1, Z_i^{p,q}) - f(i, Z_i^{p,q})) + f(0,0)$$

練習問題 7.8 ●

$f(Z_t^{p,q})$ が $\xi_1^{p,q}, \cdots, \xi_t^{p,q}$ マルチンゲール

$\Longleftrightarrow \forall x \in \mathbb{Z}$ において

$$\frac{f(x+1) - f(x-1)}{2}(p-q) + \frac{f(x+1) - 2f(x) + f(x-1)}{2}(p+q) = 0$$

$\Longleftrightarrow \forall x \in \mathbb{Z}$ において

$$pf(x+1) - (p+q)f(x) + qf(x-1) = 0.$$

$f(t, Z_t^{p,q})$ が $\xi_1^{p,q}, \cdots, \xi_t^{p,q}$ マルチンゲール

$\Longleftrightarrow \forall t \geqq 0, \forall x \in \mathbb{Z}$ において

$$\frac{f(t+1, x+1) - f(t+1, x-1)}{2}(p-q)$$
$$+ \frac{f(t+1, x+1) - 2f(t+1, x) + f(t+1, x-1)}{2}(p+q) = 0$$

$\Longleftrightarrow \forall t \geqq 0, \forall x \in \mathbb{Z}$ において

$$pf(t+1, x+1) - (p+q)f(t+1, x) + qf(t+1, x-1) = 0.$$

練習問題 7.9 ● 1つ目；$f(x) = x^2$ とおくと，$f(0) = 0$ および

$$\frac{f(x+1) - f(x-1)}{2} = 2x,$$

$$\frac{f(x+1) - 2f(x) + f(x-1)}{2} = 1$$

より，ドゥーブ-メイヤー分解は

$$(Z_t^{p,q})^2 = \sum_{i=0}^{t-1} (2Z_i^{p,q}(Z_{i+1}^{p,q} - Z_i^{p,q} - (p-q))$$
$$+ (Z_{i+1}^{p,q} - Z_i^{p,q})^2 - (p+q))$$
$$+ \sum_{i=0}^{t-1}((p-q)2Z_i^{p,q} + (p+q))$$

2つ目；

$$t(Z_t^{p,q})^2 = \sum_{i=0}^{t-1}(2Z_i^{p,q}(i+1)^2(Z_{t+1}^{p,q} - Z_i^{p,q} - (p-q))$$
$$+ ((Z_i^{p,q})^2(2i+1) + (i+1)^2)((Z_{i+1}^{p,q} - Z_i^{p,q})^2 - (p+q)))$$
$$+ \sum_{i=0}^{t-1}((p-q)2Z_i^{p,q}(i+1)^2$$
$$+ (p+q)(Z_i^{p,q})^2(2i+1) + (i+1)^2) + (2i+1)(Z_i^{p,q})^2)$$

3つ目；

$$e^{aZ_i^{p,q}} = 1 + \sum_{i=0}^{t-1}\left(\frac{e^a - e^{-a}}{2}e^{aZ_i^{p,q}}((Z_{i+1}^{p,q} - Z_i^{p,q}) - (p-q))\right.$$
$$+ \frac{e^a - 2 + e^{-a}}{2}e^{aZ_i^{p,q}}(Z_{i+1}^{p,q} - Z_i^{p,q})^2 - (p+q)))$$
$$+ \sum_{i=0}^{t-1}\left(\frac{e^a - e^{-a}}{2}e^{aZ_i^{p,q}}(p-q)\right.$$
$$\left.+ \frac{e^a - 2 + e^{-a}}{2}e^{aZ_i^{p,q}}(p+q)\right)$$

以下略.

練習問題 7.10 ● 1つ目；$f(x) = x^3$ とおくと，
$$f(x+1) - f(x) = 3x^2 + 3x + 1, \quad f(0) = 0$$
より，ドゥーブ-メイヤー分解は，
$$D_t^3 = \sum_{i=0}^{t-1}(3D_i^2 + 3D_i + 1)(D_{i+1} - D_i - p) + p\sum_{i=0}^{t-1}(3D_i^2 + 3D_i + 1)$$
となる.

2つ目；$f(x) = a^x$ とおくと，$f(x+1) - f(x) = (a-1)a^x$ より
$$a^{D_t} = 1 + \sum_{i=0}^{t-1}(a-1)a^{D_i}(D_{i+1} - D_i - p) + p(a-1)\sum_{i=0}^{t-1}a^{D_i}.$$

3つ目；$f(t, x) = a^x b^t$ とおくと，
$$f(i+1, x+1) - f(i+1, x) = b^{i+1}(a-1)a^x,$$
$$f(i+1, x) - f(i, x) = (b-1)b^i a^x$$
より

$$a^{D_t} b^t = 1 + \sum_{i=0}^{t-1} b^{i+1}(a-1)\, a^{D_i}(D_{i+1}-D_i-p)$$
$$+ \sum_{i=0}^{t-1} p(a-1)\, b^{i+1} a^{D_i} + (b-1)\, b^i a^{D_i}.$$

練習問題 7.11 ● 1つ目の解答例のみ提示する.

$f(t,x) = x - pt$ とおくと,

$$f(t+1, x+1) - f(t+1, x) = (x+1) - p(t+1) - (x - p(t+1)) = 1,$$
$$f(t+1, x) - f(t, x) = x - p(t+1) - (x - pt) = p$$

より,

$$p\big(f(t+1, x+1) - f(t+1, x)\big) + f(t+1, x) - f(t, x) = 0.$$

よってマルチンゲールである.

以下略.

第9章　確率差分方程式

練習問題 9.1 ● $c^t X_t = x(cA)^t B^{Z_t}$ である. $f(t, y) = x(cA)^t B^y$ とおくと,

$c^t X_t$ が $\xi_1, \cdots, \xi_t$ マルチンゲール

$$\iff \frac{f(t+1, y+1) + f(t+1, y-1)}{2} = f(t, y)$$
$$\iff \frac{x(cA)^{t+1} B^{y+1} + x(cA)^{t+1} B^{y-1}}{2} = x(cA)^t B^y$$
$$\iff cA(B + B^{-1}) = 2$$
$$\iff c\sqrt{1+a+b}\sqrt{1+a-b}\left(\frac{\sqrt{1+a+b}}{\sqrt{1+a-b}} + \frac{\sqrt{1+a-b}}{\sqrt{1+a+b}}\right)$$
$$\iff c(1+a) = 1$$
$$\iff a = \frac{1}{c} - 1.$$

練習問題 9.2 ●

$$E(X_t) = xA^t E(B^{Z_t}) = xA^t\left(\frac{B + B^{-1}}{2}\right)^t.$$

また,

$$E(X_t^2) = x^2 A^{2t} E(B^{2Z_t}) = x^2 A^{2t}\left(\frac{B^2 + B^{-2}}{2}\right)^t$$

だから,

$$V(X_t) = E(X_t^2) - (E(X_t^2))^2$$
$$= x^2 A^{2t} \left(\left(\frac{B^2 + B^{-2}}{2} \right)^t - \left(\frac{B + B^{-1}}{2} \right)^{2t} \right).$$

練習問題 9.3 ●

$$E(X_t) = x(1-b)^t - \frac{a}{b}((1-b)^t - 1)$$

$$V(X_t) = C^2 (1-b)^{2t} \sum_{i=0}^{t-1} (1-b)^{-(2i+2)}$$

$$= C^2 (1-b)^{2t} \frac{(1-b)^{-2} - (1-b)^{-2t}(1-b)^{-2}}{1 - (1-b)^{-2}}$$

練習問題 9.4 ●定理の逆をたどればよい.

練習問題 9.5 ●$k < a$ のとき,与式 $= 0$.

$k \geq a$ のとき

$$P(M_t^p = k \cap Z_t^p = a)$$
$$= P(M_t^p \geq k \cap Z_t^p = a) - P(M_t^p \geq k+1 \cap Z_t^p = a)$$
$$= \left(\frac{p}{1-p} \right)^{k-a} P(Z_t^p = 2k - a)$$
$$- \left(\frac{p}{1-p} \right)^{k+1-a} P(Z_t^p = 2(k+1) - a)$$

第10章　期待値と無裁定

練習問題 10.1 ●阪神：4万円,中日：10万円,巨人：10万円,ヤクルト：5万円,広島：5万円,横浜：5万円,と購入すればよい.

練習問題 10.2 ●価格を C_4 とおく.$q_1 = \frac{1}{2}$,$q_2 = \frac{1}{3}$,$q_3 = \frac{1}{6}$ として

$$C_4 = E^Q(X_4) = 2 \cdot \frac{1}{2} + 2 \cdot \frac{1}{3} + 14 \cdot \frac{1}{6} = 4.$$

練習問題 10.3 ●$Q(\omega_i) = q_i$ とおいて,

$$\begin{cases} 3q_1 - q_2 - 4q_3 = 0 & \cdots(1) \\ q_1 + q_2 + q_3 = 1 & \cdots(2) \\ q_1, q_2, q_3 > 0 & \cdots(3) \end{cases}$$

を解く. $q_3 = t$ とおくと, (1), (2) より

$$q_1 = \frac{1+5t}{4}, \qquad q_2 = \frac{3-9t}{4}$$

となる. (3) より $0 < t < \dfrac{1}{3}$ が分かるので,

$$(q_1, q_2, q_3) = \left(\frac{1+5t}{4}, \frac{3-9t}{4}, t \right) \qquad \left(0 < t < \frac{1}{3} \right).$$

練習問題 10.4 ● S_1^3 ;

$$C = E^q(S_1^3) = (1+u)^3 S^3 \frac{-d}{u-d} + (1+d)^3 S^3 \frac{u}{u-d} = 112.$$

$\max(S_1 - 5, 0)$; S_1 は値 $6, 4$ を確率 $\dfrac{1}{2}$ ずつで取るから, $\max(S_1 - 5, 0)$ は値 $1, 0$ を確率 $\dfrac{1}{2}$ ずつで取る. したがって

$$C = E^q(\max(S_1 - 5, 0)) = 1 \cdot \frac{1}{2} + 0 \cdot \frac{1}{2} = \frac{1}{2}.$$

練習問題 10.5 ● まず

$$Q(\xi_2 = 1) = Q(\xi_1 = 1 \cap \xi_2 = 1) + Q(\xi_1 = -1 \cap \xi_2 = 1) = \frac{\sigma - \mu}{2\sigma},$$

$$Q(\xi_2 = -1) = Q(\xi_1 = 1 \cap \xi_2 = -1) + Q(\xi_1 = -1 \cap \xi_2 = -1) = \frac{\sigma + \mu}{2\sigma}$$

より同分布. また

$$\xi_1 \cdot \xi_2 = \begin{cases} 1 & ((\xi_1 = 1 \cap \xi_2 = 1) \cup (\xi_1 = -1 \cap \xi_2 = -1) \text{ のとき}) \\ -1 & ((\xi_1 = 1 \cap \xi_2 = -1) \cup (\xi_1 = -1 \cap \xi_2 = 1) \text{ のとき}) \end{cases}$$

を用いて計算すると

$$E(\xi_1 \cdot \xi_2) = \frac{\mu^2}{\sigma^2}$$

となることが分かるが, 一方

$$E(\xi_1) \cdot E(\xi_2) = \left(\frac{\sigma - \mu}{2\sigma} - \frac{\sigma + \mu}{2\sigma} \right)^2 = \frac{\mu^2}{\sigma^2}$$

であるから, 独立.

第11章 無裁定とマルチンゲール

練習問題 11.1 ●

$$E(Z_T^4 \mid \xi_1, \cdots, \xi_t)$$
$$= E((Z_t + Z_T - Z_t)^4 \mid \xi_1, \cdots, \xi_t)$$
$$= Z_t^4 + 4Z_t^3 E(Z_T - Z_t \mid \xi_1, \cdots, \xi_t) + 6Z_t^2 E((Z_T - Z_t)^2 \mid \xi_1, \cdots, \xi_t)$$
$$\quad + 4Z_t E((Z_T - Z_t)^3 \mid \xi_1, \cdots, \xi_t) + E((Z_T - Z_t)^4 \mid \xi_1, \cdots, \xi_t)$$
$$= Z_t^4 + 6Z_t^2(T-t) + 3(T-t)^2 - 2(T-t)$$

において $t = 0$ として，$E(Z_T^4) = 3T^2 - 2T$ を得る．

$f(x) = x^4$ とおくと，

$$\frac{f(x+1) - f(x-1)}{2} = 4x^3 + 4x,$$

$$\frac{f(x+1) - 2f(x) + f(x-1)}{2} = 6x^2 + 1.$$

よってドゥーブ-メイヤー分解は

$$Z_T^4 = 3T^2 - 2T + \sum_{i=0}^{T-1}(4Z_i^3 + 4Z_i)\xi_{i+1} + 6\sum_{i=0}^{T-1}(Z_i^2 - i)$$
$$= 3T^2 - 2T + \sum_{i=0}^{T-1}(4Z_i^3 + 4Z_i)\xi_{i+1} + 12\sum_{i=0}^{T-1}\sum_{j=1}^{i-1}2Z_{j-1}\xi_{j+1}$$
$$= 3T^2 - 2T + \sum_{i=0}^{T-1}(4Z_i^3 + 4Z_i)\xi_{i+1} + \sum_{i=0}^{T-2}(2(T-2)Z_i)\xi_{i+1}$$

となる．これより必要な裁定を構成できる．

練習問題 11.2 ● $T = \infty$ のとき $\sum_{i=1}^{\infty}\dfrac{a}{(1+r)^i} = \dfrac{a}{r}$．

$T \sim \text{Ge}(p)$ のとき

$$E\left(\sum_{i=1}^{T}\frac{a}{(1+r)^i}\right) = E\left(\frac{a}{r}\left(1 - \frac{1}{(1+r)^i}\right)\right) = \frac{a}{r} - E\left(\left(\frac{1}{1+r}\right)^i\right) \times \frac{a}{r}$$

$$= \frac{a}{r} - \frac{p}{1 - (1-p)\frac{1}{1+r}} \times \frac{a}{r}.$$

$T \sim NB(n, p)$ のときも同様に $\dfrac{a}{r} - \left(\dfrac{p}{1 - (1-p)\frac{1}{1+r}}\right)^n \times \dfrac{a}{r}$ となる．

練習問題 11.3 ● $S - Ke^{-rT}$

練習問題 11.4 ●解答略

第12章　賭け方を変えることのできるギャンブラーの破産問題

練習問題 12.1 ● $F^{(p)}\left(\dfrac{1}{16}\right) = p^4$, $F^{(p)}\left(\dfrac{3}{16}\right) = p^3 + (1-p)\,p^3$,

$F^{(p)}\left(\dfrac{5}{16}\right) = p^2 + (1-p)\,p^3$, $F^{(p)}\left(\dfrac{7}{16}\right) = p^2 + (1-p)\,p^2 + (1-p)^2 p^2$,

$F^{(p)}\left(\dfrac{9}{16}\right) = p + (1-p)\,p^3$, $F^{(p)}\left(\dfrac{11}{16}\right) = p + (1-p)\,p^2 + (1-p)^2 p^2$,

$F^{(p)}\left(\dfrac{13}{16}\right) = p + (1-p)\,p + (1-p)^2 p^2$, $F^{(p)}\left(\dfrac{15}{16}\right) = 1 - (1-p)^4$.

練習問題 12.2 ● $\dfrac{2}{3} = \dfrac{1}{2} + \dfrac{1}{2^3} + \dfrac{1}{2^5} + \cdots$ なので,

$$F^{(p)}\left(\frac{2}{3}\right) = p + \left(\frac{1-p}{p}\right)p^3 + \left(\frac{1-p}{p}\right)^2 p^5 + \cdots = \frac{p}{1-(1-p)\,p}.$$

次に $\dfrac{1}{5} = \dfrac{1}{15} + \dfrac{2}{15} = \displaystyle\sum_{k=1}^{\infty}\left\{\left(\frac{1}{2}\right)^{4k-1} + \left(\frac{1}{2}\right)^{4k}\right\}$ なので,

$$F^{(p)}\left(\frac{1}{5}\right) = F^{(p)}\left(\sum_{k=1}^{\infty}\left\{\left(\frac{1}{2}\right)^{4k-1} + \left(\frac{1}{2}\right)^{4k}\right\}\right)$$

$$= p^3 + \left(\frac{1-p}{p}\right)p^4 + \left(\frac{1-p}{p}\right)^2 p^7 + \left(\frac{1-p}{p}\right)^3 p^8 + \left(\frac{1-p}{p}\right)^4 p^{11}$$

$$\qquad + \left(\frac{1-p}{p}\right)^5 p^{12} + \cdots$$

$$= \frac{(2-p)\,p^3}{1-(1-p)^2 p^2}.$$

練習問題 12.3 ● $\dfrac{2i-1}{16} = \dfrac{1}{2}1_{\{5,6,7,8\}}(i) + \dfrac{1}{2^2}1_{\{3,4,7,8\}}(i) + \dfrac{1}{2^3}1_{\{2,4,6,8\}}(i) + \dfrac{1}{2^4}$ と表せるので, $\eta_1(i) := 1_{\{5,6,7,8\}}(i)$, $\eta_2(i) := 1_{\{3,4,7,8\}}(i)$, $\eta_3(i) := 1_{\{2,4,6,8\}}(i)$, $\eta_4(i) := 1$ と定義すると,

$$H^{(p)}\left(\frac{2i-1}{16}\right) = 1 + p\left(\frac{1-p}{p}\right)^{\eta_1(i)} + p^2\left(\frac{1-p}{p}\right)^{\eta_1(i)+\eta_2(i)}$$

$$\qquad + p^3\left(\frac{1-p}{p}\right)^{\eta_1(i)+\eta_2(i)+\eta_3(i)}.$$

練習問題 12.4 ●作図のポイントだけを説明する.

$$D = \left\{\sum_{i=1}^{N}\frac{\varepsilon_i}{2^i} \,;\, N \geq 1,\ \varepsilon_1, \cdots, \varepsilon_{N-1} \in \{0,1\},\ \varepsilon_N = 1\right\}$$

と置く．作図に際して注意すべき点は 2 つ．1 つ目は，D の任意の点 $x = \sum_{i=1}^{N} \frac{\varepsilon_i}{2^i}$ について

$$\lim_{y \in D \setminus \{x\},\, y \to x} H^{(p)}(y) = H^{(p)}(x) + p^{N-1}\Big(\frac{1-p}{p}\Big)^{\varepsilon_1 + \cdots + \varepsilon_{N-1}}$$

が成り立つという点．2 つ目は，$(0,1) \setminus D$ 上で $H^{(p)}(x)$ を定めている関数

$$G(x) := \frac{1}{p} F^{(p)}(x) + \frac{1}{1-p} F^{(1-p)}(1-x)$$

は，$(0,1)$ 上全体で考えると連続関数となるので D 上の値だけで $(0,1)$ 全体での G の値が決まり，さらに D 上での G の値は

$$G(x) = \lim_{y \in D \setminus \{x\},\, y \to x} H^{(p)}(y)$$

で与えられるという点である．

第13章　再生性と確率・期待値の計算

練習問題 13.1 ● $E(X) = \dfrac{1}{p}$.

練習問題 13.2 ●解答略

練習問題 13.3 ●解答略

練習問題 13.4 ●

$$P(C \text{ が優勝}) = 2 \sum_{k=1}^{\infty} P(3k \text{ 回目に } C \text{ が勝って優勝する，} 1 \text{ 回目に } A \text{ が勝つ})$$

$$= 2 \sum_{k=1}^{\infty} \Big(\frac{1}{2}\Big)^{3k} = \frac{2}{7}.$$

$$P(A \text{ が優勝}) = P(B \text{ が優勝}) = \frac{1}{2}\Big(1 - \frac{2}{7}\Big) = \frac{5}{14}.$$

練習問題 13.5 ●

$$P(A \text{ が勝つ}) = \sum_{k=1}^{\infty} P\left(\begin{array}{c} \text{ジュースを } (k-1) \text{ 回繰り返した後に} \\ A \text{ が 2 回連続でポイントを取る} \end{array}\right)$$

$$= \sum_{k=1}^{\infty} (2p(1-p))^{k-1} p^2 = \frac{p^2}{1 - 2p(1-p)}.$$

ゲームが決まるまで回数を T で表すと，

$$
T = \begin{cases}
2 & (1\text{回目のポイントが } A,\ 2\text{回目のポイントが } A) \\
2 & (1\text{回目のポイントが } B,\ 2\text{回目のポイントが } B) \\
2+T' & (1\text{回目のポイントが } A,\ 2\text{回目のポイントが } B) \\
2+T'' & (1\text{回目のポイントが } B,\ 2\text{回目のポイントが } A).
\end{cases}
$$

よって

$$
E(T) = 2p^2 + 2(1-p)^2 + 2p(1-p)(2+E(T))
$$

となり，これを解くと $E(T) = \dfrac{2}{1-2p(1-p)}$.

練習問題 13.6 ● $E(T_{\mathrm{rbb}})$ だけを求めることにする．まず，以下を定義する．

$$
\xi_i := \begin{cases}
\dfrac{1}{p}-1 & (i\text{回目が r(ed) のとき}) \\
-1 & (i\text{回目が b(lack) のとき})
\end{cases}
$$

$$
\eta_i := \begin{cases}
-1 & (i\text{回目が r(ed) のとき}) \\
\dfrac{1}{1-p}-1 & (i\text{回目が b(lack) のとき})
\end{cases}
$$

$$
\begin{aligned}
M_t &:= \sum_{i=1}^{t} \xi_i + \sum_{i=1}^{t} \left(\frac{1}{p} 1_{(i-1\text{回目が r})} + \frac{1}{p(1-p)} 1_{(i-2\text{回目が r},\, i-1\text{回目が b})} \right) \eta_i \\
&= -t + \frac{1}{p} 1_{(t\text{回目が r})} + \frac{1}{p(1-p)} 1_{(t-1\text{回目が r},\, t\text{回目が b})} \\
&\quad + \sum_{i=3}^{t} \frac{1}{p(1-p)^2} 1_{(i-2\text{回目が r},\, i-1\text{回目が b},\, i\text{回目が b})}
\end{aligned}
$$

このとき，$M_{\cdot}$ はマルチンゲールなので Optional Stopping Theorem より，

$$
0 = E(M_{t \wedge T_{\mathrm{rbb}}}) \to -E(T_{\mathrm{rbb}}) + \frac{1}{p(1-p)^2} \quad (t \to \infty).
$$

よって，$E(T_{\mathrm{rbb}}) = \dfrac{1}{p(1-p)^2}$.

練習問題 13.7 ●以下を定義する．

$$
\xi_i^* := \begin{cases}
25 & (i\text{回目がアルファベット } *) \\
-1 & (i\text{回目が } * \text{以外のアルファベット})
\end{cases}
$$

$$
\begin{aligned}
M_t &:= \sum_{i=1}^{t} \{1 + 26^{10} 1_{(i-10\text{回目から } i-1\text{回目までの文字列が「HITOTSUBAS」})}\} \xi_i^{\mathrm{H}} \\
&\quad + \sum_{i=1}^{t} \{26 \times 1_{(i-1\text{回目の文字が「H」})}
\end{aligned}
$$

$$+26^{11}1_{(i-11\text{回目から }i-1\text{回目までの文字列が「HITOTSUBASH」})}\}\xi_i^{\text{I}}$$
$$+\sum_{i=1}^{t}\{26^21_{(i-2\text{回目から }i-1\text{回目までの文字列が「HI」})}$$
$$+26^41_{(i-4\text{回目から }i-1\text{回目までの文字列が「HITO」})}\}\xi_i^{\text{T}}$$
$$+\sum_{i=1}^{t}26^31_{(i-3\text{回目から }i-1\text{回目までの文字列が「HIT」})}\xi_i^{\text{O}}$$
$$+\sum_{i=1}^{t}\{26^51_{(i-5\text{回目から }i-1\text{回目までの文字列が「HITOT」})}$$
$$+26^91_{(i-9\text{回目から }i-1\text{回目までの文字列が「HITOTSUBA」})}\}\xi_i^{\text{S}}$$
$$\sum_{i=1}^{t}26^61_{(i-6\text{回目から }i-1\text{回目までの文字列が「HITOTS」})}\xi_i^{\text{U}}$$
$$+\sum_{i=1}^{t}26^71_{(i-7\text{回目から }i-1\text{回目までの文字列が「HITOTSU」})}\xi_i^{\text{B}}$$
$$+\sum_{i=1}^{t}26^81_{(i-8\text{回目から }i-1\text{回目までの文字列が「HITOTSUB」})}\xi_i^{\text{A}}.$$

このとき $M_.$ はマルチンゲールなので Optional Stopping Theorem より $E(M_{t\wedge T})=0$ となる．また，$\xi_i^*=26\times1_{(i\text{回目の文字が}*)}-1$ と表せることに注意すると以下を得る．

$$M_t=-t+26\times1_{(t\text{回目の文字が「H」})}$$
$$+26^21_{(t-1\text{回目から }t\text{回目までの文字列が「HI」})}$$
$$+26^31_{(t-2\text{回目から }t\text{回目までの文字列が「HIT」})}$$
$$\vdots$$
$$+26^{11}1_{(t-10\text{回目から }t\text{回目までの文字列が「HITOTSUBASH」})}$$
$$+\sum_{i=12}^{t}26^{12}1_{(i-11\text{回目から }i\text{回目までの文字列が「HITOTSUBASHI」})}$$

よって，「HITOTSUBASHI」が「HI」で始まって「HI」で終わっていることに注意すると次を得る．

$$0=E(M_{t\wedge T})\to-E(T)+26^2+26^{12}\quad(t\to\infty).$$

よって，$E(T)=26^{12}+26^2$．

練習問題 13.8 ●前者の場合は，

$$p^{\text{B}}=\frac{1}{2}p^{\text{B}}+\frac{1}{2}p_{\text{r}}^{\text{B}},\qquad p_{\text{r}}^{\text{B}}=\frac{1}{2}p_{\text{rb}}^{\text{B}}+\frac{1}{2},\qquad p_{\text{rb}}^{\text{B}}=\frac{1}{2}p^{\text{B}}$$

を解いて $p^{\text{B}}=\dfrac{2}{3}$．後者の場合は，

$$p^{\text{B}}=\frac{1}{2}p_{\text{r}}^{\text{B}}+\frac{1}{2},\qquad p_{\text{r}}^{\text{B}}=\frac{1}{2}p_{\text{rr}}^{\text{B}}+\frac{1}{2},\qquad p_{\text{rr}}^{\text{B}}=\frac{1}{2}$$

を解いて $p^{\mathrm{B}} = \dfrac{7}{8}$.

練習問題 13.9 ●

$$E(T^2 \mid T \geq k) = E((\mathrm{Ge}(p)+k)^2) = \dfrac{(p-1)(p-2)}{p^2} + 2k\dfrac{1-p}{p} + k^2.$$

第14章　逆正弦法則

練習問題 14.1 ●

$X \sim DA(8)$ のとき

X	0	2	4	6	8
確率	$\dfrac{35}{128}$	$\dfrac{5}{32}$	$\dfrac{9}{64}$	$\dfrac{5}{32}$	$\dfrac{35}{128}$

$X \sim DA(10)$ のとき

X	0	2	4	6	8	10
確率	$\dfrac{63}{256}$	$\dfrac{35}{256}$	$\dfrac{15}{128}$	$\dfrac{15}{128}$	$\dfrac{35}{256}$	$\dfrac{63}{256}$

練習問題 14.2 ●分布の対称性を考えると，$0 \leq k \leq \dfrac{n}{2} - 1$ について $P(X = 2(k+1)) \leq P(X = 2k)$ が成り立つことを示せばよい．

$$P(X = 2(k+1)) = P(X = 2k)\Big(1 - \dfrac{1}{2(k+1)}\Big)\Big(1 + \dfrac{1}{2(n-k)-1}\Big)$$

ここで $k \leq \dfrac{n}{2} - 1$ より $k+2 \leq n-k$ なので

$$\leq P(X = 2k)\Big(1 - \dfrac{1}{2(k+1)}\Big)\Big(1 + \dfrac{1}{2(k+2)-1}\Big)$$

$$\leq P(X = 2k).$$

練習問題 14.3 ●解答略

練習問題 14.4 ●解答略

第15章　ランダムウォークの局所時間，レヴィの定理

練習問題 15. 1 ●解答略

第16章　ランダムウォークから作られる マルコフ過程とピットマンの定理

練習問題 16. 1 ●解答略

練習問題 16. 2 ●解答略

練習問題 16. 3 ● $x \geqq 1$ かつ $y = x+1$ の場合を考える.

$$P(\lceil Z_{t+1}\rceil = x+1 \mid \lceil Z_t\rceil = x, \lceil Z_{t-1}\rceil = x_{t-1}, \cdots, \lceil Z_1\rceil = x_1, \lceil Z_0\rceil = x_0)$$

$$= P(\lceil Z_t\rceil = x, \lceil Z_{t-1}\rceil = x_{t-1}, \cdots, \lceil Z_1\rceil = x_1, \lceil Z_0\rceil = x_0)^{-1}$$

$$\times \Big\{ \frac{1}{2} P(\lceil Z_t+1\rceil = x+1, \lceil Z_t\rceil = x, \lceil Z_{t-1}\rceil = x_{t-1}, \cdots,$$

$$\lceil Z_1\rceil = x_1, \lceil Z_0\rceil = x_0)$$

$$+ \frac{1}{2} P(\lceil Z_t-1\rceil = x+1, \lceil Z_t\rceil = x, \lceil Z_{t-1}\rceil = x_{t-1}, \cdots,$$

$$\lceil Z_1\rceil = x_1, \lceil Z_0\rceil = x_0)\Big\}$$

$$= P(\lceil Z_t\rceil = x, \lceil Z_{t-1}\rceil = x_{t-1}, \cdots, \lceil Z_1\rceil = x_1, \lceil Z_0\rceil = x_0)^{-1}$$

$$\times \Big\{ \frac{1}{2} P(Z_t-1 = x, \lceil Z_{t-1}\rceil = x_{t-1}, \cdots, \lceil Z_1\rceil = x_1, \lceil Z_0\rceil = x_0)$$

$$+ \frac{1}{2} P(-Z_t = x, \lceil Z_{t-1}\rceil = x_{t-1}, \cdots, \lceil Z_1\rceil = x_1, \lceil Z_0\rceil = x_0)\Big\}$$

$$= P(\lceil Z_t\rceil = x, \lceil Z_{t-1}\rceil = x_{t-1}, \cdots, \lceil Z_1\rceil = x_1, \lceil Z_0\rceil = x_0)^{-1}$$

$$\times \frac{1}{2} P(\lceil Z_t\rceil = x, \lceil Z_{t-1}\rceil = x_{t-1}, \cdots, \lceil Z_1\rceil = x_1, \lceil Z_0\rceil = x_0)$$

$$= \frac{1}{2}$$

一方，同様にして $P(\lceil Z_{t+1}\rceil = x+1 \mid \lceil Z_t\rceil = x) = \frac{1}{2}$.

その他，$x \geqq 1$ かつ $y = x-1$ や $x = 0$ の場合も同様.

練習問題 16.4 ●解答略

練習問題 16.5 ●解答略

練習問題 16.6 ●$x \geqq 0$ について

$$p(x, x+1) = \begin{cases} p & (t+x \text{ が奇数のとき}) \\ 1-p & (t+x \text{ が偶数のとき}) \end{cases}$$

$$p(x, (x-1) \vee 0) = \begin{cases} 1-p & (t+x \text{ が奇数のとき}) \\ p & (t+x \text{ が偶数のとき}) \end{cases}$$

第17章 ランダムウォークと分枝過程，離散レイ-ナイトの定理

練習問題 17.1 ●

$$P(Y_n = k) = \begin{cases} p\dfrac{p^n - (1-p)^n}{p^{n+1} - (1-p)^{n+1}} & (k=0) \\[3mm] \dfrac{p^n(1-p)^n(2p-1)^2}{(p^{n+1} - (1-p)^{n+1})^2}\left(\dfrac{(1-p)(p^n-(1-p)^n)}{p^{n+1}-(1-p)^{n+1}}\right)^{k-1} & (k \geqq 1) \end{cases}$$

練習問題 17.2 ●$Y_0^{(j)} := 1$, $Y_{n+1}^{(j)} := \sum_{i=0}^{Y_n^{(j)}} X_{i,n}^{(j)}$ と定義する．ただし $X_{i,n}^{(j)}$ たちは独立でかつ分布はすべて $\mathrm{Ge}\left(\dfrac{1}{2}\right)$ とする．

まず，$Y_0 = x$ のケースを考える．この場合，$Y_n \underset{\text{def}}{=} \sum_{j=1}^{x} Y_n^{(j)}$ なので

$$E(q^{Y_n}) = (E(q^{Y_n^{(1)}}))^x = \left(\frac{(1-n)q+n}{-nq+1+n}\right)^x.$$

次に確率分布を求める．まず $P(Y_n = 0) = P(Y_n^{(j)} = 0) = \left(\dfrac{n}{n+1}\right)^x$ $(1 \leq j \leq x)$. 次に $k \geqq 1$ について

$$P(Y_n = k) = P(\sum_{j=1}^{x} Y_n^{(j)} = k)$$

$$= \sum_{l=(x-k)\vee 0}^{x-1} P\left(\sum_{j=1}^{x} Y_n^{(j)} = k \text{ かつ } Y_n^{(1)}, \cdots, Y_n^{(x)} \text{ のうちのちょうど } l \text{ 個がゼロ}\right)$$

$$= \sum_{l=(x-k)\vee 0}^{x-1} \binom{x}{l}\left(\frac{n}{n+1}\right)^l\left(\frac{1}{n+1}\right)^{x-l}$$

$$\times P\Big(\sum_{j=l+1}^{x}(Y_n^{(j)}-1) = k-(x-l)\ \Big|\ Y_n^{(l+1)}, \cdots, Y_n^{(x)} \geqq 1\Big)$$

ここで $Y_n^{(j)} = 1$ という条件の下での $Y_n^{(j)}-1$ の分布は $\mathrm{Ge}\Big(\dfrac{1}{n+1}\Big)$ であることに注意すると

$$= \sum_{l=(x-k)\vee 0}^{x-1}\binom{x}{l}\Big(\frac{n}{n+1}\Big)^l\Big(\frac{1}{n+1}\Big)^{x-l}P\Big(NB\Big(x-l, \frac{1}{n+1}\Big) = l-(x-k)\Big)$$

$$= \sum_{l=(x-k)\vee 0}^{x-1}\binom{x}{l}\binom{k-1}{x-l-1}\Big(\frac{n}{n+1}\Big)^{2l-(x-k)}\Big(\frac{1}{n+1}\Big)^{2(x-l)}.$$

次に，$Y_0 \sim \mathrm{Fs}(p)$ のケースを考える．確率母関数は

$$E(q^{Y_n}) = E\Big(\Big(\frac{(1-n)q+n}{-nq+1+n}\Big)^{Y_0}\Big) = \frac{p((1-n)q+n)}{1-q+p((1-n)q+n)}.$$

したがって確率分布は

$$P(Y_n = k) = \begin{cases} \dfrac{np}{1+np} & (k = 0) \\[2mm] \dfrac{p}{(1+np)^2}\Big(\dfrac{1+(n-1)p}{1+np}\Big)^{k-1} & (k \geqq 1) \end{cases}$$

次に，$Y_0 \sim \mathrm{Ge}(p)$ の場合，確率母関数は $E(q^{Y_n}) = \dfrac{p(1+n)-npq}{1+np-q(1+(n-1)p)}$．したがって確率分布は

$$P(Y_n = k) = \begin{cases} \dfrac{(n+1)p}{1+np} & (k = 0) \\[2mm] \dfrac{p(1-p)}{(1+np)^2}\Big(\dfrac{1+(n-1)p}{1+np}\Big)^{k-1} & (k \geqq 1) \end{cases}$$

最後に Y_0 が修正幾何分布に従う場合，すなわち

$$P(Y_0 = 0) = 1-p, \qquad P(Y_0 = k) = p^2(1-p)^{k-1} \quad (k \geqq 1)$$

というケースを考える．確率母関数は $E(q^{Y_n}) = 1-p+p^2\dfrac{n-(n-1)q}{1+np-q(1+(n-1)p)}$．したがって確率分布は

$$P(Y_n = k) = \begin{cases} 1-p+\dfrac{np^2}{1+np} & (k = 0) \\[2mm] \Big(\dfrac{p}{1+np}\Big)^2\Big(\dfrac{1+(n-1)p}{1+np}\Big)^{k-1} & (k \geqq 1) \end{cases}$$

練習問題 17.3 ●移民なしの G.W. 分枝過程を Z_n とすると平均は以下のようにして求められる．

$$g_{Y_{n+1}}(t) - g_{Y_n}(t)$$
$$= g_I(t)\Big(\prod_{i=1}^{n-1}g_I(g_{z_i}(t))\Big)(g_I(g_{z_n}(t))(g_{z_{n+1}}(t)-g_{z_n}(t))$$

$$\Longrightarrow E(Y_{n+1}) - E(Y_n) = \lim_{t \to 1-0} \frac{d}{dt}(g_{Y_{n+1}}(t) - g_{Y_n}(t))$$

$$= E(I)E(Z_n) + E(Z_{n+1}) - E(Z_n)$$

$$\Longrightarrow E(Y_n) = \sum_{k=0}^{n-1} m^k(m' + m - 1) + E(Y_0)$$

$$= \begin{cases} m'n + 1 & (m = 1) \\ m^n + m' \dfrac{m^n - 1}{m - 1} & (m \neq 1). \end{cases}$$

次に分散を求める.

$$E(Y_{n+1}(Y_{n+1} - 1)) - E(Y_n(Y_n - 1))$$

$$= \lim_{t \to 1-0} \frac{d^2}{dt^2}(g_{Y_{n+1}}(t) - g_{Y_n}(t))$$

$$= 2(E(I)E(Z_n) + E(Z_{n+1}) - E(Z_n))(E(I) + h_{n-1})$$
$$+ m^{2n}((\sigma')^2 - 1 + (m + m')^2) + m^n(1 + \sigma^2 - m - m')$$
$$+ V(Z_n)(m' + m^2 - 1)$$

ただし,$h_{n-1} := \lim_{t \to 1-0} \dfrac{d}{dt} \prod_{i=1}^{n-1} g_i(g_{Z_i}(t))$ であり,したがって $h_{-1} = 0$ であり,$n \geqq 1$ について

$$h_{n-1} = \begin{cases} m'(n-1) & (m = 1) \\ m'm\dfrac{m^{n-1} - 1}{m - 1} & (m \neq 1) \end{cases}$$

したがって $m = 1$ のときは

$$V(Y_n) = (3(m')^2 + (\sigma')^2 + \sigma^2)n + (m')^2(2 - 3n) + m'\sigma^2\frac{(n-1)n}{2}.$$

一方 $m \neq 1$ のときは

$$V(Y_n) = \left(2m'(m' + m - 1) + 1 + \sigma^2 - m + \frac{\sigma^2(m' + m^2 - 1)}{m(1 - m)}\right)\frac{m^n - 1}{m - 1} + m^n$$

$$+ \left((\sigma')^2 - 1 + (m + m')^2 - \frac{\sigma^2(m' + m^2 - 1)}{m(1 - m)}\right)\frac{m^{2n} - 1}{m^2 - 1}$$

$$+ 2m'm^2\frac{m' + m - 1}{(m - 1)^2}\left(\frac{m^{2n-2} - 1}{m + 1} - m^{n-1} + 1\right).$$

練習問題 17.4 ● $L_{10}^- = 2$, $L_{10}^+ = 1$, $L_{10} = 3$, $L_{16}^- = 2$, $L_{16}^+ = 2$, $L_{16} = 4$.

練習問題 17.5 ● $L_7^{-,1} = 1$, $L_7^{+,1} = 1$, $L_{17}^{-,2} = 2$, $L_{17}^{+,2} = 2$.

練習問題 17.6 ●

$$P[L_{\tau_{-a}}^{+,x} = k] = \begin{cases} \dfrac{x+1}{a+x+1} & (k = 0) \\[3mm] \dfrac{a}{(a+x+1)^2}\left(\dfrac{a+x}{a+x+1}\right)^{k-1} & (k \geqq 1) \end{cases}$$

第18章　離散アゼマ-ヨール・マルチンゲール

練習問題 18.1 ●

$$\psi_\mu(x) = x + \frac{\mu(\{x+1, x+2, \cdots\})}{\mu(\{x\})} = x + \frac{2n-x}{2} = \frac{x}{2} + n$$

となり，これは仮定を満たすので，定理より

$$T_\mu = \inf\{t \mid M_t = \psi_\mu(Z_t)\} = \inf\left\{t \mid M_t = \frac{1}{2}Z_t + n\right\}$$

によって，$Z_{T_\mu} \sim \mu$ となる.

練習問題 18.2 ●

$$\psi_\mu(x) = x + \frac{\mu(\{x+1, x+2, \cdots\})}{\mu(\{x\})} = x + \frac{(1-p)^{x+1+n}}{p(1-p)^{x+n}} = x + \frac{1-p}{p} = x + n$$

となり，これは仮定を満たすので，定理より

$$T_\mu = \inf\{t \mid M_t = \psi_\mu(Z_t)\} = \inf\{t \mid M_t = Z_t + n\}$$

によって，$Z_{T_\mu} \sim \mu$ となる.

練習問題 18.3 ●非対称ランダムウォークの場合と同様に

$$F(y) = 1_{\{y \geqq \lceil \lambda \rceil\}}(y - \lceil \lambda \rceil)$$

とし，離散アゼマ-ヨール・マルチンゲールを用いればよい.

練習問題 18.4 ●非対称ランダムウォークの場合と同様に

$$F(0) = 0, \quad F(y+1) = F(y) + \pi y^{\pi-1} \quad (y \geqq 0)$$

とし，離散アゼマ-ヨール・マルチンゲールを用いればよい.

第 19 章　ランダムウォークのエクスカーション

練習問題 19.1 ● $k = 0, 1, 2, \cdots$ について，事象 $\left\{\min\limits_{0 \le t \le \tau_a} Z_t \ge -k\right\}$ は $\{f_i$ は $-k-1$ にヒットしない，$i = 1, 2, \cdots, a\}$ と等しい．そして，$i = 1, 2, \cdots$ について

$$P(f_i は -k-1 にヒットしない) = 1 - P(f_1 は -k-i にヒットする)$$
$$= \frac{k+i}{k+i+1}$$

である．よって，$f_1, f_2, f_3, f_4, \cdots$ が独立であることと 19.2 節の(1)より

$$P\left(\min_{0 \le t \le \tau_a} Z_t \ge -k\right) = P(f_i は -k-1 にヒットしない，i = 1, 2, \cdots, a)$$

$$= \prod_{i=1}^{a} P(f_i は -k-1 にヒットしない) = \prod_{i=1}^{a} \frac{k+i}{k+i+1} = \frac{k+1}{k+a+1}$$

となる．したがって，

$$P\left(\min_{0 \le t \le \tau_a} Z_t = -k\right) = P\left(\min_{0 \le t \le \tau_a} Z_t \ge -k\right) - P\left(\min_{0 \le t \le \tau_a} Z_t \ge -k+1\right)$$

$$= \frac{a}{(k+a)(k+1+a)}$$

がわかる．

第 20 章　ランダムウォークからブラウン運動へ

練習問題 20.1 ● $I(a, b) = a^{-1} I(1, ab)$ は明らか．したがって，

$$\frac{\partial}{\partial b} I(a, b) = \frac{d}{dy} I(1, y) \bigg|_{y=ab}.$$

ここで

$$\frac{d}{dy} I(1, y) = \frac{d}{dy} \int_0^{\infty} \exp\left(-\left(x - \frac{y}{x}\right)^2 - 2y\right) dx$$

$$= -2I(1, y) + 2e^{-2y} \left\{ \int_{\sqrt{y}}^{\infty} \left(x - \frac{y}{x}\right) \frac{1}{x} \exp\left(-\left(x - \frac{y}{x}\right)^2\right) dx \right.$$

$$\left. + \int_0^{\sqrt{y}} \left(x - \frac{y}{x}\right) \frac{1}{x} \exp\left(-\left(x - \frac{y}{x}\right)^2\right) dx \right\}$$

ここで2つ目の積分について $z = \frac{y}{x}$，$\sqrt{y} < z < \infty$ と変数変換すると

$$= -2I(1, y).$$

よって $\dfrac{\partial}{\partial b} I(a, b) = -2a I(a, b)$．そしてこれを b に関する微分方程式と見て初期条

件 $I(a,0) = \dfrac{\sqrt{\pi}}{2a}$ の下で解くと

$$\frac{\sqrt{\pi}}{2a} e^{-2ab} = I(a,b) = \int_0^\infty e^{-a^2 x^2 - b^2 x^{-2}} dx$$

さらにここで $u = \dfrac{1}{x^2}$ と変数変換すると

$$= \int_0^\infty \frac{1}{2} u^{-3/2} e^{-a^2 u^{-1} - b^2 u} du.$$

よって $e^{-2ab} = \displaystyle\int_0^\infty \frac{a}{\sqrt{\pi u^3}} \exp\Big(-\frac{a^2}{u} - b^2 u\Big) du$. そこで $a^2 = c$, $b^2 = \alpha + l$ とおくと

$$\exp(-2\sqrt{c(\alpha+l)}) = \int_0^\infty \frac{\sqrt{c}}{\sqrt{\pi u^3}} \exp\Big(-\frac{c}{u} - (\alpha+l)u\Big) du = \frac{\sqrt{c}}{d} E(e^{-\alpha X}).$$ ゆえに,

$$E(e^{-\alpha X}) = \frac{d}{\sqrt{c}} \exp(-2\sqrt{c(\alpha+l)}).$$

練習問題 20.2 ●解答略

練習問題 20.3 ●解答略

練習問題 20.4 ● $a > 0$ で

$$f_{\tau_a}(x) = \frac{a}{\sqrt{2\pi x^3}} \exp\Big(-\frac{a^2}{2x}\Big) \quad \Big(= \frac{a}{x} f_{W_x}(a)\Big)$$

練習問題 20.5 ● $a < b$, $b > 0$ について

$$f_{(W_t^{(\mu)}, M_t^{(\mu)})}(a,b) = \frac{2(2b-a)}{\sqrt{2\pi t^3}} \exp\Big(-\frac{(2b-a)^2 + (\mu t - a)^2 - a^2}{2t}\Big).$$

練習問題 20.6 ●この問題の直前の結果より $E(e^{-\alpha \tau_a^{(\mu)}}) = \exp(-\sqrt{\mu^2 + 2\alpha}\, a) e^{a\mu}$ であり, 一方, 先の問題より

$$f_X(x) = \frac{d}{\sqrt{\pi x^3}} \exp\Big(-\frac{c}{x} - lx\Big),$$

$x > 0$ のとき $E(e^{-\alpha X}) = \dfrac{d}{\sqrt{c}} \exp(-2\sqrt{c(l+\alpha)})$ であった. そこで

$$\frac{d}{\sqrt{c}} = e^{a\mu}, \quad 2\sqrt{c(l+\alpha)} = a\sqrt{\mu^2 + 2\alpha}$$

を満たす d, l, c を求めると $d = \dfrac{a}{\sqrt{2}} e^{a\mu}$, $l = \dfrac{\mu^2}{2}$, $c = \dfrac{a^2}{2}$. したがって $x > 0$ について

$$f_{\tau_a^{(\mu)}}(x) = \frac{a}{\sqrt{2\pi x^3}} \exp\left(-\frac{(a-\mu x)^2}{2x}\right).$$

練習問題 20.7 ●解答略

参考文献

［1］ M. バクスター，A. レニー『デリバティブ価格理論入門——金融工学への確率解析』藤田岳彦・高岡浩一郎・塩谷匡介訳，シグマベイスキャピタル（2001）

［2］ P. Billingsley：*Convergence of probability measures* (2nd ed.), Wiley (1999)

［3］ G. ブロム，L. ホルスト，D. サンデル『確率論へようこそ』森真訳，シュプリンガー・フェアラーク東京（2005）／丸善出版（2012）

［4］ A. N. Borodin and P. Salminen：*Handbook of Brownian motion : facts and formulae* (2nd ed.), Birkhäuser (2002)

［5］ E. Csáki：*A discrete Feynman-Kac formula*, J. Stat. Plan. Inference **34**(1), pp. 63-73 (1993)

［6］ F. Delbaen and W. Schachermayer：*A general version of the fundamental theorem of asset pricing*, Math. Ann. **300**, pp. 463-520 (1994)

［7］ L. E. Dubins and L. J. Savage：*How to gamble if you must : inequalities for stochastic processes*, McGraw-Hill (1965)／Illustrated ed., Dover (2014)

［8］ G. A. Edgar：*Classics on fractals* (reprint edition), Westview Press (2003)／Parperback, CRC Press (2021)

［9］ W. フェラー『確率論とその応用』Ⅰ（上・下），Ⅱ（上・下），卜部舜一・矢部眞・大平坦・河田龍夫・池守昌幸・阿部俊一訳，紀伊國屋書店（1960, 1961, 1969, 1970）

［10］ R. P. Feynman：*Space-time approach to non-relativistic quantum mechanics*, Rev. Mod. Phys. **20**(2), pp. 367-387 (1948)

［11］ 藤田岳彦『ファイナンスの確率解析入門』講談社（2002）／新版（2017）

［12］ 藤田岳彦，コルモゴロフ確率コンテストと「2つの封筒のパラドックス」，『数学セミナー』2003 年 11 月号，pp. 50-51

［13］ 藤田岳彦『ファイナンスの最適化入門』講談社（2003）

［14］ T. Fujita：*A random walk analogue of Levy's Theorem*, Studia Sci. Math. Hungarica **45**(2), pp. 223-233 (2008)

［15］ 藤田岳彦，高岡浩一郎『穴埋め式 確率・統計らくらくワークブック』講談社（2003）

［16］ 藤田岳彦，石井昌宏『穴埋め式 線形代数らくらくワークブック』講談社（2003）

［17］ T. Fujita, F. Petit and M. Yor：*Pricing path-dependent options in a Black-Scholes market from the distribution of homogeneous Brownian functionals*, J. Appl.

Probab. **41**(1), pp. 1-18 (2004)

[18]　T. Fujita and M. Yor：*On the remarkable distributions of maxima of some fragments of the standard reflecting random walk and Brownian Motion*, Probab. Math. Stat. **27**(1), pp. 89-104 (2007)

[19]　T. Fujita and Y. Kawanishi：*A proof of Ito's formula using discrete Ito's formula*, Studia Sci. Math. Hungarica **45**(1), pp. 125-134 (2008)

[20]　G. グリメット，D. ウェルシュ『確率論入門』藤曲哲郎監訳，大西誠訳，日本評論社（2004）

[21]　ダレル・ハフ『確率の世界──チャンスを計算する法』国沢清典訳，講談社（ブルーバックス）(1967)

[22]　N. Ikeda and S. Watanabe：*Stochastic Differential Equations and Diffusion Processes*（2nd ed.）, North-Holland (1989)

[23]　M. Kac：*On distributions of certain Wiener functionals*, Trans. Am. Math. Soc. **65**(1), pp. 1-13 (1949)

[24]　I. カラザス，S. E. シュレーブ『ブラウン運動と確率積分』渡邉壽夫訳，シュプリンガー・フェアラーク東京 (2001)／丸善出版 (2012)

[25]　河津清，確率モデル／分枝過程，『数学セミナー』2003 年 11 月号，pp. 22-26

[26]　K. Kawazu and S. Watanabe：*Branching processes with immigration and related limit theorems*, Theo. Prob. Appl. **16**(1), pp. 36-54 (1971)

[27]　F. B. Knight：*Essentials of Brownian motion and diffusion*, Math. Surv. 18, Amer. Math. Soc. (1981)

[28]　風巻紀彦『マルチンゲール理論入門』エコノミスト社(2000)

[29]　木島正明『ランダムウォークとブラウン運動』日科技連(ファイナンス工学入門　第 1 部) (1994)

[30]　J. -F. Le Gall：*Une approche élémentaire des théorémes de décomposition de Williams*, Sém Prob. XX, Lect. Notes in Math., **1204**, pp. 186-189, Springer-Verlag (1986)

[31]　A. P. Maitra and W. D. Sudderth：*Discrete Gambling and Stochastic Games*, Applications of Mathematics 32, Springer (1996)

[32]　松本裕行『応用のための確率論・確率過程』サイエンス社(臨時別冊・数理科学 SGC ライブラリ 36) (2004)

[33]　H. Miyazaki and H. Tanaka：*A theorem of Pitman type for simple random walks in $\mathbb{Z}^d$*, Tokyo J. Math. **12**(1), pp. 235-240 (1989)

[34]　森真，藤田岳彦『確率統計入門──数理ファイナンスへの適用』講談社 (1998)／第 2 版 (2009)

[35]　西尾真喜子『確率論』実教出版 (1978)

［36］　西岡國雄『数理ファイナンスの基礎』東京都立大学出版会（2004）

［37］　J. W. Pitman：*One-dimensional Brownian motion and three-dimensional Bessel process*, Adv. Appl. Probab. **7**(3), pp. 511-526（1975）

［38］　D. Revuz and M. Yor：*Continuous martingales and Brownian motion*, Springer（3rd ed., 1999／corr. 3rd printing 2004 ed.）

［39］　L. C. G. Rogers and D. Williams：*Diffusions, Markov processes, and martingales* 1, 2（2nd ed.）, Cambridge University Press（2000）

［40］　Y. Saisho and H. Tanemura：*Pitman type theorem for one-dimensional diffusion processes*, Tokyo J. Math. **13**(2), pp. 429-440（1990）

［41］　W. Schoutens：*Stochastic processes and orthogonal polynomials*, Lecture Notes in Statistics **146**（2000th ed.）, Springer（2000）

［42］　H. Tanaka：*Time reversal of random walks in one-dimension*, Tokyo J. Math. **12**(1), pp. 159-174（1989）

［43］　谷岡一郎『確率・統計であばくギャンブルのからくり――「絶対儲かる必勝法」のウソ』講談社（ブルーバックス）（2001）

［44］　D. ウィリアムズ『マルチンゲールによる確率論』赤堀次郎・原啓介・山田俊雄訳, 培風館（2004）

［45］　山口昌哉, 畑政義, 木上淳『フラクタルの数理』岩波書店（岩波講座・応用数学）（1993）

［46］　J. Azéma and M. Yor：*Une solution simple au problème de Skorokhod*, In Séminaire de Probabilités XIII, pp. 90-115, Springer（1979）

［47］　T. Fujita, S. Yagishita and N. Yoshida：*Some martingale properties of the simple random walk and its maximum process*, Statistics and Probability Letters, Available online 8 February 2024, 110076.

［48］　J. Obłój：*The Skorokhod embedding problem and its offspring*, Probability Surveys **1**, pp. 321-392（2004）

［49］　J. Obłój：*A complete characterization of local martingales which are functions of Brownian motion and its maximum*, Bernoulli, **12**(6), pp. 955-969（2006）

索 引

藤田岳彦（ふじた・たかひこ）

1955 年　兵庫県生まれ.

1978 年　京都大学理学部卒業.
　　　　　京都大学理学部助手，一橋大学大学院商学研究科教授，
　　　　　京都大学数理解析研究所伊藤清博士ガウス賞受賞記念
　　　　　（野村グループ）数理解析寄付研究部門客員教授などを
　　　　　兼任して，

現在　　　中央大学理工学部経営システム工学科教授．一橋大学
　　　　　名誉教授．理学博士．
　　　　　財団法人　数学オリンピック理事長．

専門は　　確率論，金融工学など.

著書に　　『大学 1・2 年生のためのすぐわかる統計学』（共著，
　　　　　東京図書）
　　　　　『弱点克服　大学生の確率・統計』（東京図書）
　　　　　『難問克服　解いてわかるガロア理論』（東京図書）
　　　　　『新版　ファイナンスの確率解析入門』（講談社）
　　　　　など多数.

柳下翔太郎（やぎした・しょうたろう）

1996 年　東京都生まれ.

2019 年　中央大学理工学部卒業.

現在　　　中央大学大学院理工学研究科経営システム工学専攻博
　　　　　士後期課程 3 年.

専門は　　数理最適化，オペレーションズ・リサーチ.

吉田直広（よしだ・なおひろ）

1989 年　広島県生まれ.

2012 年　一橋大学経済学部卒業.
　　　　　一橋大学大学院経済研究科博士後期課程修了後，日本
　　　　　学術振興会特別研究員 PD，一橋大学非常勤講師，芝
　　　　　浦工業大学非常勤講師，東京理科大学経営学部助教を
　　　　　経て，

現在　　　敬愛大学経済学部専任講師．博士（経済学）.

専門は　　数理ファイナンス.

著書に　　『大学 1・2 年生のためのすぐわかる統計学』（共著，
　　　　　東京図書）
　　　　　がある.

ランダムウォークと確率解析[増補版]
ギャンブルから数理ファイナンスへ

2008 年 5 月 15 日　第 1 版第 1 刷発行
2024 年 3 月 25 日　増補版第 1 刷発行

著　者　　　　　藤田岳彦＋柳下翔太郎＋吉田直広

発行所　　　　　　　株式会社　日本評論社
　　　　　　〒170-8474 東京都豊島区南大塚 3-12-4
　　　　　　　　電話　(03) 3987-8621［販売］
　　　　　　　　　　　(03) 3987-8599［編集］

印　刷　　　　　　　　株式会社 精興社
製　本　　　　　　　牧製本印刷 株式会社
装　幀　　　山崎 登・蔦見初枝（山崎デザイン事務所）